现 代 锰 冶 金

王运正　王吉坤　谢红艳　编著

北 京
冶 金 工 业 出 版 社
2015

内 容 提 要

本书系统地介绍了我国锰冶金科技发展的成果与国内外新理论、新观点以及应用实践的新技术和新设备。本书共有8章，包括锰冶金发展史、锰及其主要化合物的性质和用途、锰的原料来源和消耗、锰的生产现状，详细介绍了锰的化合物及其生产实践，锰系材料的深加工和制品，锰矿石的火法富集及锰的火法冶炼技术，锰铁合金的生产工艺和实践，含锰烟尘的处理，电解金属锰的生产，以及锰冶金生产过程的环境保护与综合利用。

本书可供从事锰冶金科研、生产、管理的工程技术和教学人员参考。

图书在版编目（CIP）数据

现代锰冶金/王运正，王吉坤，谢红艳编著. —北京：冶金工业出版社，2015.9

ISBN 978-7-5024-6976-4

Ⅰ.①现…　Ⅱ.①王…　②王…　③谢…　Ⅲ.①炼锰

Ⅳ.①TF792

中国版本图书馆 CIP 数据核字（2015）第 198684 号

出 版 人　谭学余

地　　址　北京市东城区嵩祝院北巷 39 号　邮编　100009　电话　（010）64027926

网　　址　www.cnmip.com.cn　电子信箱　yjcbs@cnmip.com.cn

责任编辑　杨盈园　夏小雪　美术编辑　杨　帆　版式设计　孙跃红

责任校对　禹　蕊　责任印制　牛晓波

ISBN 978-7-5024-6976-4

冶金工业出版社出版发行；各地新华书店经销；固安华明印业有限公司印刷

2015 年 9 月第 1 版，2015 年 9 月第 1 次印刷

169mm×239mm；15.75 印张；309 千字；241 页

48.00 元

冶金工业出版社　投稿电话　（010）64027932　投稿信箱　tougao@cnmip.com.cn

冶金工业出版社营销中心　电话　（010）64044283　传真　（010）64027893

冶金书店　地址　北京市东四西大街 46 号（100010）　电话　（010）65289081（兼传真）

冶金工业出版社天猫旗舰店　yjgycbs.tmall.com

（本书如有印装质量问题，本社营销中心负责退换）

前　　言

在现代工业中，锰及其化合物应用于国民经济的各个领域。目前国内外有关锰冶金方面的著作较少，其杂志与资料也不多，本书系统地介绍了我国锰冶金科技发展的成果与国内外新理论、新观点以及应用实践的新技术和新设备。

本书详细介绍了锰的化合物及其生产实践、锰系材料的深加工和制品、锰矿石的火法富集及锰的火法冶炼技术，还根据目前国内外科技的发展和市场的需要，叙述了锰铁合金的生产工艺和实践、含锰烟尘的处理、电解金属锰的生产新技术等较新内容，并介绍了锰冶金生产过程的环境保护与综合利用。

《现代锰冶金》的出版，将为从事锰冶金的人员提供重要的参考资料。

该书由云南冶金集团股份有限公司王运正（教授级高工）、王吉坤（教授级高工）和贵州大学材料与冶金学院谢红艳（博士）主编，由王运正、王吉坤组织、策划、构思、指导、审稿并定稿，由谢红艳统稿。各章执笔人分别是：谭柱中教授（第7章）、谢红艳博士（第1、6、7章）、彭东博士（第2、8章）、罗文波博士（第3、4章）、户少勇硕士（第5章）。

本书中大部分生产实践技术实例均来自于云南文山斗南锰业股份有限公司和建水锰矿有限责任公司，在编著过程中得到了云南冶金集团股份有限公司、云南文山斗南锰业股份有限公司及建水锰矿有限责任公司的大力支持与鼓励，特别是云南文山斗南锰业股份有限公司的杭祖辉（高级工程师）等人参加了全书的校对和修改工作，在此一并表示感谢。

由于作者水平有限、时间仓促，书中不妥之处，敬请广大读者批评指正。

编　者

2015 年 2 月

目　　录

1　概论 ……………………………………………………………… 1

  1.1　锰冶金发展简史 ……………………………………………… 1
  1.2　锰的性质 ……………………………………………………… 3
    1.2.1　锰的物理性质 …………………………………………… 3
    1.2.2　锰的化学性质 …………………………………………… 3
    1.2.3　锰的物理化学特性 ……………………………………… 4
  1.3　锰的用途 ……………………………………………………… 5
    1.3.1　锰在钢铁工业中的应用 ………………………………… 5
    1.3.2　锰在有色冶金工业中的应用 …………………………… 5
    1.3.3　锰在电池工业中的应用 ………………………………… 6
    1.3.4　锰在电子工业中的应用 ………………………………… 6
    1.3.5　锰在建筑材料中的应用 ………………………………… 7
    1.3.6　锰在农业中的应用 ……………………………………… 7
    1.3.7　锰在环保治理方面的应用 ……………………………… 8
    1.3.8　锰在其他方面的应用 …………………………………… 8
  1.4　锰的资源与消耗 ……………………………………………… 9
    1.4.1　世界锰资源情况 ………………………………………… 9
    1.4.2　国内锰资源情况 ………………………………………… 9
  1.5　锰的生产现状 ………………………………………………… 10
  参考文献 …………………………………………………………… 12

2　锰的化合物及其生产 …………………………………………… 13

  2.1　二氧化锰 ……………………………………………………… 13
    2.1.1　电解二氧化锰（EMD） ………………………………… 13
    2.1.2　化学二氧化锰（CMD） ………………………………… 20
    2.1.3　活性二氧化锰（AMD） ………………………………… 22
  2.2　四氧化三锰 …………………………………………………… 27
    2.2.1　概述 ……………………………………………………… 27

2.2.2　四氧化三锰的生产方法 ………………………… 27

2.3　硫酸锰 ……………………………………………………… 34

2.3.1　硫酸锰的性质和用途 ……………………………… 34

2.3.2　硫酸锰的工业生产方法 …………………………… 34

2.4　氯化锰 ……………………………………………………… 35

2.4.1　氯化锰的性质和用途 ……………………………… 35

2.4.2　氯化锰的生产 ……………………………………… 36

2.5　碳酸锰 ……………………………………………………… 37

2.5.1　碳酸锰的性质和用途 ……………………………… 37

2.5.2　碳酸锰的生产 ……………………………………… 38

2.6　硝酸锰 ……………………………………………………… 40

2.6.1　硝酸锰的性质和用途 ……………………………… 40

2.6.2　硝酸锰的生产 ……………………………………… 40

2.7　高锰酸钾 …………………………………………………… 40

2.7.1　锰酸钾及高锰酸钾的性质和用途 ………………… 40

2.7.2　锰酸钾的工业生产方法 …………………………… 43

2.7.3　高锰酸钾制备方法研究进展 ……………………… 48

参考文献 …………………………………………………………… 49

3　锰矿石的火法富集及锰的火法冶炼技术 ……………………… 52

3.1　火法富集的原理 …………………………………………… 52

3.2　富锰渣的生产 ……………………………………………… 55

3.2.1　富锰渣生产的目的及富锰渣的用途 ……………… 55

3.2.2　富锰渣法对原料的要求 …………………………… 55

3.2.3　富锰渣的生产方法 ………………………………… 56

3.3　锰矿石的造块 ……………………………………………… 61

3.3.1　锰矿石的烧结 ……………………………………… 61

3.3.2　锰矿石的制球 ……………………………………… 69

3.3.3　锰矿石的压团 ……………………………………… 72

3.4　金属锰的火法生产 ………………………………………… 74

3.4.1　铝还原法 …………………………………………… 74

3.4.2　硅还原法 …………………………………………… 75

参考文献 …………………………………………………………… 77

4　锰系材料的生产 ………………………………………………… 78

4.1　锰锌铁氧体磁性材料 ……………………………………… 78

　　　4.1.1　概述 ……………………………………………………………… 78
　　　4.1.2　铁氧体制备工艺的理论基础 …………………………………… 81
　　　4.1.3　锰锌软磁铁氧体磁性材料的制备 ……………………………… 85
　　4.2　锂锰复合氧化物电极材料 ……………………………………………… 97
　　　4.2.1　概述 ……………………………………………………………… 97
　　　4.2.2　尖晶石型 LiMn₂O₄ ……………………………………………… 98
　　　4.2.3　尖晶石 LiMn₂O₄ 的制备方法 ………………………………… 101
　　　4.2.4　其他形式的锂锰氧化物 ………………………………………… 103
　　　4.2.5　锂锰复合氧化物在锂离子电池上的应用及市场展望 ……… 104
　　参考文献 …………………………………………………………………… 104

5　锰系合金的生产 …………………………………………………………… 108
　　5.1　高炉锰铁的生产 ………………………………………………………… 109
　　　5.1.1　高炉锰铁的历史及用途 ………………………………………… 109
　　　5.1.2　高炉锰铁的冶炼原理 …………………………………………… 110
　　　5.1.3　高炉锰铁冶炼原料 ……………………………………………… 111
　　　5.1.4　高炉锰铁冶炼操作 ……………………………………………… 112
　　　5.1.5　高炉锰铁生产的技术进步 ……………………………………… 113
　　5.2　电炉锰铁的生产 ………………………………………………………… 115
　　　5.2.1　电炉锰铁的牌号及用途 ………………………………………… 115
　　　5.2.2　电炉锰铁的冶炼原理 …………………………………………… 115
　　　5.2.3　电炉锰铁冶炼用的原料 ………………………………………… 118
　　　5.2.4　双联摇包法生产中碳锰铁 ……………………………………… 118
　　　5.2.5　电炉高碳锰铁冶炼工艺操作 …………………………………… 123
　　　5.2.6　电炉高碳锰铁的技术进步 ……………………………………… 124
　　5.3　硅锰合金的生产 ………………………………………………………… 124
　　　5.3.1　锰硅合金牌号及用途 …………………………………………… 124
　　　5.3.2　锰硅合金冶炼原理 ……………………………………………… 126
　　　5.3.3　锰硅合金冶炼的原料 …………………………………………… 126
　　　5.3.4　锰硅合金冶炼工艺操作 ………………………………………… 127
　　　5.3.5　硅锰精炼技术 …………………………………………………… 129
　　5.4　我国锰铁合金生产技术的改进与发展 ………………………………… 129
　　　5.4.1　留渣法冶炼铁合金 ……………………………………………… 129
　　　5.4.2　等离子炉冶炼锰硅合金 ………………………………………… 129
　　　5.4.3　锰铁合金冶炼过程余热利用 …………………………………… 130

参考文献 ·········· 131

6 含锰烟尘的处理 ·········· 132

6.1 含锰烟尘的来源 ·········· 132
6.2 含锰烟尘的处理方法 ·········· 132
6.2.1 球团法造球 ·········· 132
6.2.2 湿法浸出含锰烟尘 ·········· 133
参考文献 ·········· 133

7 电解金属锰的生产 ·········· 134

7.1 湿法冶金提取锰的浸出过程 ·········· 136
7.1.1 锰矿的预焙烧浸出 ·········· 136
7.1.2 碳酸锰矿的直接酸浸 ·········· 138
7.1.3 软锰矿的湿法浸出 ·········· 140
7.1.4 富锰渣及废锰渣的浸出 ·········· 150
7.1.5 深海锰结核的湿法浸出 ·········· 153
7.2 浸出过程的理论基础 ·········· 162
7.2.1 锰矿浸出过程的热力学 ·········· 162
7.2.2 锰矿浸出过程的动力学 ·········· 177
7.3 浸出液的净化 ·········· 192
7.3.1 浸出液中各组分浓度的测定及电解锰新液成分 ·········· 193
7.3.2 Fe^{2+} 氧化为 Fe^{3+} 的试验 ·········· 193
7.3.3 加压浸出液中 Fe 和 Al 的脱除 ·········· 194
7.3.4 加压浸出液中重金属离子的脱除 ·········· 197
7.3.5 加压浸出液中 Ca^{2+} 和 Mg^{2+} 的去除 ·········· 199
7.3.6 净化除杂流程 ·········· 199
7.4 硫酸锰溶液的电解 ·········· 200
7.4.1 电解液成分与电解技术条件 ·········· 201
7.4.2 电解操作 ·········· 202
7.4.3 极板后续处理 ·········· 204
7.4.4 电解液的冷却方法 ·········· 206
7.5 电解金属锰主要技术指标计算方法 ·········· 207
7.6 电解金属锰产品标准 ·········· 209
7.6.1 1982 年颁布的电解锰国家标准 ·········· 209
7.6.2 1993 年颁布的电解金属锰中华人民共和国黑色冶金

　　　　行业标准（YB/T 051—93）······································ 209

　　7.6.3　2003 年颁布的电解锰行业标准（YB/T 051—2003）··· 211

　7.7　电解金属锰生产展望 ·· 211

　参考文献 ·· 212

8　锰冶金生产过程的环境保护与资源综合利用 220

　8.1　概述 ··· 220

　8.2　锰冶炼企业"三废"的产生 ·· 220

　　8.2.1　废气的产生及排放 ··· 220

　　8.2.2　废水排放 ··· 221

　　8.2.3　固体废物的排放 ·· 222

　8.3　锰冶金废气治理 ·· 222

　　8.3.1　部分国外标准 ··· 223

　　8.3.2　中国大气环境质量标准（GB 3095—1996） ··········· 223

　8.4　锰冶金固体废弃物的处理 ·· 227

　　8.4.1　锰铁高炉煤气净化 ·· 227

　　8.4.2　全封闭还原电炉烟气净化 ····································· 228

　　8.4.3　半封闭还原电炉烟气净化 ····································· 230

　8.5　焙烧窑（炉）烟气净化 ·· 230

　8.6　锰合金工业煤气的回收利用 ··· 231

　　8.6.1　煤气回收利用概况 ·· 231

　　8.6.2　高炉煤气发电工程 ·· 231

　8.7　锰合金工艺废水治理技术 ·· 233

　　8.7.1　炉气洗涤水的治理 ·· 234

　　8.7.2　电解金属锰生产的废水治理 ·································· 235

　8.8　锰冶金工业固体废物处理技术 ······································ 238

　　8.8.1　锰及锰合金废渣化学成分及物理性质 ···················· 238

　　8.8.2　炉渣治理方法 ··· 239

　　8.8.3　锰冶金炉渣的综合利用 ·· 239

　参考文献 ·· 241

1 概　　论

1.1　锰冶金发展简史

　　锰是一种重要的工业原料，锰及其化合物在轻工、冶金、化工、建筑材料、电子材料、农牧和医药等行业的应用越来越广泛。在化学元素周期表上，锰属于第四周期的过渡元素，它的原子序数为25。1771年，瑞典化学家舍勒（Scheele）在鉴定软锰矿时发现了这一新的元素。它比钛、钒、铬发现得早，但比铁、钴、镍要晚发现。1774年，瑞典矿物学家甘恩（Gahn）采用碳还原软锰矿的方法，制得了金属锰，同年由舍勒和伯格曼（Bergman）确认命名的。

　　在锰元素未被发现之前，人们还不认识软锰矿与苦土（碱土族化合物）的区别，当时人们常用软锰矿来作为漂白玻璃的原料，极少量的氧化锰就可以使玻璃的淡青色变成无色，多加氧化锰又可使玻璃从玫瑰色变成棕色和黑色。早在1740年，德国的陶瓷工艺家波特（Pott）就曾论述过这种材料的成分，指出其中所含矿物不同于已知的任何元素。瑞典化学家、镍元素的发现者克隆斯塔特（Cronstedt）也有类似见解。伯格曼则明确指出：在玻璃中应用的矿物不是苦土，而是另一种物质，遗憾的是他没能够制得金属锰。不久后，瑞典化学家舍勒进行了3年研究，写出了《锰及其性质》的论著，于1774年上交瑞典科学院，但他并没能把金属锰还原出来，而只是将二氧化锰还原成一氧化锰。

　　1774年，也就是舍勒将他的论著上交给瑞典科学院那一年，伯格曼的学生甘恩终于完成了这一试验，获得了金属锰，发现了锰元素。1875~1898年法国人先后在高炉、电炉内制得了碳素锰铁，并且采用铝热法和电硅热法生产了高纯度的金属锰。1923年英国卡蒙比尔（Cambell）和德国格鲁第（Grude）几乎同时从硫酸锰溶液中采用电解法制取了高纯度的金属锰。1930年美国戴维斯（Davis）对从硫酸锰溶液中电解生产金属锰进行了系统的试验研究。基于此，美国矿山局在内华达州雷诺镇成功进行了半工业试验研究，1939年一座日产1t金属锰的小型试验工厂在内华达州的波尔多市建成。

　　我国对锰的研究和生产较西方发达国家要晚一个多世纪。1940年，我国才开始小规模生产碳素锰铁。新中国成立后，我国锰工业才有了迅速发展，先后建设了一批锰铁合金企业，如吉林铁合金厂、锦州铁合金厂等。上海冶炼厂在1956年建成了我国第一条电解锰生产线，1975年前后，天津冶炼厂、湘潭锰矿、衡阳锰制品厂相继建立了 3 个电解锰生产车间,使我国电解锰的生产能力达到了5000t/a。

我国电解锰工业获得第一次大发展是在 20 世纪 80 年代,生产能力达到年产5 万吨,生产企业达到 40 余家。1993~1996 年是中国电解锰工业第二次大发展,生产企业达到了 60 余家,生产能力为年产 12 万吨。中国电解锰工业这个时期的特点是生产能力发展过快,因此产品严重供大于求,价格不断下跌。先后有 20多家企业由于亏损被迫关闭,继续生产的企业为了维持生存开始注重技术进步,改进设备和工艺参数。2000~2004 年 4 月,我国电解锰工业经历了第三次大发展,生产能力由年产 30 万吨增加到了年产 60.59 万吨,企业个数达到了 100 家,年生产能力超过万吨的企业达到 20 余家。这段时间扩建和新建的工厂首先是布局上更趋合理,多数是靠近矿山和电力资源充足的地方;大多数企业都采用了最新的科研技术成果;设备大型化,材质更先进,物料单耗进一步降低,质量更稳定,产品趋于低硒、低碳、低硫和低硅化。企业生产成本大幅降低。

锰在非冶金领域中的应用与发展也非常迅速,1866 年法国人勒克兰谢发明了在干电池中用二氧化锰作去极化剂,为锌-锰干电池的生产与发展奠定了基础。1938 年美国建成了第一个电解二氧化锰(简称 EMD)企业,随后日本、中国、南非、澳大利亚、巴西、希腊、爱尔兰、乌克兰等国的 EMD 工业也发展了起来,日本和中国的生产能力都已超过年产 10 万吨,全世界总生产能力超过年产 30 万吨。1965 年,我国第一个 EMD 生产企业在湘潭电化厂建成。湘潭电化集团是当今世界生产 EMD 最大的企业之一,并且生产出无汞碱锰电池专用的 EMD。

化学二氧化锰(简称 CMD)是在 1952 年投入工业生产的,主要在比利时和美国得到发展,我国至今未取得明显的进展。为适应不同层次的锌-锰干电池的需求,近年我国采用高品位软锰矿石生产活性二氧化锰(简称 AMD)获得了成功,由于价格较低,且放电性能接近普通 EMD,因而在电池行业有一定市场。

20 世纪 90 年代初,生产软磁材料用的四氧化三锰作为一种新型锰制品发展了起来。在不到 20 年的时间内其得到了迅速发展,除我国外,美国、南非、日本、韩国和德国等都有企业生产,总生产能力年产超过 5 万吨。

锰盐是无机盐工业中的重要组成部分,我国是世界上生产锰盐最多的国家,产品和品种均居世界第一位,主要有硫酸锰、碳酸锰、氯化锰和高锰酸钾等。除我国外,比利时、南非、墨西哥、澳大利亚和印度等国也生产部分锰盐。有机锰盐(代森锰和醋酸锰等)在我国和美国等国均已实现大规模工业化生产。

我国锰工业经过了 70 多年的发展,已建成了完整的锰系列产品生产体系。从矿山开发到矿石深加工都形成了自己的特色,在资源先天不足的情况下,研究出了适应本国资源特色的各种不同锰制品的先进生产工艺,并且具有自己的知识产权,产品质量好,生产成本低。我国已成为全球范围内锰制品的生产大国。

1.2 锰的性质

锰是一种金属元素，它以化合物形式广泛存在于自然界中，在地壳内锰的平均含量（质量分数）约为 0.1%。在元素周期表中，锰属于过渡元素，与铬、铁相邻，化学活性比铬弱，比铁强。

1.2.1 锰的物理性质

金属锰为立方体，有 α、β、γ 和 δ 等四种同素异形体，常温下以 α-Mn 最稳定。

金属锰的机械性能硬而脆，莫氏硬度 5~6，致密块状金属锰表面为银灰色，粉状呈灰色。

锰的相对原子量为 54.9380±1，原子体积为 7.39cm^3/mol。金属锰的原子半径和室温下的密度，均随晶型不同而略有差别，见表 1-1。

表 1-1　室温下金属锰的原子半径、密度与晶型的关系

晶　型	原子半径/pm	密度/g·cm^{-3}
α-Mn	124.0	7.44
β-Mn	—	7.29
γ-Mn	136.6	7.11
δ-Mn	133.4	—

在大气压为 101.325Pa 时，锰的熔点为 1260℃，沸点为 1900℃，汽化热为 219.7kJ/mol。在 0~25℃时，锰的电阻率为 185μΩ·cm。在 18℃时锰的磁化率为 9.9×10^{-6}cm^3/g。

1.2.2 锰的化学性质

锰属于活泼金属，容易被氧化，与氧的化合能力较强。细粉末状的金属锰在空气中容易燃烧，但暴露于空气中的大块状的金属锰的表面，生成了一层氧化物保护膜，使内层金属锰不再继续被氧化而稳定存在。锰可以被水缓慢侵蚀，当生成氢氧化锰膜时会对侵蚀产生抑制作用。锰在热水或含有氯化铵的水溶液中，可以发生置换反应，此性质与镁类似。

锰原子的第一电离势为 7.43eV，第二电离势为 15.64eV，第七电离势为 119.27eV，是第一电离势的 16 倍。

锰容易与强酸反应生成氢气和二价锰盐，但是与冷浓硫酸反应缓慢。常温下，锰可与卤素直接化合而生成卤化锰（如 $MnCl_2$ 等），其结构与 $MgCl_2$ 相同。锰与氟作用除生成 MnF_2 外，还可以生成 MnF_3。在高温下，锰可与 C、S、N、

Si、B、P 等生成相应的化合物，温度在 1473K 以上时，锰可与氮气化合形成不同组分的氮化物，如 Mn_3N_2。将碳置于熔融的锰中可以形成 MnC_3[1,2]。锰与硫共热则可以生成硫化锰。

锰与氢不能直接化合，锰可以与氧形成多种氧化物，以氧化数为+2、+4 和 +7价的氧化物最重要，其中 Mn^{2+} 最为稳定，它不易被氧化也不易被还原，这与 Mn^{2+} 离子的 d 电子层的半充满结构有关。MnO_4^- 和 MnO_2 具有强氧化性。在酸性溶液中，Mn^{3+} 和 MnO_4^{2-} 均易发生歧化反应。在碱性溶液中 $Mn(OH)_2$ 是不稳定的，容易被空气中的氧气氧化为 MnO_2；MnO_4^- 也能发生歧化反应，但是反应没有在酸性溶液中进行的彻底。

锰原子处于基态的电子构型为 $[Ar] 3d^5 4s^2$，由于 d 轨道与 s 轨道上的电子都可以成为价电子，因而锰属于变价元素。锰的主要氧化价态有+2、+3、+4、+6 和+7。价态的变化导致了离子性质的变化，随着价态的升高离子电位和电负性增高，锰离子的半径变小，锰氧化物的酸碱性则随着价态的增高由碱性向酸性变化。锰的氧化物及其水合物的酸碱性递变规律是过渡元素中最为典型的，其表现为随着锰的氧化态的升高，酸性逐渐增强，而碱性逐渐减弱。

1.2.3 锰的物理化学特性

锰是属于第四周期的过渡元素，同 Sc、Ti、V、Cr、Fe、Co 和 Ni 相比，尤其是与相邻的 Cr 和 Fe 相比，Mn 具有一些特殊的物理化学特性。这些特性对于认识锰的地球化学特征具有很重要的意义。

第四周期过渡元素的晶体结构有六方、立方、体心立方及面心立方等类型。例如，Sc、Ti 和 Co 为六方型，V、Cr 和 Fe 为体心立方型，Ni 为面心立方型，唯独 Mn 是立方型的。

Sc、Ti、V、Cr、Fe、Co 和 Ni 作为第四周期的过渡元素，它们的原子半径总趋势是随着原子序数的增加而减少，而 Mn 例外，其原子半径为 136.6pm（γ-Mn），比 Cr（124.9pm）和 Fe（124.1pm）的原子半径都大，破坏了递减的规律。锰原子的体积也有相同的现象，Mn 的原子体积为 7.39cm^{-3}/mol，比 Cr（7.23cm^{-3}/mol）和 Fe（7.1cm^{-3}/mol）的原子体积都大。

第四周期过渡元素的氧化态，只有锰有最高的+7 价氧化态。锰元素前面的过渡元素（从 Sc 到 Cr）的最高氧化态从+3 到+6 逐渐升高；锰元素后面的过渡元素（从 Fe 到 Ni）的最高氧化态从+6 到+3 逐渐降低。锰元素前面的过渡元素的氧化态升高与 3d 轨道上的价电子数增加有关。当 3d 轨道上的电子数高达 5 以上时（从 Sc 到 Ni），3d 轨道则逐渐趋于稳定，高的氧化态则逐渐不稳定，呈现出强氧化性，因此锰元素后面的过渡元素的氧化态又逐渐降低。

第四周期过渡元素中，锰具有最低的熔点和沸点。从元素 Sc 到 Cr，熔点从

1539~1890℃，沸点从2483~3380℃；从元素Fe到Ni，熔点从1453~1535℃，沸点从2732~3000℃。但是锰的熔点只有1260℃，沸点为2077℃。锰的熔化热和汽化热也比较低。

第四周期过渡元素从Sc到Ni的标准电极电势基本上是逐渐增大的，这和它们的金属性逐渐减弱是一致的。唯独锰的标准电极电势比铬的还要低，破坏了这种递增的规律。这与失去两个4s电子后，形成更加稳定的$3d^5$构型有关。

由此可见，锰元素在第四周期的过渡元素中具有其独特的物理化学特性。

1.3　锰的用途

锰的用途非常的广泛，在钢铁工业中，锰的用量仅次于铁，有90%的锰消耗于钢铁工业中，10%的锰消耗于有色冶金、电子、电池、化工、农业等部门。

1.3.1　锰在钢铁工业中的应用

由于锰与氧和硫的亲和力都比较大，故锰是炼钢过程中不可缺少的脱硫剂和脱氧剂[3]。锰能够细化珠光体和强化铁素体，并且能够提高钢的淬透性和强度，因此，锰是重要的合金元素。全球生产出来的锰几乎90%用于钢的制造，主要制造铁合金。在炼钢工业中锰主要起到两方面的作用：一是锰可以作为净化剂，可以与硫化合生成硫化锰进入熔渣中，防止因硫化铁的形成而使钢变脆，从而降低钢的机械性能，还可以与氧化合生成氧化锰，防止在钢的冷却过程中形成砂孔或气泡，对钢的性能产生不良影响；二是作为合金，金属锰能够细化钢的粒度，在一定的范围内强度极限随着锰含量的增加而增大，提高了钢的硬度。锰钢的性质比较奇特，如果在钢中加入2.5%~3.5%的锰，制得的低锰钢质一敲即碎[4]。然而，如果加入13%以上的锰，制成的高锰钢就会变得既坚硬又富有韧性，而且抗腐蚀性能大大提高。将高锰钢加热到淡橙色时，变得十分柔软且容易进行各种加工。锰钢没有磁性，不会被磁铁所吸引。就我国锰资源的实际情况而言，我国已开发出十二种常用的低合金结构钢，例如：12号锰钢、16号锰钢、15号锰钛钢等。这些结构钢材的耐磨强度大，综合性能好，被大量应用于制造滚珠轴承、钢磨、推土机铲斗和掘土机等经常受磨的构件中，以及桥梁、铁锰锰轨等[5]。比如，闻名于世的南京长江大桥就是使用锰钢建造而成的。在军事上，高锰钢常被用作制造坦克钢甲、钢盔和穿甲弹的弹头等[6]。

1.3.2　锰在有色冶金工业中的应用

在有色冶金工业中，锰的用途主要有两种：一是以二氧化锰或高锰酸钾作为氧化剂加入到铜、锌、铀和镉等有色金属的湿法冶炼过程中，将溶液中的二价铁离子氧化成三价铁，调整溶液的pH值，使铁离子沉淀而除去[7]。

$$2FeSO_4 + MnO_2 + 2H_2SO_4 \longrightarrow Fe_2(SO_4)_3 + MnSO_4 + 2H_2O \qquad (1-1)$$

每生产 1t 的锌需要消耗含二氧化锰 60% 的矿石约 8~10kg。湿法生产 1t 的铜需要消耗含二氧化锰 60% 的矿石约 20~25kg。

二是应用于非铁合金的制造。铝镁锰合金作为一种新型的材料,在航空工业和建筑业中得到广泛的应用。这种合金材质较轻并可切割弯曲成各种形状,可进行回收再生处理。其优越的耐腐蚀性、耐温性和耐污染性,不受紫外线和温差等条件的影响,可以承受极端的气候条件,且不易褪色。在铜合金中锰作为净化剂也得到了应用,锰铜合金由于其电阻温度系数几乎为零[8],而被广泛地应用于电器仪器上。锰与铝、锑或锡形成的合金具有铁磁性,可用于制造磁致伸缩换能器、磁放大器和磁存储器等;锰与铁和锌经过氧化后得到锰锌铁氧体,具有很好的导磁性能,可以在 1000Hz~10MHz 频率范围内使用,还可用于制作磁芯、变压器及电感器、滤波器等[9~12]。

1.3.3　锰在电池工业中的应用

锌-锰电池是法国科学家勒兰社(Leclanche)于 1868 年发明的,又被称为勒兰社(Leclanche)电池。由二氧化锰(MnO_2)作为正极,锌(Zn)作为负极,电解质溶液由中性氯化锌($ZnCl_2$)和氯化铵(NH_4Cl)的水溶液组成,并由淀粉或浆层纸作隔离层而制成的电池。由于其电解质溶液通常为凝胶状或被吸附在其他载体上而呈现出不流动的状态,故又被称为糊式锌锰干电池。该电池选择天然的二氧化锰作为填充材料,但自然界中适合于生产干电池的天然的二氧化锰储量越来越少,同时也因为人们生活水平和科技水平的不断提高以及环境保护意识的日益加强,因此,采用天然二氧化锰生产的糊式锌锰电池的产量也逐渐减少[13,14]。

20 世纪中期,碱性锌锰电池在锌锰电池的基础上发展了起来,是早期锌锰电池的改进型[15,16]。电池采用氢氧化钠(NaOH)或氢氧化钾(KOH)的水溶液作为电解液,采用的负极结构与锌锰电池相反,负极在内,为膏状胶体,用铜钉作集流体,正极在外,活性物质与导电材料压成环状与电池外壳连接,用专用的隔膜将正、负极隔开。由于该种电池中所选用的二氧化锰是纯度较高的电解二氧化锰(EMD),从而使得其电性得到很大的提高,一般的同等型号的碱锰电池容量以及放电时间是普通锌锰电池的 3~7 倍。

近年来,随着人们环保意识的不断增强和生活水平的不断提高,无污染、高性能的绿色电池被越来越多的应用于各个领域,电解二氧化锰的消耗量也是逐年增加,尤其是无汞锌锰电池的迅猛发展对高纯电解二氧化锰的需求量越来越大。

1.3.4　锰在电子工业中的应用

电子工业作为全球经济发展速度最快的一个部门,它带动了全球经济的快速发展。

磁性材料，尤其是软磁性材料是电子工业中的基本原料。软磁材料又以锰锌铁氧体为主，由于其具有狭窄的剩磁感应曲线，能够反复被磁化，在高频作用下具有高导磁率、高电阻率、低损耗等特点，而且其来源广泛，价格低廉，在软磁材料中占据 80% 以上，已经取代了大部分的镍锌铁氧体。

用锰锌铁氧体磁芯制成的各种线圈、变压器、扼流圈和电感器件等，在计算机产品、家电产品、工业自动化设备和通信设备等方面都有非常广泛的应用。

在锰锌铁氧体中四氧化三锰的用量占到了 21% 左右。

1.3.5 锰在建筑材料中的应用

锰在建筑材料方面的应用主要是用于生产玻璃时的着色、褪色和澄清剂等。

由于在生产玻璃的原料中多数都含有钴、铁等杂质，影响了玻璃的颜色，如果适量的加入二氧化锰则可以使玻璃变为无色，如果加入不同量的二氧化锰还可以使得玻璃具有不同的颜色。

锰在建筑材料中的另外一个用途是使砖、瓦及陶瓷的表面着色，比如可以着绿色、褐色、黑色和紫色等光彩比较鲜艳的颜色[17]。在西欧一些国家的楼房建筑装饰材料釉面砖、瓦的表面着色主要是采用二氧化锰作为着色料，其颜色鲜艳而且持久不易褪色，很受人们的青睐。

1.3.6 锰在农业中的应用

锰是植物正常生长过程中不可缺少的微量元素之一，锰参与许多酶的活动和氧化还原过程，参与植物的光合作用和氮素的转化，能够促进叶绿素的合成和碳水化合物的运转[18]。植物的叶绿体中含有丰富的锰元素，如果缺锰就会使得叶绿素含量减少，光合作用降低，从而导致枝叶枯黄，植物生长不良，产量下降。锰也是某些脱氢酶和氢氧化铁还原酶的组成成分，可以促进碳水化合物的合成与运输，能够参加糖代谢中的水解和基团转移，特别是能够加速糖从叶部向结实器官的运输。除此之外，锰对植物的氮素营养有着良好的影响，在植物体内的氧化还原过程和含氮物质的合成过程中都起着一定的作用。

在土壤中，对植物有效的锰主要包括水溶性锰、代换性锰和易还原性锰，通常作为缺锰指标的是易还原性锰。含质地较轻、碳酸钙较多的碱性土壤中的有效态锰的含量较低，pH 值在 6.5 以上的土壤大都缺锰。一般情况下，当土壤中的还原性锰低于 1mg/kg 时，农作物就可能会对锰肥有反应。锰肥用于许多农作物都会有很明显的增产效果：用于甜菜可以提高其糖含量；用于小麦能够提高籽粒的千粒重和蛋白质的含量，一般增产 10%～15% 左右；在石灰性冲积土壤中施锰肥，可以使花生的结荚果数与果仁重均得到增加；玉米用硫酸锰浸种后，能够提高产量 15%~20% 左右。

除了用作农作物的肥料之外，锰在农业上还有许多其他的用途，例如饲料添加剂、杀菌剂等。

1.3.7 锰在环保治理方面的应用

在环境保护方面，锰主要应用于对污水和废气的处理。天然的饮用水中常含有一定量的杂质，需要进行净化处理，二氧化锰则特别适用于地下水的除铁。我国地下水的含铁浓度高达 10mg/L 以上，国家规定生活饮用水和工业用水的含铁量不应该超过 0.3mg/L，对于棉毛和造纸工业用水的含铁量不应该超过0.2mg/L，而对于印染、纺织和电子工业用水则不得超过 0.1mg/L。

地下水中的铁常以二价铁的形式存在，由于二价铁在水中的溶解度比较大，因此刚从地下抽上来的水仍然是清澈透明的，但是和空气中的氧接触后，水中的二价铁就会被氧化，生成难溶于水的氢氧化铁。地下水中的铁虽然对人体健康并无影响，但当水中的含铁浓度高于 0.3mg/L 时水便发浑，高于 1mg/L 时水就会有铁腥味。如果水中含有的铁质过多，在洗涤的衣物上就会生成锈色的斑点；铁是锅炉用水中生成水垢的成分之一；在纺织工业中，纺织品会产生锈色的斑点，印染时与染料结合使得色泽不鲜艳；造纸时铁吸附于纤维素之间会使颜色变黄等。因此，必须要对地下水进行净化除铁。

天然的二氧化锰可以对地下水中的铁起到氧化的作用，使得水中的可溶性的二价铁转化为不可溶的氢氧化铁而除去。

$$2Fe^{2+} + MnO_2 + 4H^+ === 2Fe^{3+} + Mn^{2+} + 2H_2O \tag{1-2}$$

$$2Fe^{3+} + 6H_2O === 2Fe(OH)_3\downarrow + 6H^+ \tag{1-3}$$

净化废水中的砷可以用二氧化锰作为净化剂，还可以用二氧化锰净化废气中的二氧化硫和硫化氢等有害气体，以及净化含有汞的工业废气。

1.3.8 锰在其他方面的应用

在制皂工业中，二氧化锰或高锰酸钾被广泛用作催化剂。采用锰皂来代替二氧化锰和高锰酸钾作为催化剂是较新的技术，其效果更好。锰皂所用的原料为含锰98%以上的工业硫酸锰、液碱以及脂肪酸[19]。

在医药方面，锰主要被用作制药氧化剂、消毒剂以及催化剂等。高锰酸钾是一种强氧化剂，在医药上是最常用的消毒剂之一，高锰酸钾配制成浓度为 0.1%的溶液就能够起到消毒杀菌的作用。在生产镇静剂芬那露的过程中，二氧化锰被用作中间氧化剂。在生产解热镇痛剂非那西丁的过程中，二氧化锰被用作中间过程的催化剂。

在印染工业中，二氧化锰被用作氧化剂来制备还原艳绿印染颜料。

在传统制片行业中，电影胶片和照相底片的显影剂对二苯酚是用二氧化锰作为氧化剂制备而成的。

锰在焊接工业中也是不可缺少的重要原料，起到脱氧、脱硫和提高焊缝强度的作用，无论是自动埋弧焊接还是手工电弧焊接，它都是非常重要的原材料。

1.4 锰的资源与消耗

1.4.1 世界锰资源情况

世界锰矿资源较为丰富，在过渡元素中含量排在第 3 位（仅次于铁和钛），在地壳中的大量元素中含量排名为第 12 位[20]（丰度为 0.096%）。据美国 USGS 统计，截止到 2008 年年底，世界上陆地锰矿石的储量和储量基础合计达到 57.00 亿吨（以锰金属量计），其中锰矿石的储量为 5.00 亿吨，储量基础为 52.00 亿吨。同时，南非锰矿的总储量占到总量的 71.84%，达 40.95 亿吨，居世界总储量第 1 位。在世界陆地锰矿资源中，高品位的锰矿（品位≥35%）主要分布在南非、澳大利亚、加蓬和巴西，其主要矿床类型为风化壳型和沉积变质型。例如：南非卡拉哈里矿区的锰矿石品位达到 30%~50%；澳大利亚格鲁特岛矿区的锰矿石品位可达到 40%~50%。印度、墨西哥以及哈萨克斯坦是中等品位锰矿的锰矿石资源国。加纳和乌克兰则是以低品位锰矿为主的锰矿资源国，主要矿床类型为沉积型及火山沉积型。中国也属于低品位的锰矿资源国。此外，世界大洋底所蕴藏的锰结核是锰的重要的潜在资源，海底锰结核每平方公里约有 4400t，总储量大约在 3 万亿吨以上[21]，是以后 20 年中可以开发的重要的潜在锰资源。随着陆地锰矿石的储量日益的减少，人们越来越重视非传统的原料来源，特别是海底锰结核的利用。在西方国家，尤其是无陆地锰矿床的国家，例如：英国、德国、法国、日本、瑞典以及加拿大等国家对海底锰结核进行了较为广泛地开发研究。

1.4.2 国内锰资源情况

我国锰资源的分布较广但并不平衡[22]。湖北、广西、湖南、重庆、贵州和云南这六个省、市的锰矿资源储量占到了全国锰资源储量的 84.2%，尤其是湖南和广西两省，锰矿的基础储量占到了全国的 55.5%。因此，开采锰矿资源形成了以湖南和广西为主的格局。

在我国 80% 左右的锰矿矿床属于沉积或沉积变质型，此类矿床的特点是矿体呈多层薄层状、缓倾斜、埋藏深、分布面广，必须进行地下开采且开采技术条件很差，适合于露天开采的锰储量只占 6% 左右。通过对我国锰矿的主要产区广西、湖南、云南、福建和贵州的锰矿进行矿物学研究，结果表明，绝大多数的锰矿床属于细粒或微细粒嵌布型，选矿难度较大且技术加工性能不理想。

我国锰矿区的数量较多，但规模都较小，矿床规模多为中小型。截止到 2002

年年底，全国 237 处锰矿区中：有 7 处大型锰矿床（资源储量≥2000 万吨），其中资源储量超过 1 亿吨的只有 1 处；有 52 处中型锰矿床（资源储量在 200~2000 万吨）；有 178 处小型锰矿床（资源储量<200 万吨）。其中，大、中型锰矿床的资源储量占全国锰资源总量的 88%[23]。

　　云南的锰矿储量占全国总储量的 6.5%，仅次于桂、湘、黔、川、辽 5 省，居全国第 6 位。全省锰矿储量中，工业储量占 60.2%。锰矿产地有 67 处，其中大型矿床 1 处，中型矿床 7 处，小型矿床及矿点 59 处。云南省富锰矿约占全国的 1/4，其中 50%的锰矿属于低磷、低硫、低碱、易选矿石。斗南、建水和鹤庆锰矿采用强磁选和重-磁联合选矿，品位一般可提高 10%左右（见表 1-2）。云南省宜露采储量约占保有储量的 1/5，水文地质条件简单，矿石以块矿为主。锰矿是云南省黑色金属矿产中开发经济效益较好的矿种，投资少、见效快[24]。

表 1-2　云南省主要锰矿区选矿试验结果　　　　　　　（%）

矿区名称	选矿方法	原矿品位	精矿品位	产率	回收率	品位提高
斗南锰矿	单一强磁选	22.29	30.70	52.29	76.71	10.41
建水锰矿	重介质强磁选	21.98	33.53	53.17	81.48	11.55
	分级强磁	27.83	37.08	61.30	81.67	9.250
鹤庆小天井	单一强磁选	28.26	30.04	52.71	86.67	11.78

1.5　锰的生产现状

　　用金属热还原法与水溶液电解法均可以生产金属锰，前者所得金属锰为块状，纯度低；后者可以制得片状的金属锰，纯度高，且成本低。因此，后者是当今世界生产金属锰的主要方法。

　　从硫酸锰水溶液中电解制取金属锰在 20 世纪 30 年代就取得了成功。美国矿山局于 1936 年在内华达州波尔多市建立了一个日产 1t 金属锰的小型试验工厂，在试验取得成功的基础上于 1940 年技改扩建成 1500t/a 的规模。紧接着日本中央电气工业公司于 1941 年开始建设年产 3600t 的电解锰厂。1954 年美国联合碳化物公司在俄亥俄州玛丽埃塔建立了一个年产万吨的电解锰厂，1955 年南非电解锰公司在南非建立了一个年产 600t 的实验工厂。1960 年又将该厂逐步扩建成年产 17000t 的大型工厂。1962 年美国克尔-麦吉公司在密西西比州建立了一个年产 12000t 的电解锰工厂，1966 年美国福特矿物公司在内华达州建立了一个年产万吨的电解锰工厂。1971 年日本东洋曹达公司建立了一个年产 5000t 的电解锰厂。1974 年南非德尔塔公司在德兰士瓦省建立了一个年产 27000t 级的大型电解锰厂。1985 年南非两家电解锰厂合并成南非电解锰公司（MMC），生产能力达到 44500t/a。

20 世纪 90 年代初，日本两个电解锰厂由于多方面的原因，宣布永久性关闭。在此之前，1985 年美国福特矿物公司电解锰厂转产生产电解二氧化锰。90 年代美国俄亥俄州的电解锰厂宣布关闭。2001 年 8 月美国最后一家电解锰厂宣布永久性关闭。

前苏联于 1946 年在乌克兰建立了一个年产 1000t 的电解锰车间，近 20 年来独联体国家很少见到报道。

当前，全球生产电解锰的国家只有中国和南非，中国是世界上最大的电解锰生产国。

中国电解锰工业从 1956 年开始至今，已取得了很大的发展。

电解锰厂主要分布在湖南、贵州、重庆、四川、广西等省市，现有工厂 110 家，总生产能力 60.59 万吨/年。其中湖南省有 41 家企业，总生产能力 18.2 万吨/年；贵州省 29 家企业，总生产能力 22.27 万吨/年；重庆市 28 家企业，总生产能力 14.0 万吨/年；四川省 8 家企业，总生产能力 3.0 万吨/年；广西壮族自治区 8 家企业，总生产能力 2 万吨/年；其他省市 4 家企业。

目前，我国电解锰厂生产能力超过 1 万吨的企业有 20 家，主要是湖南花恒振兴化工厂、重庆酉阳天雄锰业公司、贵州玉屏大龙锰业公司、重庆秀山锰业制品厂、秀山新华电解锰厂和广西大锰锰业公司等。

从 1995 年开始，我国电解锰工业技术进步明显，相当一部分企业重视技术进步，设备和材质不断更新，工艺参数不断调整，主要设备实现了大型化，设备结构更为合理，管理更为科学，节能降耗有了重大突破，主要工艺指标不断刷新，产品质量有了明显提高，生产成本与 1995 年相比降低 30% 以上。

我国生产的电解锰 55% 以上用于出口，全球主要工业国家都使用我国生产的电解金属锰以及用电解金属锰生产的金属锰粉和锰块，表 1-3 列出了我国电解锰从 1994~2003 年的生产量与出口量。

表 1-3　1994~2003 年我国电解金属锰生产量与出口量　　　（万吨）

年　份	1994	1995	1996	1997	1998	1999	2000	2001	2002	2003
出厂量	6.15	6.33	6.17	8.02	9.27	10.65	12.30	15.17	21.00	32.50
出口量	5.02	5.03	4.57	6.01	6.88	7.36	9.30	11.65	12.68	16.50

由表 1-3 可知，我国电解锰出口增长迅速，国内需求的增长更为迅速，主要是由于不锈钢和特种钢对电解锰的需求急剧增加的缘故。2003 年，国内电解锰的需求突破了 16 万吨。

我国电解锰还处于发展时期，几十年来，我国从事锰业的科学技术人员从我国锰矿资源的实际情况出发，自主开发了用贫碳酸锰矿石生产优质金属锰的新工艺，并且获得了成功。在未来的几年内，我国电解锰的生产还会有更大的突破。

参 考 文 献

[1] 黄可龙. 无机化学 ［M］. 北京：科学出版社，2007.

[2] 刘新锦，朱亚先，高飞. 无机元素化学 ［M］. 北京：科学出版社，2005.

[3] 谭柱中. 20 年艰辛 20 年发展——回顾全国锰业技术委员会成立 20 周年 ［J］. 中国锰业，
 2002，20 （4）：1~8.

[4] Kirk-Othmer. Encyclopedia of Chemical Technology ［M］. New York：Inter science，1967.

[5] 张兆麟. 锰与社会 ［J］. 化学教育，1995 （10）：1~9.

[6] 徐静. 低品位软锰矿与冶炼锰烟尘中锰的浸出工艺研究 ［D］. 昆明：昆明理工大
 学，2010.

[7] 唐敏. 电解锰复合添加剂的实验研究 ［D］. 重庆：重庆大学，2010.

[8] Greenwood，N. N 著. 元素化学 ［M］. 王曾隽等译. 北京：高等教育出版社，1996.

[9] 谭东. 锰的应用 ［J］. 广西化工，1995，2 （24）：9~16.

[10] 向峰. 锰粉精矿冷压球团强度影响因素的研究 ［D］. 昆明：昆明理工大学，2008.

[11] 罗东岳. 无硒电解锰添加剂的研制及电解生产工艺研究 ［D］. 北京：中国地质大
 学，2006.

[12] 陈飞宇. 从银锰矿的浸出液中制取硫酸锰和碳酸锰的工艺研究 ［D］. 长沙：中南大
 学，2004.

[13] 王贺. 化学电池的发展趋势及其特点 ［J］. 华章，2011 （6）：274.

[14] 邱静. 粗品硫酸锰的分离提纯 ［D］. 重庆：重庆大学，2007.

[15] 王自新. 废旧锌锰电池真空热解回收研究 ［J］. 城市管理与科技，2010 （5）：50~52.

[16] 刘兵. 电解锰复合添加剂的实验研究 ［D］. 重庆：重庆大学，2009.

[17] 徐栋梁. 高结晶水锰矿粉球团还原冶炼高碳锰铁合金工艺及机理研究 ［D］. 长沙：中
 南大学，2009.

[18] 张岩. 微量元素在农业生产的重要作用 ［J］. 中国西部科技，2010，9 （2）：59.

[19] 毛磊. FFC 剑桥工艺直接制备金属锰及锰铁合金 ［D］. 唐山：河北理工大学，2009.

[20] Kaneko T，Matsuzaki T，Kugimiya T，et al. Improvement of Mn yield in less slag blowing at
 BOF by use of sintered manganese ore ［J］. Tetsu to Hagane-Journal of the Iron and Steel Insti-
 tute of Japan，1993，79 （8）：941~947.

[21] 吴荣庆. 国外锰矿资源及主要资源国投资环境 ［J］. 中国金属通报，2010 （2）：
 36~39.

[22] 王运敏. 中国的锰矿资源和电解金属锰的发展 ［J］. 中国锰业，2008，22
 （3）：26~30.

[23] 谭柱中，茅益明. 中国锰矿资源开发利用状况及展望 ［J］. 2006 年北京国际铁合金交流
 洽谈会暨展览会会刊，北京：中国金属学会，2006.

[24] 黄仲权. 云南锰矿资源现状及发展对策 ［J］. 矿产保护与利用，1993 （4）：19~23.

2　锰的化合物及其生产

2.1　二氧化锰

二氧化锰主要用于电池工业。早期干电池主要采用的是活性二氧化锰，活性二氧化锰是用硫酸处理高品位、低有害杂质和电化学性能优良的锰矿（主要含二氧化锰）并制成粉状而成。后来由于电池工业的发展，对二氧化锰的电化学性能要求越来越高，人工合成二氧化锰逐渐取代活性二氧化锰。人工合成二氧化锰的方法主要有三种[1]：（1）电解法生产二氧化锰（EMD）；（2）化学合成法生产二氧化锰（CMD）；（3）活性二氧化锰（AMD）。

2.1.1　电解二氧化锰（EMD）[2]~[16]

2.1.1.1　电解二氧化锰生产方法及工艺流程

电解二氧化锰的生产方法分为高温法和低温法两种。低温法的主要工艺条件为：电解液温度20~25℃，电解液硫酸浓度120~200g/L，阳极电流密度500A/m²，电解生成的二氧化锰呈浆状悬浮于电解液中。高温法的主要工艺条件为：电解液温度95~100℃，电解液硫酸浓度30~50g/L，阳极电流密度40~100A/m²。高温法与低温法相比具有阳极电流密度低、电解槽材质要求低、操作简单及生产连续化等优点，是目前各国生产EMD最主要的方法。

高温法沉积在阳极上的二氧化锰经过剥离、粉碎、漂洗、中和、干燥等处理后即成为电解二氧化锰产品。

电解二氧化锰按原料的不同，生产方法也可以分为碳酸锰矿法、氧化锰还原焙烧法和"两矿"法等工艺。目前国内多采用碳酸锰矿法，即碳酸锰矿粉用硫酸浸出制得硫酸锰溶液经过滤、净化、电解而成。国外多采用氧化锰还原焙烧法，即二氧化锰矿经粉碎、还原、浸出、净化、电解而成。"两矿"法即采用二氧化锰矿与硫铁矿还原浸出、净化、电解而成。

电解法生产的二氧化锰品位为90%~94%，呈γ晶型，具有密度大、填充密度高等特点。在电化学性能上还具有放电容量大、放电过电位低等优点。现在世界上二氧化锰产量中EMD约占90%左右。

以碳酸锰矿或二氧化锰矿为原料生产电解二氧化锰的工艺流程如图2-1所示。

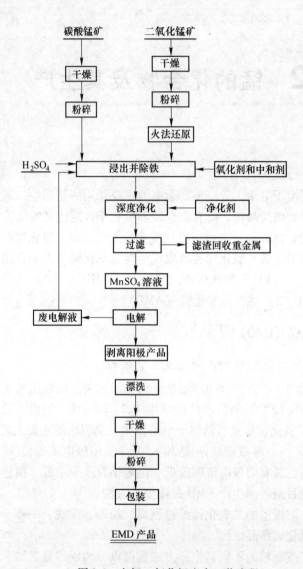

图 2-1 电解二氧化锰生产工艺流程

2.1.1.2 锰矿的浸出与浸出液的净化

从 Mn-H$_2$O 系 φ-pH 值图（如图 2-2 所示）可以看出，简单 Mn-H$_2$O 系划分为 Mn^{2+} 和 Mn(OH)$_2$ 及 Mn 三个区域，这三个区域也就构成了湿法炼锰的浸出、水解净化和电积过程所要求的稳定区域。

浸出过程就是要创造条件使原料中的锰及其他有价金属越过 I 线而进入 Mn^{2+} 区。水解净化即是创造条件使 Mn^{2+} 停留在 Mn^{2+} 区域，同时使杂质再超过 II 线进入 Mn(OH)$_2$ 区。电积即是创造条件在阴极上施加电势，使 Mn^{2+} 进入金属

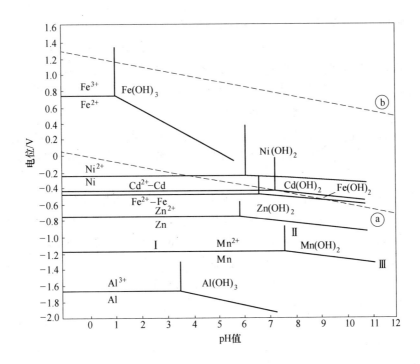

图 2-2 Mn-H_2O 系 φ-pH 值图

Mn 区。由图 2-2 可知，在锰浸出终点时，控制浸出终点 pH 值为 6.5 可以使一些金属以氢氧化物沉淀的方式被除去。

工业生产中浸出与除铁通常称为化合工序，其主要技术条件为：浸出温度 ≥ 90℃，浸出时间 4~6h，浸出终点 pH 值为 3~5，中和终点 pH 值为 6~7，一般采用氧化钙或氨水中和，中和时间为 0.5h。净化除重金属一般称为硫化工序，常用的硫化剂有硫化钡、硫化钠、硫化铵、福美钠［又称二甲胺基磺酸钠，简称 S. D. D，分子式为（CH_3）$_2NCS_2Na$］、反多硫化钙等。硫化净化的主要技术条件为：温度 60~80℃，搅拌时间 30~40min，硫化槽陈化时间 24~48h。

2.1.1.3 硫酸锰溶液的电解

硫酸锰溶液的电解机理如下：

（1）阴极过程。电解二氧化锰一般采用碳棒或紫铜管作阴极，在负电极化下，主要发生析氢反应。

$$2H^+ + 2e^- \Longrightarrow H_2(g)$$

（2）阳极过程。电解二氧化锰目前均采用 Ti 玻纹板或 Ti-Mn 合金涂层为阳极。电解 MnO_2 阳极过程主要发生如下析出 O_2 和析出 MnO_2 两个竞争反应：

$$O_2 + 4H^+ + 4e^- \Longrightarrow 2H_2O$$

$$MnO_2 + 4H^+ + 2e^- \Longrightarrow Mn^{2+} + 2H_2O$$

工业生产中，MnO_2 电解工序主要技术条件为：槽温 95~100℃，槽液 $MnSO_4$ 浓度 90~110g/L，槽液 H_2SO_4 浓度 35~40g/L，电流密度 50~80A/m²，槽电压 2.5~4.0V，电解周期、清槽周期、清阴极周期一般均为 15 天左右，视具体情况而定。根据工业生产数据，电解 MnO_2 的直流电单耗一般为 2000~2500kW·h/t。

2.1.1.4　电解二氧化锰产品后处理

产品后处理包括剥离、粉碎、洗涤、中和与干燥等工艺过程，以得到符合用户要求的电解二氧化锰成品。产品后处理对于电解二氧化锰的性能有着很重要的影响。

（1）剥离。将二氧化锰沉积物连同阳极一起从电解槽中取出，用水冲洗或热水浸泡，除去沉积物表层的电解液等杂物，再把二氧化锰沉积物从电极上剥离下来，得到块状二氧化锰半成品。剥离产品后的电极经适当处理重新装槽使用。产品的剥离一般为手工操作，在国外已有机械剥离的实例。

（2）粉碎。块状二氧化锰半成品先经颚式破碎机粗碎，然后用雷蒙机或其他粉碎设备进行粉碎，制成符合用户粒度要求的锰粉。

（3）洗涤与中和。粉碎后的二氧化锰粉中还含有一定量的电解液（硫酸锰和硫酸的水溶液）和电解液蒸发抑制剂等杂质，因此必须进行洗涤和中和，以除去 Mn^{2+} 和 SO_4^{2-} 等杂质，并调整 pH 值，使之达到规定的要求。

1）二氧化锰的洗涤。洗涤是用水将制品中的硫酸盐、硫酸等杂质从二氧化锰颗粒表面及其内部孔隙中洗出来，从而减少二氧化锰成品中的杂质含量。因此，洗涤操作应包括两个基本步骤：使洗水与二氧化锰粉末充分混合、接触；使洗水与二氧化锰粉末分离。

在电解二氧化锰生产厂中，二氧化锰的洗涤是在圆柱形洗涤槽中进行的，洗涤槽中安装有机械搅拌装置。粉碎后的二氧化锰粉末，直接投入洗涤槽或用水调成浆状后用泵输入洗涤槽中，加入 70℃ 左右的热水，用机械搅拌进行洗涤。这时，在洗涤槽中形成了均匀的二氧化锰粉末悬浮液，二氧化锰颗粒与水充分混合、相互接触。在这个过程中，首先是二氧化锰颗粒表面上的 H^+，SO_4^{2-} 和 Mn^{2+} 等离子溶于颗粒内部的微孔水膜中。由于浓度梯度的存在，微孔水膜中的 H^+，SO_4^{2+} 和 Mn^{2+} 等离子向外扩散，先到达颗粒表面，然后在浓度梯度和搅拌的双重作用下，很快又向洗涤水深处扩散，直至各处的浓度相等为止。这时如果再继续进行洗涤，效果甚微。因此，应停止搅拌，进行沉淀。在沉淀过程中，二氧化锰颗粒在重力作用下慢慢向下沉降，待洗涤槽中上部为澄清的洗水，下部为二氧化锰沉淀时，将澄清的洗水放入沉淀池，将二氧化锰留在洗涤槽中，再加入热水，进行下一次洗涤。

洗涤过程是物理过程，洗涤速度取决于扩散速度。洗涤水温度越高，离子和分子的运动速度越快，扩散系数也越大，洗涤效果越好。

增加搅拌强度，使二氧化锰固相颗粒与水相充分混合接触，可增加两相接触面积，同时充分搅拌，可减小液滴直径，这也增加了两相接触面积。因此，洗涤时，加强搅拌作用，可提高洗涤效果。在洗涤过程中，固相中溶质浓度 C_0 不断减小，而水相中溶质浓度 C 不断增加，其浓度差 $(C_0 - C)$ 随洗涤时间的延长而减小，因而洗涤速度随每次洗涤时间的延长而减慢。当洗涤速度降到一定值时应停止洗涤。这就是说，宜采用短时间多次洗涤工艺，而不宜采用长时间少次数的洗涤工艺。工业生产中，一般用热水洗涤 10 次、每次 40min 左右。

近些年来电解二氧化锰厂家基本上都采用粉碎至 10~20mm 的粗颗粒二氧化锰块状漂洗，该方法具有不用加氯化铵解胶，澄清好，易于干燥与二氧化锰回收率高等优点。此外，还采用氢氧化钠代替碳酸氢钠中和，处理后电解二氧化锰大批量机械混匀，有利于产品质量的稳定与提高。

2）游离酸的中和及中和后的水洗。试验表明，通过水洗，可将二氧化锰粉料中的 SO_4^{2-} 离子由原来的 2%~3%降低到 1%左右，但 pH 值变化不大。而且，只用水洗过的二氧化锰粉料，其电极电势下降速度快。这说明，水洗不能"彻底"除去二氧化锰粉料中的游离硫酸，必须用碱性溶液进行中和。

工业生产中一般用 5%~10%碳酸氢钠溶液或氢氧化钠溶液进行中和，温度为 60~70℃，中和时间为 1h 左右。中和后放入热水中进行洗涤。由于中和后的料浆中有少量胶体生成，二氧化锰的沉降速度很慢，因此，需加入带酸性的氯化铵作解胶剂，以加快二氧化锰的沉降速度。氯化铵溶液的浓度为 2%~5%。

3）脱水。洗涤后需进行脱水，以减少二氧化锰湿料中的含水量，从而加快干燥速度，减少能耗。二氧化锰湿料的脱水，一般采用板框压滤机或网盘真空过滤机。

4）二氧化锰湿料的干燥。二氧化锰湿料的毛细管水和孔隙之间的水分，统称为吸附水。吸附水被除去后，在潮湿的环境中，可重新被吸附在二氧化锰粉料中。二氧化锰中还有另一种水，这种水存在于二氧化锰晶格中，成为二氧化锰晶格的组成部分，称之为结合水或结晶水。结合水的存在有利于质子在二氧化锰晶格内的扩散，对二氧化锰的电化学活性有利。电解二氧化锰的结合水含量一般为 3%~5%，结合水一旦失去，就不能再恢复。

选择合适的干燥工艺条件，使二氧化锰湿料干燥速度快，产品质量好，是至关重要的。

干燥温度是对干燥速度影响最大的一个工艺因素。干燥温度越高，干燥速度越快，但必须严格控制干燥温度不超过 110℃。若超过 110℃，二氧化锰会部分失去结晶水，降低其电化学活性。

干燥物料的干燥面积越大，干燥速度越快，因为干燥时水分的蒸发是在物料表面进行的，所以，干燥时料层越薄，干燥得越快。

干燥时，在物料表面上蒸发的水分，必须扩散到空间被热风（干燥介质）或空气带走，蒸发方能不断地进行。若热风的流速很小或干燥空间的空气不流动，则蒸发出的水分很快使与物料接触的热风或空气达到饱和，蒸发速度减慢，甚至不能继续进行。因此，在用热风作加热介质干燥时，热风要以足够的流速通过物料；在用蒸汽通过热传导的方式在烘房中进行干燥时，要在烘房里安置排风机以加速空气的流动。

干燥物料空间的相对湿度越大，则物料上方空气（或热风）中蒸汽浓度越大，因此，干燥速度越慢。要加快干燥速度，就须降低干燥物料空间的相对湿度。这可以从两个方面考虑：适当加大热风流量（即流速），或强化空气循环，使蒸发的水蒸气尽快排走；适当增加干燥物料空间（或热风）的温度，从而增加物料上方的空气（或热风）所能容纳的最大水蒸气量，这也相当于相对湿度的降低。

工业生产中使用的干燥设备有回转窑干燥机、耙式干燥机、气流干燥机，也可以用传统的蒸汽烘房。

由于产品后处理与产品性能关系极大，旨在提高产品质量、降低消耗的后处理工艺的改进工作一直在进行。据报道，日本电解二氧化锰生产中产品后处理操作采用二次漂洗二次干燥流程，即剥离后的阳极沉积物先用热水洗涤，以洗去作为电解液蒸发抑制剂的石蜡及吸附的电解液，然后经干燥，粉碎到规定的细度，再进行二次漂洗、中和、过滤，然后经干燥即成成品。这种二次漂洗流程无疑地对提高产品纯度和节省中和剂是有益的。在第一次漂洗粗块产品时，还可将产品表面的电极腐蚀产物（石墨）和低价锰氧化物洗去，而采用一次漂洗流程是较难取得这一效果的。

2.1.1.5   无汞碱锰电池专用 EMD 的要求

随着国内外电池工业的高速发展，生产高能无汞碱锰电池是电池工业的发展趋势。为保护生态环境，近些年世界上许多国家相继立法限制含汞电池的生产与销售。目前，美、日、英、法等工业发达国家市场准入的碱性锌锰电池已全部要求无汞化。电池的汞污染问题亦引起我国政府的高度重视，国家经贸委等九部委、局于 1997 年 12 月 31 日联合发布了"关于限制电池产品汞含量的规定"，中国实现电池无汞化的日程已经排出。我国已规定 2005 年将终止使用有汞电池，这意味着所有锌锰电池的正极材料必须是碱锰型电解二氧化锰，而负极材料必须是无汞锌粉。实现碱性锌锰电池无汞化对我国电池产品与国际市场接轨、参与国际市场竞争具有十分重要的意义。

电解二氧化锰是碱性锌锰电池的阴极活性物质，它的性质对电池的放电、耐漏液、贮存、工艺适应等性能有着根本性的影响。根据国内外专家的研究，无汞碱锰电池用 EMD 应有更高的纯度，特别要求严格限制钼、铁等稀有金属与重金属杂质的含量，控制一定的物理参数，如视密度、比表面积等。目前，国产 EMD 尚不能完全适应无汞碱性锌锰电池的技术要求。为此，中国电池工业协会把建设无汞碱锰电池专用 EMD 的生产基地列为发展我国无汞碱锰电池工业的战略性措施之一。

与普通锌锰电池比较，无汞碱锰电池对电解二氧化锰有非常严格的要求。

（1）杂质含量极低。由于无汞碱锰电池不含汞，不能利用汞齐化反应来抑制微量金属杂质所形成的微电池现象（自放电反应），造成电池析气、爬碱，或使电池内的隔膜纸破裂而导致内部短路，电池放电容量和贮存性能下降。因此，用于无汞碱锰电池用的 EMD，杂质含量必须很低，先进的无汞碱锰电池生产厂商已提高对 EMD 化学杂质的要求：$w(Fe) \leq 60 \mu g/g$，$w(Cu)$、$w(Ni)$、$w(Co)$、$w(Pb) \leq 1 \mu g/g$，$w(As)$、$w(Sb)$、$w(Mo) \leq 0.3 \mu g/g$。

此外，还要求 NH^{4+}，K^+ 含量很低。因为 NH^{4+} 会与电池中的 KOH 电解液产生析气反应，造成电池爬碱。K^+ 更是从多个方面影响电池的放电性能：K^+ 与 MnO_2 形成隐钾锰矿型 $KMn_8O_{16} \cdot xH_2O$ 八面形结晶，成为 EMD 晶格的一部分，因而降低了锰的价态，而且隐钾锰矿的密度仅为 $4.0 g/cm^3$（电解二氧化锰约为 $5.0 g/cm^3$），降低了 EMD 的平均密度，这些都会降低电池的放电容量；位于晶格中心通道的 K^+，在电池放电过程中，会阻碍质子的迁移，使放电过程难于进行，在大电流放电时这一影响尤为显著。

（2）要求有理想的 γ 型晶体结构。在 X 射线衍射图谱上应几乎不含 β 型和 α 型等低活性相特征峰，还要求 γ 型晶相的两个端高有一定的比值范围。

（3）要有合理的固相表面特性。EMD 在亚微观上是一种多孔结构物质，其表面特征（如孔隙率、微孔直径、比表面等）对电池的重负荷放电性能有密切的关系。

普通电池用的 EMD 比表面一般为 $40 \sim 60 m^2/g$，这意味着较高的孔隙率（孔数多）和较小的微孔直径，必然给电解液和离子在 EMD 晶格中的渗透和迁移造成困难，影响了放电容量。这就是普通 EMD 不适于制作碱锰电池的一个重要原因。适于制作碱锰电池的 EMD，应具有较大的微孔直径，即微孔数量少，孔隙率较低，比表面积较低，一般为 $25 \sim 35 m^2/g$ 或 $30 \sim 40 m^2/g$。

（4）要有合理的粒度和粒度分布，达到尽可能大的视密度，以保证获得尽可能大的装填密度。视密度或装填密度大，意味着相同容积能装填质量更多的 EMD，放电时间也更长。

普通 EMD 的视密度约为 $1.4 \sim 1.5 g/cm^3$（用碳酸锰矿为原料时，由于 Ca、Mg 含量较高，视密度可能更低），而无汞碱锰电池用的 EMD 则要求达到 $1.60 \sim 1.80 g/cm^3$。

（5）正极成型性能和吸液性能好。成型性能和吸液性能主要取决于 EMD 的固相物理特性、粒度及其分布情况。

（6）产品品质应保证均匀并长期不变，以利于电池的配方和生产线参数的稳定。

2.1.2 化学二氧化锰（CMD）[17~40]

2.1.2.1 化学二氧化锰的性质与用途

化学二氧化锰的相对分子量为 86.937（按 1997 年国际相对原子质量计），其物化性质主要为 γ 型晶体结构，外观为黑色或棕黑色粉末。它的相对密度为 5.026，松装密度 1.3~1.5g/cm^3，比表面积比电解二氧化锰大，约 80m^2/g，具有较好的吸附性能。化学二氧化锰熔点 535℃（分解），不溶于水、硝酸、冷硫酸、丙酮。可慢慢溶解于盐酸中并放出氯气，在过氧化氢或草酸存在下溶于稀硫酸、稀硝酸。

化学二氧化锰主要用于干电池的制造。一般来说，电解二氧化锰的短路电流大，负荷电压高，适于重负荷连续放电，而化学二氧化锰电阻较大，短路电流和负荷电压较低，但放电容量高，电压恢复能力强，因此适于轻负荷的间歇放电。

随着近代电子工业和电气用具的飞速发展，需要供应大量的高效电池，从而对电池的数量和质量提出更多更高的要求。为此，国外电池工业已采用化学二氧化锰与电解二氧化锰搭配使用。国内已有越来越多的电池生产厂家开始意识到化学二氧化锰的重要性。

化学二氧化锰除用作干电池的正极材料外，还广泛用于各种行业，如用作电子工业制锰锌铁氧体磁性材料，炼钢工业作铁锰合金的原料，浇铸工业作增热剂，化学工业中作氧化剂和催化剂，环境保护中作净化废气中的硫化氢、二氧化硫和净化汽车废气的催化剂，防毒面具中用作一氧化碳的吸附剂，用作油漆和油墨的干燥剂，火柴的助燃剂，还用于热敏电阻等方面。

2.1.2.2 生产方法综述

用化学方法合成二氧化锰的基本原理是：使低价锰化合物氧化生成二氧化锰，或使高价锰化合物还原生成二氧化锰。由于采用的原料、技术路线、反应方式等不同，所以可组合成不同的工艺流程，因此化学二氧化锰的生产方法很多。当前应用于工业生产的方法主要是低价锰盐热解氧化法，此法又可分为碳酸锰热解法与硝酸锰热解法两大类。低价锰盐直接氧化法也有工业应用，但无较大规模生产。至于高价锰化合物还原制取化学二氧化锰的方法，因成本高等原因，尚无独立生产，但作为副产品回收二氧化锰仍有价值。例如在糖精生产过程中，高锰酸钾作为氧化剂，最后被还原生成二氧化锰。此外，还有氨基甲酸铵法。

2.1.2.3 产品精制

粗二氧化锰中的二氧化锰含量约为 80%，其余为少量未分解的碳酸锰和未氧化的一氧化锰，以及氧化过程中生成的三氧化二锰和四氧化三锰等，因此必须经过精制处理。精制工序分歧化处理及氧化处理两个步骤。

(1) 歧化处理。将粗二氧化锰用硫酸进行歧化，使二氧化锰提高活性，同时浸出其中低价锰化合物，使之生成硫酸锰或二氧化锰。

$$MnCO_3 + H_2SO_4 \longrightarrow MnSO_4 + H_2O + CO_2 \uparrow$$
$$MnO + H_2SO_4 \longrightarrow MnSO_4 + H_2O$$
$$Mn_2O_3 + H_2SO_4 \longrightarrow MnO_2 + MnSO_4 + H_2O$$
$$Mn_3O_4 + 2H_2SO_4 \longrightarrow MnO_2 + 2MnSO_4 + 2H_2O$$

操作条件为：溶液温度90~95℃，硫酸浓度2mol/L，固液比1:1.5，反应时间1~2h。

(2) 氧化处理。于歧化后的溶液中加入氯酸钠，使歧化过程形成的硫酸锰氧化为二氧化锰。操作条件为：溶液温度90~95℃，反应时间为3~4h，氯酸钠用量为计算量的1.1~1.2倍，反应式如下：

$$5MnSO_4 + NaClO_3 + 4H_2O \longrightarrow 5MnO_2 + NaSO_4 + 4H_2SO_4 + Cl_2 \uparrow$$

经过以上精制后，产品中二氧化锰含量可达90%，提高了回收率，同时使粗二氧化锰晶粒中所含的低价锰被硫酸溶解后形成的孔隙，又被氧化生成的二氧化锰所填充，因此提高了产品的视密度，改善了产品质量。

2.1.2.4 化学二氧化锰产品性能、生产技术的发展与展望

与电解二氧化锰相同，化学二氧化锰主要用于锰系列干电池的制造。一般说来，电解二氧化锰的短路电流大，负荷电压高，适于重负荷连续放电，而化学二氧化锰内阻较大，短路电流和负荷电压较低，但放电容量高，电压恢复能力强，故适于轻负荷间歇放电。根据数据显示，化学二氧化锰有一重要特点，它与天然二氧化锰适当搭配使用能获得优良的放电性能，而电解二氧化锰却没有这一特性。此外，据称Sedema公司的Faradiser M型化学二氧化锰是唯一能用于军用镁-二氧化锰电池的二氧化锰。

一般认为，二氧化锰的性能与它的纯度、密度、晶型结构、比表面积、内部孔隙率等物理化学因素有关，化学二氧化锰亦不例外。

化学二氧化锰中的二氧化锰含量与电解二氧化锰接近，但一般化学二氧化锰中的有害杂质含量相对高些。与电解二氧化锰相比，有些化学二氧化锰品种所含结合水能加热至较低温度予以除去，避免了电解二氧化锰须在较高温度下才可除去结合水从而造成电化学活性损失的问题，故这些品种的化学二氧化锰比电解二氧化锰更宜用于锂电池。

就颗粒形态而言，电解二氧化锰为参差不齐的尖锐棱角颗粒，而具有代表性的化学二氧化锰Faradiser M则呈现典型的"云状"颗粒。二氧化锰的视密度与它的粒度分布、平均粒径等因素有关。

化学二氧化锰的粒度为沉淀作用所控制，一般的化学二氧化锰的平均粒径比电解二氧化锰小，所以化学二氧化锰有着比电解二氧化锰较小的松装密度和敲实密度。实际上化学二氧化锰的密度与其生产方法有关，生产方法不同，产品密度差异较大。化学二氧化锰密度较小，直接影响其作为电池原料时的填充性能和电池的放电容量，这是它的主要缺点之一。

有研究者从二氧化锰相结构角度研究了其放电特性，得出的典型均相还原结论是：α 型一直还原到 $MnO_{1.88}$，β 型一直还原到 $MnO_{1.96}$，γ 型一直还原到 $MnO_{1.5}$。电解二氧化锰的晶型一般被认为是以 γ 型为主，而大部分化学二氧化锰的晶型也以 γ 型为主。少数化学二氧化锰品种中存在大量的 p 型相结构，但 γ 型和 p 型两种晶型实际上同属 ramsdellite 相，它们具有相似的电化学活性，所以从晶型角度分析，化学二氧化锰与电解二氧化锰同样具有较好的电化学活性。

化学二氧化锰的比表面积较大（一般大于 $80m^2/g$），而电解二氧化锰的比表面积较小（一般小于 $50m^2/g$），化学二氧化锰的内部孔隙率也较电解二氧化锰为高。因此，化学二氧化锰具有较好的离子交换特性和优良的吸液性。化学二氧化锰的优良吸液性可使同一电池无须增加乙炔黑即能吸收较多的电解液，有利于大电流放电，对于轻负荷放电，加入电解液时可以减少乙炔黑用量。

2.1.3　活性二氧化锰（AMD）[41~50]

2.1.3.1　活化二氧化锰的生产方法

活化二氧化锰是将天然锰矿石或锰盐经焙烧还原、酸活化等步骤，利用歧化反应制造人造二氧化锰。由于它的制造工艺比化学二氧化锰简单，加之从锰矿石出发，视密度较大，且放电性能有时可和电解二氧化锰媲美，故越来越引起人们的重视。

活化二氧化锰是以天然二氧化锰为原料，经过简单的化学处理而制得的活性较好的二氧化锰，合成方法主要有直接活化法和焙烧歧化法两种。

（1）直接活化法。此法以放电锰粉（天然二氧化锰）为原料，用热稀硫酸（或硝酸）直接进行活化处理，使原二氧化锰改变晶型，扩大晶格空隙，增加孔隙度和比表面积，从而提高电化性能，使其更适宜于用作电池原料。此法的特点是未改变原二氧化锰的化学成分，工艺过程简单，投资少，成本低。但对原矿品位及质量要求较高，且随矿源不同，产品性质也随之有所差别，影响产品质量的稳定性。

（2）焙烧歧化法。此法以天然二氧化锰为原料，先经还原焙烧生成三氧化二锰，再加硫酸（或硝酸）歧化，使其转变为活化二氧化锰及二价锰盐。

$$MnO_2 + CO \rightleftharpoons Mn_2O_3 + CO_2$$

$$Mn_2O_3 + H_2SO_4 \rightleftharpoons MnO_2 + MnSO_4 + H_2O$$

活化二氧化锰生产工艺流程如图 2-3 所示。此法与直接活化法比较，天然锰矿中的二氧化锰经焙烧还原及酸浸歧化后，其化学成分有所改变，产品质量较好。放电性能介于天然二氧化锰与电解二氧化锰之间，且生成硫酸锰副产品。此法经改进，在歧化反应后增加了氧化过程，添加氯酸钠使溶解出的硫酸锰氧化为二氧化锰，因此，不仅充分利用了原料中的锰含量提高了锰回收率，而且提高了产品的视密度和放电性能。

活化二氧化锰一般未直接商品化。法国 Piles Wonder 公司年产 2000t 的活性二氧化锰，供该厂电池生产用。近年，日本中央电气公司新开发出一种活化二氧化锰

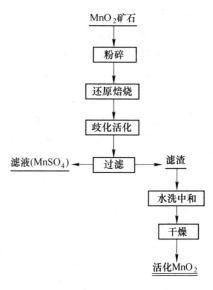

图 2-3　活化二氧化锰生产工艺流程

"CELLMAX（CMD-U）"，据称其放电性能（用于氯化锌型电池）较佳。

2.1.3.2　活性二氧化锰技术的发展与应用

对于活性二氧化锰技术的发展与应用，湖南轻工研究所刘务华、徐保伯等做了重要论述。

（1）近几年来，活性二氧化锰作为替代电解二氧化锰的产品，在我国被广泛应用。它迅速崛起的原因，除它的价格低廉以外，更主要的是它具有优异的吸液性能和良好的放电性能，尤其是重负荷连续放电性能。

目前该产品的重负荷连续放电性能达到甚至超过电解二氧化锰一级品的标准，而间歇放电性能可与电解二氧化锰二级品相媲美，且电池厂家的使用表明，将活性二氧化锰替代全部或部分电解二氧化锰，基本上不会降低电池产品的性能，甚至在某些方面比不使用活性二氧化锰的情况有显著改善。

（2）技术发展历程。活性二氧化锰产品的技术发展经历了两个阶段，即活化二氧化锰（Activated Manganese Dioxide）阶段和活性二氧化锰（Activa-ting Manganese Dioxide）阶段，这两个阶段上的技术差别在于前者是先还原后歧化活化，而后者在前者的基础上又进行了重质化氧化。

在还原焙烧阶段，所发生的化学变化是：

$$4MnO_2 \xrightarrow{\text{高温}} 2Mn_2O_3 + O_2 \uparrow$$

酸性歧化阶段，所发生的歧化反应为：

$$Mn_2O_3 + H_2SO_4 \xrightarrow{\triangle} MnO_2 + MnSO_4 + H_2O$$

在这种工艺过程中，从理论上讲，原矿粉中一半的锰最后生成了硫酸锰而分离出来，只剩一半的锰成为二氧化锰与不溶性杂质一起构成产品。这种产品的优点是比表面积大，吸液性能很好，但作为电池用的锰粉，还有一些缺点，如：视密度小，一般只有原矿粉的 60%~70%；二氧化锰含量较低，很难达到 70% 以上，例如要使产品中二氧化锰的含量达到 70%，则需原矿粉中的二氧化锰含量高于 82%。由于这两个方面的限制，使得锰粉中的有效活性物质在电池中的填充量降低，组成电池的放电性能尽管较原矿粉有较大幅度的提高，但仍不太理想。

采用这种工艺生产的产品的放电性能，因使用的原矿粉的产地不同而有所差异，以 R$_2$OS 型电池为例，一般为 2Ω 连放 90~140min，3.9Ω 连放 270~350min，3.9Ω 间放 450~600min。尤其受天然锰粉品位降低因素的影响，这种工艺实际上没有被大规模生产所采用。

近十年来，在天然锰矿资源逐渐枯竭、电解二氧化锰价格不断攀升，而电池行业向高功率化方向发展等因素的促使下，对活化二氧化锰的研究进一步深入，引进化学二氧化锰生产技术，生产了活性二氧化锰。其理化指标和放电性能较活化二氧化锰有较大幅度改善和提高，对原料锰粉的品位要求也大幅度放宽。这样，活性二氧化锰的生产和使用才能成为现实。

活性二氧化锰生产工艺流程如图 2-4 所示，化学氧化及重质化处理的目的是进一步提高产品的质量，所使用的氧化剂有铬酸盐、氯酸盐等。以氯酸盐为例，所发生的化学反应为：

$$MnSO_4 + 2NaClO_3 \xrightarrow{\triangle} MnO_2 \downarrow + 2ClO_2 + Na_2SO_4$$

$$5MnSO_4 + 2NaClO_3 + 4H_2O \xrightarrow{\triangle} 5MnO_2 \downarrow + Cl_2 \uparrow + 2NaHSO_4 + 3H_2SO_4$$

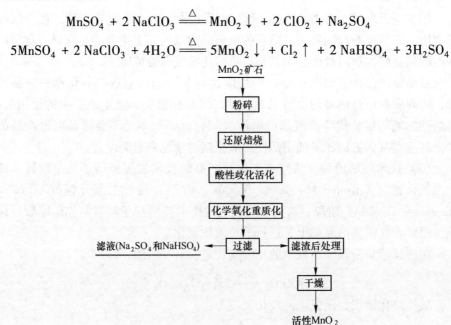

图 2-4 活性二氧化锰生产工艺流程

采用上述工艺以后，避免了活化二氧化锰产品的很多缺点，对原矿粉的品位要求降低到70%左右，产品的视密度接近原矿粉的水平，而吸液性能接近活化二氧化锰的水平。在放电性能方面，各项指标都较活化二氧化锰有很大幅度的提高，其中重负荷性能可与电解二氧化锰相媲美。

实际上，活性二氧化锰是活化二氧化锰与化学二氧化锰的结合体。

（3）放电性能优异的原因。由前面介绍的生产工艺过程可以看出，活性二氧化锰的生产实际上是晶体结构进行重整的过程，其氧化步骤所产生的化学锰或镶嵌于活化二氧化锰歧化微孔的内部，或在活化二氧化锰微粒表面成核和生长，因而它兼有活化二氧化锰和化学二氧化锰的优点。

活性二氧化锰具有优良的放电性能，其具有重负荷放电性能的原因，可以认为主要有下述几点：

1）晶体结构得到改善。一般认为，天然锰矿经高温还原后，生成具有 γ 型特征的三氧化二锰，经歧化后生成 γ 型的活化锰，而硫酸锰氧化生成的化学二氧化锰亦为 γ 型结构。X 射线衍射分析表明，活性二氧化锰具有较强的 γ 型结构特征，但不完全，这可能与活性二氧化锰内杂质的存在有关。

2）比表面积大。每克锰粉所具有的表面积，从大到小排列依次为：化学二氧化锰、活性二氧化锰、活化二氧化锰、电解二氧化锰、天然二氧化锰。其中，用 BET 法测得电解二氧化锰的表面积约为 $30\sim50m^2/g$，化学二氧化锰为 $80\sim100m^2/g$，据测算，活性二氧化锰的表面积在 $60\sim80m^2/g$ 范围内。

3）吸液量大。实验表明，按锰碳质量比为 88:12 的比例制作电池时，100g 锰碳混合干粉，电解二氧化锰需电液为 $36\sim38mL$ 左右，活性二氧化锰需电液为 $42\sim46mL$，比电解二氧化锰高出 10%~15%。活性二氧化锰的良好吸液性能使电芯中水分含量较高，这对连续放电性能和重负荷放电性能有一定好处。

4）放电时活性物质利用率高。前人的研究结果表明，在重负荷放电时，电解二氧化锰中 MnO_2 的利用率为 40%，活化二氧化锰中 MnO_2 的利用率为 44%；在轻负荷放电或重负荷间歇放电时，电解二氧化锰的利用率为 90%，而活化二氧化锰的利用率为 95%。

由于活性二氧化锰比活化二氧化锰具有更大的比表面积，放电时活性物质的利用率较活化二氧化锰更高。

（4）活性二氧化锰的质量。影响活性二氧化锰放电性能（无论是连续放电性能还是间放性能）的因素主要有：晶体结构特征，比表面积大小，活性物质含量，视密度大小。其中，晶体结构特征和比表面积大小主要由工艺方法所决定，活性物质含量和视密度主要由工艺参数控制。

活性二氧化锰的生产是用天然二氧化锰作原料，大部分反应是在液-固相界面间发生，尽管在歧化活化和重质化氧化过程中能够去除一些可溶性杂质，但二氧化硅等不溶性杂质却仍然保留在产品中。因此，就化学参数而言，活性二氧化锰与电解二氧化锰存在较大的差距。实际上，由于所采用的原材料不同，活性二氧化锰的理化指标亦会有较大幅度的差别，但要保证连续放电水平达到电解二氧化锰一级品标准，则二氧化锰含量必须高于75%，堆实密度不低于 $1.7g/cm^3$，以保证活性物质的填充量。

另外，由于用天然二氧化锰作原料的缘故，活性二氧化锰产品中杂质的范围和含量不可能完全确定，而工艺方法又基本决定了这些不溶性杂质对电池贮存性能不会有显著的危害，因而以可溶性杂质范围作为表示指标更有实际意义。

以湖南韶山风帆锰业技术有限公司的产品为例，其质量指标如下：

1）理化指标。

水分≤3%；

二氧化锰≥77%；

可溶性铁≤0.0075%；

水萃取 pH 值：5~7；

堆实密度≥1.8g/cm^3；

颗粒度　-200 目≥90%，

　　　　+100 目≤3%。

2）放电性能。参照 ZB G13001—1986 标准制作 R$_2$OS 型电池（每 100g 锰碳混合干粉加内电液 42~46mL，且经 12h 以上存放），按 GB 7112—1977 标准放电。

开路电压≥1.70V；

2Ω 连放≥170min；

3.9Ω 连放≥400min；

3.9Ω 间放≥700min。

2.1.3.3 活性二氧化锰的生产概况

活性二氧化锰实质上是活化二氧化锰（AMD）与化学二氧化锰（CMD）的结合体，它综合了活化二氧化锰成本低、吸液性能强、连放性能好和化学二氧化锰品质高、间放性能优良的特征。使用时，通过与电解二氧化锰和天然二氧化锰搭配，能够显著降低材料成本，而不影响产品的性能。活性二氧化锰产品对充分利用我国现有的锰矿资源，解决我国当前天然放电二氧化锰资源枯竭和为产品升级换代提供物美价廉的原料具有重要意义。

国际上 20 世纪 90 年代初才有关于活性二氧化锰的生产技术报道，目前世界上也只有我国生产。湖南科源科技实业有限公司是世界上最早开发和批量化生产活性二氧化锰（ACMD）的企业活性二氧化锰的生产工艺流程为：原料锰粉→焙烧→冷却→歧化→重质化氧化→固液分离→多级漂洗→中和→漂洗→压滤→干燥

→成品。生产的产品具有视密度大、晶体结构好、比表面积大、吸液性能好、放电活性高等优点，是高档铵型和氯化锌电池理想的正极活性材料。

湖南科源科技实业有限公司的活性二氧化锰产品的主要理化性能指标为：

二氧化锰≥76%	全铁≤0.004%
可溶性铁≤0.001%	可溶性镍≤0.001%
可溶性钴≤0.001%	可溶性铜≤0.001%
可溶性铅≤0.001%	水萃取 pH 值：5~7
堆实密度≥1.897g/cm³	通过 200 目≥90%

放电性能指标为：

开路电压≥1.68V	3.9Ω 连续放电≥400min
2Ω 连续放电≥170min	3.9Ω 间歇放电≥700min

2.2 四氧化三锰

2.2.1 概述

四氧化三锰（Mn_3O_4）在自然界中又称黑锰矿，相对分子质量228.81，理论含锰量72.03%，锰的平均化合价约为+2.7，颜色可以从黄色到红色再到黑色，熔点1590℃，密度4.7~4.9g/cm³，硬度5，天然黑锰矿条痕为浅红色或褐色。

四氧化三锰在不同条件下有两种尖晶石结构：当温度小于1433K时，四氧化三锰为扭曲的四方尖晶石结构；当温度大于1433K时，四氧化三锰为立方尖晶石结构。

MnO_2在空气中加热到950℃时将生成Mn_3O_4：

$$3MnO_2 \xrightarrow{950℃} Mn_3O_4 + O_2$$

高纯四氧化三锰或者说电子级四氧化三锰（以下简称四氧化三锰）是电子工业生产锰锌铁氧体软磁材料的重要原料。它与铁、锌的氧化物一起按一定的配比混合后，制模烧结成型，制成高性能的导磁材料——软磁铁氧体。

2.2.2 四氧化三锰的生产方法

四氧化三锰的制备方法多种多样，根据工艺特点及反应性质的不同大致可归纳成四类：焙烧法、还原法、氧化法和电解法。若以制造原料分类，也可以分成四类：一类是以锰的氧化物或氢氧化物，如 MnO、Mn_2O_3、MnO_2、$Mn(OH)_2$ 等经氧化或还原制成 Mn_3O_4；一类是锰盐，如 $MnSO_4$、$MnCO_3$、$Mn(NO_3)_2$、$MnCl_2$、$KMnO_4$、MnC_2O_4等经氧化或还原制成 Mn_3O_4；还有一类是锰金属经过氧化制成 Mn_3O_4；另外一类是以锰的氧化物与锰盐为原料经氧化还原制成 Mn_3O_4。虽然制备方法很多，但由于受到工艺条件、原料成本、产品质量等因素的制约，大多数制备方法仅停留在实验室规模，没有实现工业化。但在一些特殊情况下，如锰的回收、废水废渣的处理、资源的综合利用等方面，其中有些方法也是值得借鉴的。

本章主要按照其制备原料的不同，将四氧化三锰的制备方法分为：金属 Mn 法、高价锰氧化物法、碳酸锰法、锰盐（Mn^{2+}）法等方法，并分别进行讨论。

2.2.2.1 金属锰法

金属锰法又称为电解金属锰粉悬浮液氧化法、电解金属锰锈蚀法，它是以电解金属锰片为原料，先将金属锰片粉碎制成悬浮液，利用空气或者氧气作氧化剂，在一定温度和添加剂浓度下制备四氧化三锰的一种方法。

金属锰法由于具有工艺简单、操作方便、单位产量大、生产成本低、锰的回收率高、污染小等优点，被大多数生产厂家采用，已经成为 Mn_3O_4 工业化生产的主流。尤其在国内，基本上都是采用这种方法进行工业化生产。

A 反应机理

金属锰法的反应机理有两种解释。

（1）化学作用机理。在电解金属锰的电积过程中，如果突然断电，那么阴极有返溶现象，这和金属锰粉悬浮液中有铵盐存在时的状态相同，以 $(NH_4)_2SO_4$ 为例有以下反应：

$$Mn + (NH_4)_2SO_4 + 2H_2O \Longrightarrow MnSO_4 + 2NH_3 \cdot H_2O + H_2 \uparrow$$

新生成的 $MnSO_4$ 与新生成的 $NH_3 \cdot H_2O$ 作用，生成锰氨配合物：

$$MnSO_4 + x NH_3 \cdot H_2O \Longrightarrow Mn (NH_3)_x SO_4 + xH_2O$$

由于锰氨配合物不稳定，受热将析出 $NH_3 \cdot H_2O$ 和 $MnSO_4$，$MnSO_4$ 和 $NH_3 \cdot H_2O$ 反应生成 $Mn(OH)_2$ 沉淀：

$$MnSO_4 + 2NH_3 \cdot H_2O \Longrightarrow Mn(OH)_2 + (NH_4)_2SO_4$$

$Mn(OH)_2$ 遇空气氧化即生成 Mn_3O_4：

$$6Mn(OH)_2 + O_2 \Longrightarrow 2 Mn_3O_4 + 6H_2O$$

由此可见，第一，只要有一定浓度的铵盐存在，金属锰原子便会与其发生化学反应，最终生成四氧化三锰。在整个过程中，铵盐只是起催化剂的作用而没有损耗，从金属锰粉到 $Mn(OH)_2$ 这个过程反应十分激烈且时间较短，这就是为什么添加很少量的铵盐就能启动这一过程的主要原因；第二，在反应过程中，由于开始生成 $NH_3 \cdot H_2O$、$Mn(OH)_2$，pH 值将快速升高，pH 值的升高是反应开始进行的标志，而反应终点时系统是 Mn_3O_4 和氨盐水溶液，pH 值将回到反应前的范围，因此可以根据 pH 值的变化来判断反应终点；第三，由于过程中不消耗铵盐，因此，只要整个反应过程所加的物料（如水、锰粉、铵盐等）较纯净，则反应后经固液分离的水溶液完全可以作为配制下一次悬浮液的用水，这有利于减少环境污染和降低生产成本。

以上是以（NH_4）$_2SO_4$ 为例进行分析，用其他铵盐（如 NH_4NO_3，NH_4Cl 等）的情形与此完全类似。

（2）电化学作用机理。金属锰粉的氧化可称为锈蚀，可看成一个电化学腐蚀过程。在充气的电解质溶液中，每一金属锰微粒都构成原电池，发生阳极和阴极反应。

在阳极，锰失去电子被氧化溶解：

$$Mn \longrightarrow Mn^{2+} + 2e^-$$

在阴极，溶解在悬浮液中的氧接受电子被还原而产生 OH^-：

$$O_2 + 4e^- + H_2O \Longrightarrow 4OH^-$$

Mn^{2+} 将继续与 OH^- 发生反应生成 $Mn(OH)_2$ 沉淀，在适当的条件下，进一步氧化，便可生成 Mn_3O_4。

按照这一机理，铵盐在体系中仅起介质作用。由于锰微粒本身也能吸附水溶液中溶解的氧形成氧化膜，使原电池的阳极发生钝化，妨碍锰的进一步溶出。因此，电解质溶液中必须要含有能够防止阳极钝化的组分。一般认为 Cl^- 离子和 SO_4^{2-} 离子能够有效地防止阳极钝化。温度较高、固液比较大、介质浓度较高均有利于提高锈蚀反应速度。

其实这两种机理之间并无矛盾，只是出发点不同，结果都一样，都可以解释金属 Mn 法的氧化过程。

B　工艺流程

先将电解金属锰片破碎为金属锰粉，然后加入纯净水及上次反应后的上清液中进行调浆（同时加入适量添加剂），向调浆好的金属锰悬浮液中鼓入空气进行氧化反应，反应完成后上清液返回调浆，底留物用纯净水洗涤干净，然后干燥并包装。

C　操作条件

曾有人用 45μm 电解金属锰粉为原料，采用正交试验法探讨该体系合成 Mn_3O_4 的条件与性能的关系，发现影响产品中总锰含量的因子按大小顺序依次是添加剂量、反应时间、加料时间、加料量。得到的最优化工艺条件为：在 2000mL 的烧杯中，以 45μm 金属锰粉为原料，反应时间 3h，温度 60℃，添加剂量 20g，加料时间 60min 和加料量 400g。

在实际生产过程中，主要控制的条件有添加剂浓度、初始温度、投料量（料液比）、吹气量、搅拌强度、反应时间等。控制条件也因设备、工艺上的差别而有所不同。例如添加剂的浓度在 1~20g/L 的范围内反应都可以进行，在实际生产中还要根据反应槽的设计、电解金属片的破碎方式（是湿磨还是干磨）、锰粉的粒度、投料量等因素综合考虑决定。如果添加剂的浓度偏低，反应时间将被延长或根本无法进行；如果添加剂的浓度太高，反应时间过短，新生成的四氧化三锰来不及从原锰粒上脱落下来，产生所谓的原位锈蚀，生产出来的四氧化三锰呈黑色或红褐色，比表面积偏低只能用来生产低档锰锌铁氧体材料。由于该反应体系是一个放热过程，因此在反应过程中不需要加热，但有时需要一定的初始温度以保证反应的启动，体系的温度实际上是在一定范围内波动，波动范围一般在40~80℃。投料量也需要注意，料液比的变化将引起产品的比表面积、松装密度的波动。

2.2.2.2 高价锰氧化物法

锰系列氧化物中相对于 Mn_3O_4 较高价态的氧化物称为高价氧化物，如 MnO_2，Mn_2O_3，$MnOOH$ 等。由于 Mn^{3+} 不稳定容易发生歧化反应：

$$2Mn^{3+} \longrightarrow Mn^{2+} + Mn^{4+}$$

所以 Mn_2O_3，$MnOOH$ 产品在市场上比较少见，因此我们主要讨论用 MnO_2 为原料制备 Mn_3O_4 的方法。下面介绍的主要有三种方法：高温焙烧还原法、气体还原法和 MnO_2+锰盐法。

（1）高温焙烧还原法。有人在实验室将 MnO_2 放于 1100℃ 的空气中热分解 6~8h，制得 Mn_3O_4。最新的研究表明用微波加热 MnO_2，将有效地提高 MnO_2 的分解速率，从而降低反应过程中的能耗。

人造 MnO_2 直接烧结而成的 Mn_3O_4 纯度达不到锰锌铁氧体材料的要求，必须进行酸洗：将烧结产品研细并过 $90\mu m$ 筛子，然后用 10~30g/L 的 H_2SO_4 在 40~50℃ 下洗涤，并用蒸馏水冲洗至 pH 值为 6~7，在 105℃ 温度下烘干得酸洗后的产品。该产品含 Mn 量 71.7%，除 Mg 偏高外，其余杂质含量均符合电子级产品要求。

但是在该产品中含有少量的 Mn_2O_3 和 MnO_2 等不纯物。偏高的 Mg 含量是生产 FMD 后处理过程中由于中和、漂洗带进去的；Mn_2O_3 是焙烧冷却时回氧所致；MnO_2 是由于在酸洗时发生歧化反应所致。由于直接用人造 MnO_2 烧结制备 Mn_3O_4 存在着这些不足，所以有人提出改用 EMD 雷蒙磨半成品来制备 Mn_3O_4 新工艺。

该工艺用 EMD 雷蒙磨半成品经 HNO_3 酸洗、高温焙烧、快速冷却制取 Mn_3O_4。从 MnO_2 性质看，酸洗 MnO_2 不发生歧化或其他反应，考虑到用 H_2SO_4 酸洗制得的 Mn_3O_4 含硫常偏高，所以采用 HNO_3 作漂洗剂。在 24~36g/L HNO_3 中于 40~60℃ 条件下洗涤，用蒸馏水冲洗，直到 pH 值为 6 左右，经 105℃ 烘干，然后在 955~1170℃（1050℃为宜）下焙烧 50~130min（以 90min 为宜）后，快速冷却（以真空快冷为佳），制得的成品符合电子级 Mn_3O_4 的要求。

（2）气体还原法。将 MnO_2，Mn_2O_3，$MnOOH$ 等锰高价氧化物用还原性气体如 H_2，CO 还原时，通过热力学计算分析，它们的还原过程不可能是分步进行的，因此它们的产物只可能是 Mn_2O_3，Mn_3O_4，MnO 的混合物。但是当用甲烷气体作还原剂时，其还原过程却是分步的，可以控制其步骤来获得单一的 Mn_3O_4。

用甲烷作还原气体时的反应如下：

$$12Mn_2O_3 + CH_4 \longrightarrow 8Mn_3O_4 + CO_2 + 2H_2O$$

$$6MnO_2 + CH_4 \longrightarrow 2Mn_3O_4 + CO_2 + 2H_2O$$

反应是在过量的甲烷气体中加热完成的，加热温度大约在 $250\sim550℃$，不同的高价锰氧化物的反应温度不同。例如，MnO_2 的温度为 $250\sim400℃$ 左右，Mn_2O_3 或 $MnOOH$ 的温度为 $300\sim500℃$，总体上讲，温度越高，产品的颗粒越大。然而，当温度高于 $550℃$ 时不能控制第 2 步反应来获得 Mn_3O_4，所以温度最好控制在 $500℃$ 以下。例如，由 $MnOOH$ 制备 Mn_3O_4，反应在过量的甲烷气流中进行，温度为 $310\sim550℃$。同时考虑到产品的纯度，原料最好采用 EMD 雷蒙磨半成品，其除杂过程与高温焙烧还原法一样。与高温焙烧还原法相比，气体还原法的反应温度较低，因此能耗较低，最终产品的比表面积和活性均优于高温焙烧还原法的产品。

（3）MnO_2+锰盐法。将 MnO_2 微粉（可以是 $γ$-MnO_2，$β$-MnO_2，天然 MnO_2，电解 MnO_2 等）搅拌均匀分散在含锰盐（$MnSO_4$，$MnCl_2$ 等）水溶液中，然后在隔绝空气的条件下以一定速度滴加碱液（$NaOH$，KOH，$NH_3 \cdot H_2O$）至 pH >7，搅拌保温 2h，过滤，用水反复洗涤，可得单相 Mn_3O_4 产品。

有人做了以下实验，将 5.5g $MnSO_4 \cdot H_2O$ 溶于 200mL 蒸馏水中，再加 2.0g 平均粒径 10μm 的 MnO_2，隔绝空气搅拌，并以 5mL/min 速度滴入 40mL、0.5% 的氨水溶液，然后保温 60℃ 搅拌 2h，溶液 pH 值为 9，经过滤、洗涤，得到重 5.5g 的固体，通过 X 射线衍射测定产品为单相的 Mn_3O_4，锰的收率为 96%。

MnO_2+锰盐法目前研究较少，还没有引起注意，在理论上这也不失为一种简单有效的方法。

2.2.2.3 碳酸锰法

碳酸锰在 950℃ 下主要发生反应为：

$$3MnCO_3 \xrightleftharpoons[]{950℃} Mn_3O_4 + CO\uparrow + 2CO_2\uparrow$$

碳酸锰的来源有多种，较经济的方法是以菱锰矿（$MnCO_3$）为原料，采用无机酸浸出，经过深度除杂后获得的锰盐溶液加入碳酸盐沉淀剂（$NaHCO_3$，Na_2CO_3，$(NH_4)_2CO_3$，NH_4HCO_3）再进行复分解反应制得 $MnCO_3$；或是将软锰矿（MnO_2）加还原剂焙烧还原成 MnO，控制还原温度 $700\sim800℃$（保持 Fe_2O_3 不被还原），在 CO_2 气氛中冷却。用 306g/L NH_3 和 132g/L CO_2 溶液，溶解 MnO 制得氨基甲酸锰氨络合物，Fe_2O_3 仍留在渣中，控制好温度保持络合物稳定。溶液经压滤净化后，泵入蒸发罐，煮沸驱赶 NH_3，分解络合物即可得到 $MnCO_3$。

碳酸锰法生产的 Mn_3O_4 如果杂质偏高，也可以采用酸洗，其酸洗工艺与 MnO_2 焙烧后酸洗工艺条件一样。

碳酸锰法的生产工艺与 MnO_2 焙烧还原法十分相似，但是碳酸锰法的烧结过程更容易控制，反应更彻底。当然，MnO_2 烧结还原法的一些缺点在碳酸锰法中一样存在，如：产品冷却时也会出现回氧生成少量 Mn_2O_3 杂质；产品的物理性能达不到要求；产品经过酸洗会使总锰量下降等。总体上看，碳酸锰法用来工业化生产 Mn_3O_4 是完全可行的，尤其是在矿山生产碳酸锰、锰盐的企业只要在原生产工艺基础上进行改进就可以生产出 Mn_3O_4，这不失为一种投资少见效快的方法。

2.2.2.4　锰盐（Mn^{2+}）法

这里所说的锰盐指的是可溶性锰盐（如 $MnSO_4$，$Mn(NO_3)_2$，$MnCl_2$ 等），也包括锰矿石的浸出液、铁锰合金经酸溶后的溶液，甚至是工业生产中的副产品。虽然锰盐法在我国还没有被普遍采用，但是由于锰盐法具有原料来源广泛，工艺流程并不复杂，产品的比表面积大，粒度分布较好，成本低廉等优点，因此备受关注，也成为四氧化三锰制备方法中研究最多的一种。

锰盐法制取 Mn_3O_4 的工艺流程如图 2-5 所示。用锰盐制备 Mn_3O_4 的途径是将锰盐氧化成 MnO_2，再按锰高价氧化物法，将制得的 MnO_2 经酸洗、焙烧来制备 Mn_3O_4。锰盐转化为 MnO_2 的方法主要有水热法和直接氧化法。

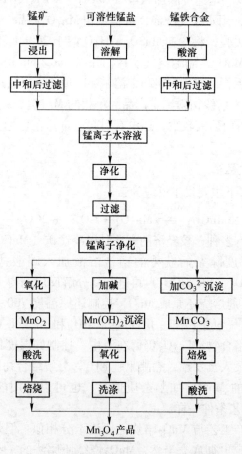

图 2-5　锰盐法制取 Mn_3O_4 的工艺流程图

　　无论用图 2-5 中哪种方法制得的锰盐溶液都含有杂质，要制备高纯度的 Mn_3O_4 必须除去原料和生产中带入的杂质。传统的除杂工艺分两步进行：

　　第一步：中和水解法除铁，在较强的酸性条件下（pH 值为 2~3）用 MnO_2 为氧化剂，将 Fe^{2+} 氧化成 Fe^{3+}，其反应方程式为：

$$MnO_2 + 2Fe^{2+} + 4H^+ \Longrightarrow 2Fe^{3+} + Mn^{2+} + 2H_2O$$

　　只要将 pH 值调至 4 以上，溶液加热至 80℃ 以上，Fe^{3+} 就与 OH^- 反应生成 $Fe(OH)_3$ 沉淀，经一次压滤而分离。

　　第二步：硫化物沉淀除重金属，工业中常用的硫化剂是工业 $(NH_4)_2S$，S.D.D 和乙硫氮，反应温度约 70℃，一次滤液在硫化沉淀池中充分沉淀后，进行二次压滤。

　　经过上述处理的锰盐溶液中的 Si，Ca，Mg 等杂质依然偏高，必须进行深度净化。深度净化的方法主要有控制结晶法和化学沉淀法。控制结晶法是通过控制结晶过程将杂质留在母液中，结晶出来的高纯锰盐溶解后进入下一道工序。控制结晶法能耗较高，生产成本有所增加，但其除杂效果较理想，母液可闭路循环产品收率高，如条件许可不失为一种有效的途径。

　　化学沉淀法是在原来的基础上增加或改进工序以达到深度净化的目的。采用氟化铵作为 Ca、Mg 的沉淀剂。氟化铵的加入量为理论量的 120%，反应温度大于 90℃，时间为 0.5h，除 Ca、Mg 作业锰的回收率为 99.83%。由于 SiO_2 是两性氧化物，可通过调节 pH 值，使溶液中的 Si 以硅酸的形式析出。具体方法是在中和水解法除 Fe 的后期将 pH 值调至 6.5 左右，进行除 Si，由于有 $Fe(OH)_3$ 絮状沉淀析出，这些絮状沉淀可以吸附溶液中的金属杂质有利于净化过程。化学沉淀过程中有些沉淀物粒度很小，压滤时容易穿滤造成夹杂，也可能出现杂质返溶现象，因此可加入少量絮凝剂来捕捉溶液中的细微颗粒。

　　有人研究采用锰盐溶液加水溶性氧化剂（如硫代硫酸铵、硫代硫酸钠等）和少量碱性化合物，使溶液发生反应，使得杂质与部分锰一起产生沉淀而将杂质脱除。其反应式之一如下：

$$2Mn(NO_3)_2 + 2(NH_4)_2S_2O_3 + 8NH_3 + (2n+4)H_2O + 5O_2 \Longrightarrow$$
$$2MnO_2 \cdot nH_2O + 4(NH_4)_2SO_4 + 4NH_4NO_3$$

　　反应生成部分水合二氧化锰，这种水合物对其他金属杂质的捕集能力很强，从而使锰化合物及水溶性氧化剂中含有的除碱金属、碱土金属之外的所有其他金属离子以及硅等杂质，都被捕集而产生沉淀，其沉淀物可通过过滤除去，从而高效地精制锰化合物。

　　这种沉淀的二氧化锰水合物的量应控制在 1%~5% 范围内比较理想，这由锰化合物中的杂质含量、沉淀物的过滤特性决定。另外，反应过程中，溶液的温度不宜太高，否则锰的损失会增加，一般在 30℃ 以下，最好是在 20℃ 以下。

2.3　硫酸锰[51]

2.3.1　硫酸锰的性质和用途

硫酸锰是一种水溶性盐,极易溶于水,其晶体可以带 1~7 个结晶水。硫酸锰在水中的溶解度比较特殊,当溶液温度小于 50℃ 时,硫酸盐的溶解度随温度的升高增加,以后随温度的上升反而下降。

由于含一个结晶水的硫酸锰物性比较稳定,因此市场上绝大多数硫酸锰产品都是 $MnSO_4 \cdot H_2O$。一水硫酸锰晶体是淡玫瑰红色粉末,属单斜晶系,相对密度 2.95,相对分子质量 169.01,在空气中会风化。一水硫酸锰在 200℃ 以上开始失去结晶水,280℃ 时失去大部分结晶水,500℃ 失去全部结晶水生成白色的无水硫酸锰,700℃ 时成熔融物,850℃ 时开始分解,因条件不同而放出 SO_3、SO_2 或 O_2,残留黑色的不溶性 Mn_3O_4,约在 1150℃ 完全分解。

硫酸锰是最重要的基础锰盐,世界上有近 80% 的锰产品是利用硫酸锰或者通过硫酸锰溶液生产出来的。这也是硫酸锰消耗的主要方面,除了作为工业原料之外,硫酸锰在农业、工业上还有着十分广泛的用途。

硫酸锰在农业上主要用作微量元素肥料和饲料添加剂。虽然肥料和饲料中的锰可以采用不同的形式添加,例如:硫酸锰、碳酸锰、一氧化锰、锰的有机物等,但是硫酸锰价格便宜、效果又好,因此最受欢迎。世界上缺锰的土壤面积较大,仅中国保守估计就有 1 亿亩以上,因此硫酸锰作为微量元素肥料的市场很大,而且还有巨大的潜力。

硫酸锰在工业上主要用作生产其他锰盐的原料,此外还用作油漆、油墨的催干剂、合成脂肪酸的催化剂、陶瓷着色剂、纺织印染剂、Ca^{2+} 的净化剂等。

2.3.2　硫酸锰的工业生产方法

2.3.2.1　菱锰矿法

菱锰矿加硫酸浸取可制备硫酸锰溶液,其过程在前面用磷锰矿制备锰化合物中有详尽的介绍,这里就不再赘述。用菱锰矿制得的硫酸锰溶液多用于生产电解金属锰、电解二氧化锰和碳酸锰,而直接用来生产硫酸锰的较少,这是因为伴生于菱锰矿中的钙、镁杂质含量太高,分离起来困难,严重影响硫酸锰产品质量的提高。

在传统工艺中用菱锰矿制备硫酸锰往往对锰矿有较高的要求,尤其是镁的含量(以 MgO 计)一般要求小于 1%,而我国的锰矿资源大多是品位低的贫矿且选矿困难,符合要求的高品位的菱锰矿并不多,而且菱锰矿法生产的硫酸锰一般都是档次较低的产品,因此现在用菱锰矿法来生产硫酸锰的厂家并不多见。

针对传统工艺的不足，有人对其进行了改进并对工艺条件进行了优化，取得了一定的效果，工艺流程图如图 2-6 所示。

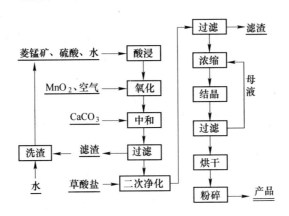

图 2-6 菱锰矿生产硫酸锰工艺流程图

改进后的工艺采用轻质碳酸钙作中和剂，不仅能有效沉淀 Fe^{3+}、Al^{3+} 等杂质，而且也能有效沉淀 Ca^{2+}，并能使过量的硫酸转化为 $CaSO_4$ 沉淀，从而达到了初步净化的目的，较传统工艺中采用石灰乳作中和剂去除杂质效果提高了 10%。在二次净化过程中加入适量可溶性草酸盐，保温 20 min，即可达到二次净化的要求，用此工艺制备的硫酸锰质量可以达到 GB 1622—86 工业硫酸锰的标准。另外，还有研究采用预焙烧处理低品位的菱锰矿，再酸浸制备硫酸锰，由于成本太高并未在实际生产中得到应用。

2.3.2.2 软锰矿法

软锰矿是生产硫酸锰的主要原料，我国绝大多数的硫酸锰是由软锰矿加工制得的。用软锰矿生产硫酸锰的方法也很多，总的来说就是要将四价 Mn 还原成二价 Mn 再浸取、净化制成硫酸锰，根据工艺和配合原料的不同，软锰矿法又可以分为焙烧—酸浸法、两矿一步法、两矿焙烧水浸法、硫酸亚铁还原浸出法、二氧化硫浸出法、硫酸法等，工艺流程参考电解金属锰流程中硫酸锰溶液的制备，这里不做详述。

2.4 氯化锰

2.4.1 氯化锰的性质和用途

氯化锰是一种水溶性盐，极易溶于水，溶于醇，不溶于醚，其水溶液 pH 值在 5~6 之间。在不同的温度条件下，氯化锰可以结合 0~6 个结晶水，在 -2~58.08℃析出的是 $MnCl_2 \cdot 4H_2O$，在 58.08~106℃间析出的是 $MnCl_2 \cdot 3H_2O$，在 106~198℃析出的是 $MnCl_2 \cdot 2H_2O$，198℃以上失去结晶水变成无水物。含有不同结晶水的氯化锰呈不同程度的玫瑰色。市场上的氯化锰多为四水合氯化锰和无水氯化锰两种。

四水合氯化锰（$MnCl_2 \cdot 4H_2O$）为玫瑰色立方形晶体。有两种晶态，α 型较稳定，属单斜晶系柱状结晶；β 型不稳定，属单斜晶系板状结晶。相对密度1.913，熔点58.08℃，沸点198℃，有吸水性，易潮解，加热时逐渐失去结晶水，加热到200℃时失去所有的结晶水变成无水氯化锰。

无水氯化锰（$MnCl_2$）为桃红色结晶，相对密度2.977，在650℃熔融，650℃以上升华，沸点为1225℃，在空气中加热时被空气中的水分解析出盐酸并生成四氧化三锰。

氯化锰主要用作有机物氯化的催化剂，汽油抗震剂的原料，油漆催干剂，也用于化肥、饲料辅助剂以及分析试剂、染料和颜料的制造，铝合金冶炼、轻合金焊接助熔剂，医药等，也可用作干电池及制取二氧化锰的原料。

2.4.2 氯化锰的生产

一般用盐酸浸取锰矿制得氯化锰，高纯度的氯化锰产品可以用电解金属锰为原料制取，还可以用盐酸与 $MnCO_3$，$Mn(OH)_2$ 反应制取，下面分别进行讨论。

2.4.2.1 以锰矿粉为原料制取氯化锰

理论上菱锰矿、软锰矿都可以用于生产氯化锰，但考虑到浸取溶液中 Mg^{2+} 目前还没有很好的方法去除，因此应尽可能选取 Mg^{2+} 含量较低的矿石粉为原料。

以菱锰矿为原料时先将矿粉浆化，然后缓慢加入计量好的盐酸，盐酸浓度为15%~20%。主要化学反应为：

$$MnCO_3 + 2HCl \Longrightarrow MnCl_2 + CO_2 \uparrow + H_2O$$

副反应有：

$$CaCO_3 + 2HCl \Longrightarrow CaCl_2 + CO_2 \uparrow + H_2O$$
$$MgCO_3 + 2HCl \Longrightarrow MgCl_2 + CO_2 \uparrow + H_2O$$
$$FeCO_3 + 2HCl \Longrightarrow FeCl_2 + CO_2 \uparrow + H_2O$$

浸出过程的初期反应十分剧烈，有大量 CO_2 气体产生，后期需要加热促使反应完全。

除杂过程中，通过加入氧化剂（MnO_2），并调节 pH 值至5，可以去除浸出液中 Fe 和 Al。除 Fe 和 Al 后的浸出液要趁热过滤，过滤后的滤液加入硫化物可去除重金属离子。Ca^{2+} 通过加入硫酸锰使 Ca^{2+} 生成 $CaSO_4$ 沉淀，反应式为：

$$MnSO_4 + CaCl_2 \Longrightarrow CaSO_4 \downarrow + MnCl_2$$
$$MnSO_4 + BaCl_2 \Longrightarrow BaSO_4 \downarrow + MnCl_2$$

二次精滤的溶液经过结晶干燥就可得到最终产品。

以软锰矿为原料生产氯化锰时先将软锰矿还原焙烧成 MnO，然后用盐酸浸取。

软锰矿的还原焙烧过程见硫酸锰的生产，酸浸、净化过程与上述方法大致相同，但是要注意溶液的 pH 值不能超过 6，否则会有 $Mn(OH)_2$ 沉淀生成。

2.4.2.2　以碳酸锰、氢氧化锰为原料制取氯化锰

以此法生产氯化锰工艺十分简单，直接向原料中加入盐酸即可。反应式如下：

$$MnCO_3 + 2HCl \mathop{=\!=} MnCl_2 + H_2O + CO_2 \uparrow$$

$$Mn(OH)_2 + 2HCl \mathop{=\!=} MnCl_2 + 2H_2O$$

可以适当提高盐酸的浓度，以降低浓缩过程的成本。如果体系有少量 MnO_2 存在，可以酌量加入 H_2O_2 来去除。

$$MnO_2 + H_2O_2 + 2HCl \mathop{=\!=} MnCl_2 + O_2 \uparrow + 2H_2O$$

如果所用原料能满足氯化锰生产的要求，则可直接浓缩结晶得到产品。如果不能，可以在氯化锰溶液中除去杂质，制得合格的氯化锰产品。

2.4.2.3　用电解金属锰制取高纯度氯化锰

电解金属锰的纯度较高，杂质含量低，能够制得高纯度的氯化锰。具体过程是先将电解金属锰用纯水洗净，必要时破碎，缓慢加入到浓度为 15% 的盐酸中，反应十分剧烈，并伴有大量氢气产生。

$$Mn + 2HCl \mathop{=\!=} MnCl_2 + H_2 \uparrow$$

酸溶后的溶液 pH 值控制在 6 以下，经过滤、浓缩、结晶、分离后即可制得高纯度的产品。

2.4.2.4　无水氯化锰的生产

前面叙述的都是四水合氯化锰的生产，无水氯化锰（$MnCl_2$）通常采用干燥四水合氯化锰制得。将合格的四水合氯化锰放置于有氮气或者惰性气体的电烘箱内加热至 200℃（±3℃），使结晶水逐渐脱去，放在干燥处冷却，迅速粉碎，包装即可。1t 无水氯化锰大约要消耗 1.5t 四水合氯化锰。

2.5　碳酸锰

2.5.1　碳酸锰的性质和用途

碳酸锰（$MnCO_3$），相对分子质量 114.95，玫瑰色三角晶系菱面体或无定形亮白棕色粉末，微溶于水（在 25℃ 时溶解度为 $1.34×10^{-4}$ g，溶度积为 $8.8×10^{-11}$），溶于稀无机酸，微溶于普通有机酸，不溶于乙醇、液氨，相对密度为 3.125。碳酸锰在干燥的空气中稳定，在潮湿环境中易氧化，生成三氧化锰而逐渐变成棕黑色。受热时会分解成黑色的四氧化三锰并放出 CO_2，与水共沸时即水解。可在沸腾的氧氧化钾溶液中生成氢氧化锰。

碳酸锰的用途也很广泛：（1）制造软磁铁氧体，碳酸锰曾经是软磁铁氧体生产的主要原料，但是近十年来，软磁铁氧体的生产逐步采用四氧化三锰代替碳酸锰，碳酸锰在这一领域有被淘汰的趋势；（2）用作制造其他锰盐的原料，主要是用来生产化学二氧化锰；（3）用于制造涂料和油漆用的颜料；（4）用于锰铝合金和锰硅合金的生产；（5）用作肥料和饲料添加剂；（6）用作油漆催干剂；（7）用作电焊条的复料；（8）制药等。

2.5.2　碳酸锰的生产

无论采用哪种方法都是先制备硫酸锰或氯化锰溶液，再通过碳化剂（碳酸氢铵或碳酸钠）沉淀锰制备碳酸锰。

2.5.2.1　用锰矿石作原料制备碳酸锰

锰矿石可根据需要采用硫酸或者盐酸浸出，制取硫酸锰或氯化锰溶液，过程详见电解金属锰的生产。

用硫酸锰溶液生产碳酸锰时，要求硫酸锰溶液澄清透明呈玫瑰红色，浓度在60g/L 以上，pH 值在 5~6，碳化剂可以采用碳酸钠或碳酸氢铵。反应结束后，抽滤至干，然后用 40~50℃的软水以约 1∶10 固液比的水量洗涤，再进行抽滤，反复 2~3 次，尽可能除去 SO_4^{2-}、Ca^{2+}、Mg^{2+}。用碳酸钠沉淀制得的碳酸锰为无定形粉末，干燥后得到的产品呈浅黄色的无定形粉末，视密度小，比表面积大，用此法生产的碳酸锰不适合用作化学二氧化锰（CMD）的原料。

在实际生产中，厂家大多采用硫酸锰溶液和碳酸氢铵反应制备碳酸锰，这是因为用碳酸氢铵作沉淀剂反应过程容易控制，产品中的杂质含量也较低。在碳化过程中，以硫酸锰溶液为底液，缓慢加入适量的碳酸氢铵溶液（一般为理论的1.1 倍）进行锰的碳化结晶。研究发现碳酸氢铵的初始浓度、反应的温度、溶液的 pH 值等对碳酸锰的质量以及锰的收率有较大的影响。

碳酸氢铵的初始浓度如果太低则锰的收率会下降，如果太高会使得溶液局部过碱而形成氢氧化锰沉淀影响产品质量。试验证明碳酸氢铵理想的初始浓度为79g/L。升高反应温度会使碳酸锰的成核速度及晶体长大速度加快，缩短了碳酸锰沉降时间，锰的回收率也会增加，但是温度也会使晶体的平均粒径增大，使晶体中的夹杂增多影响产品纯度，温度过高还会使碳酸氢铵分解，因此反应的温度不宜过高，30℃左右就可以了。溶液 pH 值增大加快碳酸锰的结晶速率，因此增大 pH 值会使锰的回收率提高，但是太高又会产生氢氧化锰沉淀影响产品质量，因此，反应终点的 pH 值应控制在 7 左右。

反应沉淀物呈细砂状，含水量大约在 17%~23%，过滤后需反复洗涤 2~3遍以去除 SO_4^{2-}，最后在较低温度下干燥即可得到白色或米黄色的碳酸锰粉末。

如果制备的碳酸锰是用来生产化学二氧化锰的中间产品，则要求碳酸锰的视密度较高。可以通过晶种、提高反应温度、缓慢加入碳酸氢铵、调整溶液浓度、延长反应时间等方法来实现。普通的碳酸锰视密度一般在 $0.8 \sim 1.0 g/cm^3$ 之间，研究表明通过调节上述工艺条件，可以制得视密度大于 $2.0 g/cm^3$ 的产品，视密度最大可以达到 $2.5 g/cm^3$。

以菱锰矿为原料生产碳酸锰时要注意 Ca^{2+}，Mg^{2+} 的去除，可以采取以下工艺来减少 Ca^{2+}，Mg^{2+} 的影响。

（1）酸浸温度控制在 $90 \sim 100 ℃$，此时硫酸钙的溶解度较小。

（2）尽可能提高溶液浓度，由于溶液中有大量的 SO_4^{2-} 存在，产生同离子效益，Ca^{2+}、Mg^{2+} 将生成沉淀而分离。

（3）加入适量的沉淀剂，使 Ca^{2+}、Mg^{2+} 沉淀分离，沉淀剂有硫酸锰、可溶性氟化物、镁试剂等。

如果采用盐酸浸出锰矿粉，制得的氯化锰溶液生产碳酸锰，一般采用碳酸氢铵作碳化剂。

与硫酸锰体系相比，氯化锰体系中 Cl^- 较 SO_4^{2-} 容易洗涤干净，因此产品的纯度较高，但是盐酸的腐蚀性较大，而且生产过程中有氯气放出污染环境。

2.5.2.2 以锰盐溶液为原料制备碳酸锰

锰盐溶液如果用合格的工业锰盐（$MnSO_4$、$MnCl_2$、$Mn(NO_3)_2$ 等）溶解制取，则工艺简单且无需复杂的除杂工艺，但是成本较高。在实际生产中锰盐溶液往往是利用工业生产中的废液，如以苯胺为原料生产对苯二酚时产生的含锰废液精制而成。其精制过程要根据废液的杂质情况采取不同除杂方法来制取，精制后的锰盐溶液如果采用碳酸氢铵作碳化剂，其生产工艺与前述大致相同。

锰盐溶液还可以用液氨和 CO_2 作碳化剂来制取碳酸锰，以锰盐溶液为底液，将液氨和 CO_2 同时加入锰盐溶液中，此过程要控制好液氨和 CO_2 的流量，使体系的 pH 值始终保持在 $7 \sim 8$。

该工艺制备的碳酸锰视密度小，适合作软磁铁氧体的原料。

2.5.2.3 用电解金属锰作原料制备碳酸锰

用锰矿石、工业含锰废液为原料制备的碳酸锰杂质含量偏高，产品的档次不高。虽然有研究称可以用锰矿石生产出高纯度的碳酸锰，但是还没有实现大规模的工业化生产。市场上的高纯碳酸锰大都是以电解金属锰为原料制备的。

在制备过程中，可以采用硝酸，盐酸来溶解电解金属锰，盐酸溶解电解金属锰在前面已经讨论过，因此这里讨论以硝酸溶解电解金属锰。

首先将电解金属锰破碎、洗净，然后将极稀的硝酸溶液缓慢加入到电解金属锰中，其化学反应有：

$$Mn + 2HNO_3 \rule[0.5ex]{2em}{0.4pt} Mn(NO_3)_2 + H_2 \uparrow$$

该反应迅速，不需要加热，终点 pH 值控制在 5，如果出现黑色固体

（MnO_2），可加入适量的 H_2O_2，使 MnO_2 在酸性环境中被还原成 Mn^{2+}：

$$MnO_2 + H_2O_2 + 2H^+ \Longrightarrow Mn^{2+} + O_2\uparrow + 2H_2O$$

溶解后的锰盐溶液必须是澄清透明的玫瑰红液体，Mn^{2+} 浓度可控制在 40g/L 以上，将制得的锰盐溶液与碳酸氢铵反应即可制备高纯度的碳酸锰。

2.6 硝酸锰

2.6.1 硝酸锰的性质和用途

硝酸锰 $[Mn(NO_3)_2]$ 为玫瑰红色长针状菱形晶体，易溶于水，在水中的溶解度随温度的升高急剧增大。硝酸锰在固态或较浓的水溶液中不太稳定，见光或受热容易分解，析出二氧化锰并释放出氧化氮气体。这些给制备硝酸锰晶体带来了困难，因此市场上销售的产品多是含硝酸锰50%的玫瑰红色透明液体，其相对密度为 1.54（20℃）。晶体硝酸锰依据不同的制备条件可以带有 6、4、3 个结晶水，还存在一水和无水的硝酸锰。$Mn(NO_3)_2 \cdot 6H_2O$ 相对密度为 1.82（21℃），熔点 25.8℃，沸点 129.4℃，易潮解。

硝酸锰可用作金属表面磷化液、陶瓷着色剂、氧化剂和电子元件的制备等。分析纯的硝酸锰可用于微量法分析 Ag 和 Sb，分级结晶法分离稀土元素 Pr 和 Nd，是一种重要的化学试剂。

2.6.2 硝酸锰的生产

硝酸锰的制备方法与氯化锰的生产方法类似，只是酸浸时用的是硝酸而不是盐酸，这里不再赘述。

2.7 高锰酸钾[52]~[54]

2.7.1 锰酸钾及高锰酸钾的性质和用途

2.7.1.1 锰酸钾的物理化学性质

从碱性溶液中锰的吉布斯自由能-氧化态图（如图 2-7 所示）可以看出，在碱性条件下，$Mn(OH)_3$ 可以歧化为 $Mn(OH)_2$ 和 MnO_2，MnO_2 最稳定。在碱性溶液中 MnO_4^{2-} 离子歧化的倾向比在酸性溶液中小，通过+7、+6 和 +4 价氧化态的线几乎是直线，这意味着歧化反应的平衡常数近似等于1。

$$3MnO_4^{2-} + 2H_2O \longrightarrow 2MnO_4^- + MnO_2 + 4OH^-$$

$$K = \frac{[MnO_4^-]^2[OH^-]^4}{[MnO_4^{2-}]^3}$$

因此，锰的+7、+6、+4 价三种氧化态在碱性溶液中能以相当的浓度共存。

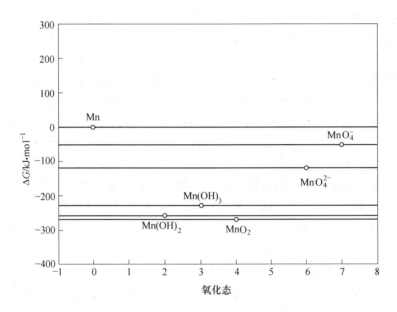

图 2-7 在碱性溶液中锰的吉布斯自由能-氧化态图

但如果在浓 KOH 溶液中，以上歧化反应平衡向左移动，MnO_4^{2-} 的歧化反应不但不能进行，相反地 MnO_4^- 却可将 MnO_2 氧化，生成 MnO_4^{2-}。所以工业制取锰酸钾要在强碱性条件下，避免锰酸钾歧化，降低转化率。

锰酸钾（K_2MnO_4）可通过熔融 KOH 与 MnO_2 和 KNO_3 的反应来制备，也可以令 $KMnO_4$ 在 KOH 中分解来制备。纯净的 K_2MnO_4 可用 $KMnO_4$ 和 KOH 在没有 CO_2 存在的水溶液中制备：

$$2KMnO_4 + 2KOH \rightleftharpoons 2K_2MnO_4 + \frac{1}{2}O_2 + H_2O$$

这是因为碳酸的酸度足以使 MnO_4^{2-} 发生歧化，故制备时必须除去水中的 CO_2。

K_2MnO_4 是最重要的 Mn（Ⅵ）盐，为暗绿色晶体，并在 $640 \sim 680℃$ 下分解。K_2MnO_4 在碱性介质中慢慢歧化，在酸性介质中则迅速歧化：

$$3MnO_4^{2-} + 2H_2O \rightleftharpoons 2MnO_4^- + MnO_2 + 4OH^-$$

X 射线分析表明，K_2MnO_4 是斜方晶系，与 K_2SO_4、K_2CrO_4 同晶型。Mn 为四面体配位，Mn—O 平均键长 165.9pm，O—Mn—O 角 109.5°，K_2MnO_4 的生成热 $\Delta H_t^\ominus$ 为 -1184 kJ/mol。锰酸钾是一种强氧化剂，只有在强碱条件下才能稳定存在，应用范围受到一定的限制，有报道称可用锰酸钾代替高锰酸钾进行水处理[24]。

2.7.1.2 次锰酸盐的物理化学性质

典型的氧化数为 Ⅴ 的锰化合物是 M_3MnO_4 类化合物。在 1946 年第一次分离得到纯的化合物，其组成为 $Na_3MnO_4 \cdot 10H_2O$，但根据后来众多工作的结果，表明它是按 $Na_3MnO_4 \cdot 0.25NaOH \cdot 12H_2O$ 的化学配比组成的，最好用亚硫酸钠和碱性 $KMnO_4$ 作用来制备。在无 H_2O 和无 CO_2 环境中，它在 0℃下能稳定存在，在真空中即脱水。在 $KOH(<8M)$ 溶液中，能迅速歧化为 $Mn(\text{IV})$ 和 $Mn(\text{VI})$。

$$2Na_3MnO_4 + 2H_2O \!=\!=\! Na_2MnO_4 + MnO_2 + 4NaOH$$

在歧化过程中，可能有 $HMnO_4^{3-}$ 产生。其他的 $Mn(\text{V})$ 盐还有：K_3MnO_4，Li_3MnO_4，$Ba_3(MnO_4)_2$ 和 $Ba_5(MnO_4)_3OH$。其中，K_3MnO_4 在 800℃是稳定的。近年来还合成了 $Ba_5(MnO_4)_3Cl$。

当用 $KMnO_4$ 或 K_2MnO_4 碱性条件下氧化一些有机化合物时，$Mn(\text{V})$ 离子常常是一个活泼的中间产物。由于其只有在非常特殊的条件才能稳定存在，许多学者主要是通过用高锰酸钾在碱性条件下氧化一些有机物的过程中，通过各种捕捉手段来验证五价锰的存在，如文献[18~23]。

2.7.1.3 高锰酸钾的性质和用途

最重要的锰（Ⅶ）化合物是 $KMnO_4$，它是一个重要的氧化剂，常在分析化学中使用：

$$MnO_4^- + 8H^+ + 5e^- \!=\!=\! Mn^{2+} + 4H_2O \qquad E^\ominus = +1.51V \text{（酸性溶液）}$$
$$MnO_4^- + 2H_2O + 3e^- \!=\!=\! MnO_2 + 4OH^- \qquad E^\ominus = +1.23V \text{（碱性溶液）}$$

它也是工业生产糖精和苯甲酸用的氧化剂，在医药中用作消毒剂。

$KMnO_4$ 可以用 PbO_2 或 $NaBiO_3$ 在碱性条件下氧化 $Mn(\text{II})$ 盐来制取。低浓度碱有利于 $Mn(\text{VII})$ 盐的形成，而高浓度碱则有利于形成 $Mn(\text{VI})$ 盐。用 Pb 做阴极电解氧化 K_2MnO_4 是较为方便的工业方法，以含 60% MnO_2 的矿石为原料，用 KOH 使其转化为 K_2MnO_4，再电解氧化：

$$K_2MnO_4 + H_2O \!=\!=\! KMnO_4 + KOH + \frac{1}{2}H_2$$

以 Na_2SO_3 还原 $KMnO_4$ 可生成亮蓝色 $Mn(\text{V})$ 盐 MnO_4^{3-}，它不稳定，有强烈歧化倾向，在一些有机氧化反应中以中间体存在。

$KMnO_4$ 是亮紫色晶体，由于表面被还原常显紫色而无光亮，水溶液为深紫色。20℃时溶解度为 63.4g/L。在甲醇、冰醋酸、丙酮和吡啶中也有一定溶解度。

MnO_4^- 作为氧化剂，受 pH 值影响很大：

在碱性溶液中，反应为：

$$MnO_4^- + 2H_2O + 3e^- \!=\!=\! MnO_2 + 4OH^-$$

强碱与过量 MnO_4^- 反应生成 $Mn(\text{VI})$：

$$MnO_4^- + e \!=\!=\! MnO_4^{2-}$$

酸性溶液中，MnO_4^- 被还原成 Mn^{2+}：

$$MnO_4^- + 8H^+ + 5e \Longrightarrow Mn^{2+} + 4H_2O$$

但在微酸性或中性溶液中，Mn^{2+} 被过量 MnO_4^- 氧化为 MnO_2：

$$2MnO_4^- + 3Mn^{2+} + 2H_2O \Longrightarrow 5MnO_2 + 4H^+$$

若有焦磷酸存在，Mn^{2+} 可用 MnO_4^- 定量地测定：

$$4Mn^{2+} + MnO_4^- + 8H^+ + 15(H_2P_2O_7)^{2-} \Longrightarrow$$
$$5[Mn(H_2P_2O_7)_3]^{3-} + 4H_2O S^\ominus = 172.8J/(mol \cdot K)$$

把 $KMnO_4$ 加到浓 H_2SO_4 中得到绿色透明溶液，有人认为含有 MnO_3^+ 或 O_3MnOSO_3H。将大量 $KMnO_4$ 或少量水加于上述绿色溶液中，生成七氧化二锰油状沉淀物。

X 射线结构分析表明，$KMnO_4$ 中 Mn 位于规则四面体中心，Mn—O 键长 165.9pm。$KMnO_4$ 的标准生成热 $\Delta H_t^\ominus$ 是 $-839.3kJ/mol$，$\Delta G_f^\ominus$ 是 $-739.7kJ/mol$，$S^\ominus$ 是 $172.8J/(mol \cdot K)$。

高锰酸钾是一种常见的强氧化剂，常温下为紫黑色片状晶体，易见光分解。高锰酸钾以二氧化锰为原料制取，有广泛的应用，在工业上用作消毒剂、漂白剂等；在实验室，高锰酸钾因其强氧化性和溶液颜色鲜艳而被用于物质的鉴定，酸性高锰酸钾溶液是氧化还原滴定的重要试剂；在医学上，高锰酸钾可用于消毒、洗胃。据化工部天津化工研究院徐肇锡发表的"高锰酸钾生产现状及发展前景"介绍，美国卡罗士公司开发高锰酸钾的用户是水处理和污水净化，因高锰酸钾能除水中气味及铁、锰、硫化氢等杂质。可以脱色，抑制藻类生长，本身被还原后生成的二氧化锰可作为触媒起二次氧化及吸附作用，因而是一种理想的净水剂。其应用范围有污染控制、城市水处理、污水厂臭味控制，鱼塘以及危险废物的控制等等。新增的市场是用于多层印刷线路板的去污，此法较原来用硫酸去污更方便有效。

随着工业化进程的不断深入，环境在不断恶化，水资源减少及各种污水的增多，在人们生活水平的不断提高的同时，环境保护的要求也越来越高。高锰酸钾作为水处理剂净化水质，去除水的有机物、藻类、异味及锰、铁等将得到非常广泛的应用。

2.7.2 锰酸钾的工业生产方法

2.7.2.1 固相法

国外工业上先前采用的是转炉法。反应分两个阶段，首先将软锰矿与碱液（50%KOH）混合成浆状物，喷入第一个回转窑里，在大气中暴露很短时间温度达到300℃，这样使混合物发生反应但不黏住反应器壁，将产物冷却、磨碎。第二阶段将磨碎的产物在另一回转窑内，于 140～250℃ 通空气进行再焙烧约 4h，炉内空气混合物中含氧 8% ~ 30%（体积分数）和蒸汽 10% ~ 35%（体积分数），使产物进一步氧化成锰酸钾[34]。

我国固相法开发较早，最开始是采用一般的铸铁锅，用明火加热。先将锰矿粉装入锅内，然后将 50 波美度（密度约 1.5302g/cm³）的氢氧化钾分多次均匀加入锰矿粉，并迅速人工翻动，尽可能使其不黏结成团，直到把计量好的氢氧化钾全部加完，将大块破碎继续加热翻炒。这样每锅总量不足一百公斤却需要两个人工作约 30 多个小时才能完成，而且锰酸钾的含量也不高。随后改为先在锅内加入 50 波美度的氢氧化钾，加热浓缩使碱温度达 300℃ 以上时，再投入软锰矿粉，并快速翻动，待拌匀后出锅装入铁桶冷却 24h，为了预防吸潮上面用旧麻袋覆盖，次日移入装有钢球的大铁筒内，由人工转动粉碎后再放回锅内加热翻炒氧化约 8h 完成。氧化物料中锰酸钾含量约在 55% 左右，较前有所提高。随后将粉碎设备由人工改为电机带动，由前期的试验转为正式投入生产，但此时产量较低且生产场地粉尘、碱雾、烟尘大，作业现场条件很差。由于用铸铁锅浓缩碱产量太低，后来改用厚钢板焊接成 2300mm×1200mm×240mm 的大平锅，直接加热浓碱到 300℃ 时，投入锰矿粉，用人工迅速混合均匀后闭火，短时间停留后出锅装入铁桶，盖以麻袋防潮。第二天从铁桶倒出，由人工投入锤式粉碎机进行粉碎，再将物料平摊在 6000mm×3000mm 平炉上升温到 200℃，由人工翻炒，每 20min 翻料一次，约 8h 完成，此时锰酸钾含量可以达到 55% 以上。这种方法仅在产量上扩大而其他条件没有什么改变，由于需要人工投料、打粉，增加了粉尘、碱尘的危害。钢板平锅在 300℃ 以上高温浓碱腐蚀下极易苟化变形，一般寿命只能维持一两个月。

此外锤式粉碎机转速较高时和物料摩擦发热容易使物料中过量的氢氧化钾熔融而黏结，使设备极易阻塞而运转困难，增加了维修的工作量。但由于这种方法工艺技术比较稳定，所以直到 90 年代初期仍有厂家在沿用。70 年代中后期由广州同济厂开创，把小平炉加大为 24000mm×4000mm 的大平炉，由人工翻料改为机械翻料。在大平炉的两侧铺设钢轨，钢轨上设置翻料车和洒碱喷头，由电机带动料车在钢轨上往复运行，炉面上每次可平铺锰矿粉 5t，待炉面锰矿粉温度达到 200℃ 左右时即可开动料车，一边喷碱一边翻料，碱的浓度仍为 50 波美度（密度约 1.5302g/cm³），待物料中的水分蒸发到一定程度时进行喷碱，如此反复运行，直到把计量的碱喷完，经抽样检查物料中锰酸钾含量达 55% 以上即为反应终点[35]。

平炉一步法工艺流程如图 2-8 所示。平炉一步法较前简化了浓碱、打粉、人工翻炒等工序，把人从重体力劳动中解放出来，但仍未能有效地解决粉尘等环境保护问题。由于浓缩工作由浓碱锅改在炉面上进行，所以全过程需要 50~60h 才能完成，生产效率低。

2.7.2.2 液相法

A 经典液相法

据化工部天津化工研究院情报室发表的"国内外高锰酸钾工业概况"介绍,为了处理焙烧法和熔融物法所出现的结焦、黏稠等缺点,美国专利提出了在氢氧化钾悬浮体中,液相氧化软锰矿的方法,并已工业化生产,其工艺流程如图 2-9 所示。在第一个反应器里面加入高浓度氢氧化钾溶液、锰矿粉和锰酸钾,加热成液相熔融状态,发生反应(1)生成次锰酸钾,然后将次锰酸钾与熔融氢氧化钾的混合体泵入第二个反应器,通入氧气或空气,发生反应(2)生成锰酸钾,然后从热的反应熔化物中分离锰酸钾,不必稀释而通过特殊的过滤直接分离。反应式如下:

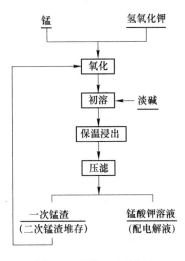

图 2-8 平炉一步法制备锰酸钾工艺流程图

$$K_2MnO_4 + 4KOH + MnO_2 \rlap{=\!=\!=} 2K_3MnO_4 + 2H_2O \tag{1}$$

$$2K_3MnO_4 + 1/2O_2 + H_2O \rlap{=\!=\!=} 2K_2MnO_4 + 2KOH \tag{2}$$

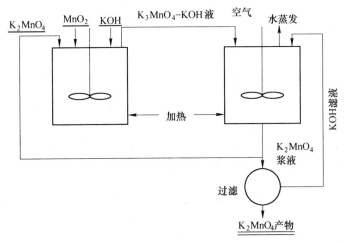

图 2-9 经典液相法制备锰酸钾工艺流程

该法具有设备简单,产品纯度高,操作时无粉尘,反应时间短,同时所需空气或其他含氧气体的量显著地减少,熔体搅拌时动力消耗不大,操作容易等特点。不过此法生成的锰酸钾至少有 1/3 要返回第一个反应器,其生产效率和生产成本因此大打折扣。

B 用液相自循环三相流化床法连续生产锰酸钾新技术

新技术由中国广州同济化工厂开发，主要反应设备为一种液相自循环三相流化床，其工作原理如图 2-10 所示。工作时气体从底部引入，经气、液分布板使气泡分散，与三相流化床层的液相及固相接触，当上升进入气、固、液分离室后，气体从顶部排出，与通常的三相流化床的原理不同之处是使固体颗粒悬浮的液流不是从外界引入，而是由三相流化床层内的固、液、气混合体组成。

因为固、液、气三相混合体的平均密度小于自循环管内的液、固两相混合体的平均密度，所以引起液相自循环流，此自循环流与气体一起进入底部，经气、液分布板，使分布板上方的固体颗粒不断悬浮流化。在床层内，由于自然层析作用，形

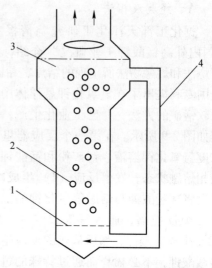

图 2-10 三相反应器工作原理
1—气液分布板；2—三相流化床层；
3—气液固分离室；4—液相自循环管

成固体颗粒上稀下浓的分布状态，轻的固体颗粒被带入气、液、固分离室，分离气体后的液流进入自循环管返回底部，周而复始的反应，依靠气提原理进行自循环，不需外加动力。生产 K_2MnO_4 过程中的各种物料，有明显的密度差异，有利于自然层析，如果处理得当，在三相反应器中，生成的 K_2MnO_4 可以被顺利的分离出来，未转化的 MnO_2 则继续循环反应，直到转化完全为止，其工艺流程图如图 2-11 所示[43,44]。采用重油燃烧外加热，间歇液相氧化反应，KOH：MnO_2（摩尔比）大于 5，温度 260℃，反应 4h 左右，可使 MnO_2 转化率达 90%。该工艺克服了固相法生产设备占地面积大、生产环境差、周期长等问题，具有转化率高、能耗少，且可用于处理锰矿含量稍低

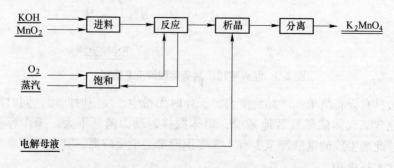

图 2-11 用液相自循环三相流化床法连续生产锰酸钾工艺流程

（二氧化锰百分含量≥65%）、含硅量稍高的软锰矿，这是该法明显的优点[45]。但投软锰矿粉时仍有粉尘产生，预热管道也容易损坏，而且热源必须用重油或天然气。用煤作为热源的困难相当大。国内几家高锰酸钾生产厂试图用煤作为热源却都因效果欠佳而放弃。长沙树脂厂曾用联苯作为传热介质，但由于联苯毒性太大而告终，因此经典液相法在国内没能推广应用。

C 气动流化塔生产锰酸钾新技术

20 世纪 90 年代初，重庆嘉陵化工厂对广州同济化工厂研发的外循环三相反应器连续制备锰酸钾法进行改进，同时将反应器改为塔式，较好地实现了固、液、气三相的接触，实现了仪表自动控制。反应的主体设备为气动流化塔，其内部装有能有效导致物料循环氧化的部件，是历经反复试验专门设计的可供气、液、固三相在多层塔节内反复循环，充分接触氧化，并能导致氧化完成的物料逐步向下层移动，直到底部排出，而未经氧化完成的物料则留在塔内循环氧化，经过压缩和预热空气由塔的下部引入，塔内的氢氧化钾用固碱锅加热达 240℃泵入塔内。锰矿粉由混合设备将其与 50 波美度的氢氧化钾混为流体后从塔的上部引入，从而彻底解决了锰尘的问题，塔内温度由固碱锅的烟道气预热经过净化后导入夹套保温，所以塔内反应不需要外加热。反应完成的物料出塔后送到沉降桶进行沉降分离，上部的熔融氢氧化钾返回循环使用，下部的氧化物料补加电解母液稀释后进行压滤分离。液相为 50 波美度的氢氧化钾可回收利用，滤饼为 55%~60% 的锰酸钾氧化料供配置高锰酸钾电解液，反应全过程约需 2h，其工艺流程如图 2-12 所示。该工艺通过体系内各种物质密度的不同实现生成的锰酸钾向下沉积到反应塔底部，未反应的浆料继续在系统内循环，这样容易导致反应塔锥底出料口堵塞，不但影响整个生产的顺利进行，而且容易发生伤人事故。

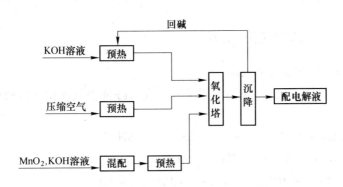

图 2-12 气动流化塔制备锰酸钾工艺流程图

D 卧式釜加压氧化连续生产锰酸钾新技术

新技术由云南冶金集团股份有限公司旗下的云南建水锰矿有限责任公司开发，主要反应设备为一种卧式加压釜，其工作原理如图 2-13 所示。

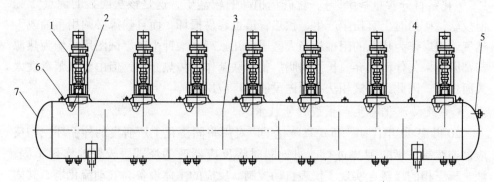

图 2-13 卧式加压釜工作原理

1—搅拌装置；2—进气口；3—导流板；4—排气口；5—排料口；6—进料口；7—釜体

工作时气体由进气管从底部引入，从顶部排出，通过涡轮盘的强烈搅拌使物料中的气泡分散开，与液相及固相接触发生化学反应，生料通过计量泵从卧式加压釜的一端连续泵入，反应好的熟料从卧式加压釜的另一端通过压力排出，加压釜内压力、温度等由电脑自动调控。

工艺：先用锰矿粉、片碱和氢氧化钾溶液按一定的碱锰比进行配料，然后将配好的浆料与高温分离的氢氧化钾混合预热，达到预定温度的浆料以一定的流量连续泵入卧式加压釜进行加压氧化，反应完成的料液排入高温分离槽，分离完成后高温氢氧化钾返回预热，高温锰酸钾粗晶体则用电解母液稀释，压滤，进一步将氢氧化钾与锰酸钾分离，滤液返回配料，滤饼加入淡碱液配制电解液。该技术自动化程度高，原料一次性转化率高，反应约 1.5h 转化率可达 95% 以上，锰酸钾粗晶体中锰酸钾含量可达 75% 以上，而且该技术对原料的适用性好，对于杂质含量高的低品位软锰矿（二氧化锰含量约 40%）也能将其很好地氧化。

2.7.3 高锰酸钾制备方法研究进展

2.7.3.1 锰金属直接电解法

由锰铁、镜铁、锰合金或金属作阳极，在碳酸钾和氢氧化钾溶液里直接电解得高锰酸钾。其反应式为：

阳极：$2Mn + 16OH^- - 14e \longrightarrow 2MnO_4^- + 8H_2O$

阴极：$14H_2O + 14e \longrightarrow 7H_2 + 14OH^-$

总反应：$2Mn + 2OH^- + 6H_2O \longrightarrow 2MnO_4^- + 7H_2$

该工艺能在室温、低碱浓度下进行。阳极用锰含量 80% 以上的锰铁与冰晶石溶剂在电炉中熔化浇铸而成。阳极安装在举行电解槽（锥底）中，阴极为铜蛇管形式，冷却水通过蛇管，使电解槽的温度保持在 20℃。电解槽在电压 4.5V、电流 6500A 下进行，阳极电流密度为 2300A/m²，阴极电流密度为 1800A/m²。电解开始时，电解液中含氢氧化钾 250g/L，随着电解反应的进行浓度逐渐降低到 30g/L，电解生成的高锰酸钾聚集在锥底。

用锰合金作阳极，锰的转化率可达 80%~90%，电流效率 40%~50%，每千克电耗 9~12 度。若用低铁的锰铁合金，控制一定的电流密度和电解液成分，电流效率可达 66%。后有开发出超声电解槽，试验是在电流密度为 0.07~0.101A/dm² 下进行的，这样得到高锰酸钾电解产物可增加 10~14 倍，电流效率提高 20%~25%。美国专利介绍在钛基上沉积锰可使锰的转化率达到 97%，但电流效率只有 32.5%。

该工艺能耗很高，估计每千克高锰酸钾达 15 kW·h。电流效率最高仅 40%，同时在 20℃ 工作，需要大量的冷却费用。该工艺可能的应用条件是适用于含有大量碱溶性杂质（Si、Al）的低品位锰矿，用于生产锰铁合金，同时电力充裕的地区。

2.7.3.2　二氧化锰直接电解法

日本专利介绍：用质量浓度 10%~25% 的氢氧化钾溶液（浓度太低则二氧化锰溶化反应不充分，浓度高于 30% 时，反应不能直接生成高锰酸钾），二氧化锰作原料，温度以 60℃ 以上为宜，镍作阳极，铁作阴极，阳极电流密度为 100~400A/m²，二氧化锰溶出率为 98%，二氧化锰转化率约 90%。若加入一定的催化剂（高锰酸钾、铁氰化钾等）可提高电解初期的电流效率。

本法最大的特点在于克服以往需两步电解制备高锰酸钾的缺陷，以回收使用高锰酸钾后的副产二氧化锰为原料，具有一定的工业前景，但是电解效率低和能耗高仍然是阻碍其发展的最大障碍。

参 考 文 献

[1] 谭柱中，梅光贵，李维健，等．锰冶金学［M］．长沙：中南大学出版社，2004.

[2] 徐筱玲．电解二氧化锰厂的设计简介［J］．中国锰业，1994（1）：42.

[3] 李献凯，等．工业电解 MnO_2 用新型钛基钛合金阳极［J］．中国锰业，1994（5）：17.

[4] 李诚芳．MnO_2 电性能的快速评价的研究［J］．中国锰业，1995（3）：30.

[5] 朱国祥．电解二氧化锰生产的能耗浅析［J］．中国锰业，1995（4）：37.

[6] 周凌风．二氧化锰电解液中钛板的阳极保护［J］．中国锰业，1995（5）：33.

[7] 刘荣义，梅光贵，钟竹前，等．锰-二氧化锰同槽电解新工艺研究［J］．中国锰业，1996（3）：40.

[8] 杨光棣．电解二氧化锰用铅梁封闭式钛阳极的研制［J］．中国锰业，1996（3）：43.

[9] 王绍斌，等．电解二氧化锰的电极过程与影响因素［J］．中国锰业，1997（1）：31.

[10] 何芬，等．电解二氧化锰用钛基钛合金板状阳极的研制［J］．中国锰业，1997（4）：39.

[11] 罗天盛．微粒电解二氧化锰电性能及反应［J］．中国锰业，1997（4）：43.

[12] 连锦明，陈明，曾若珊. 不同电解液体系制取电解二氧化锰的研究 [J]. 中国锰业，1990 (2)：46.

[13] 冯朝晖，等. 电解二氧化锰生产中含粉尘和酸雾废气净化的探讨 [J]. 中国锰业，1992 (6)：3.

[14] 陈正. 电解二氧化锰产品目标成本管理 [J]. 中国锰业，1992 (1)：40.

[15] 李庚进. 氧化锰矿和硫铁矿为原料生产电解二氧化锰的研究 [J]. 中国锰业，1987 (1)：56.

[16] 廖青柏. 电解二氧化锰生产中铁的来源及除去 [J]. 中国锰业，1988 (3)：35.

[17] 游川北. 化学二氧化锰工艺研究 [J]. 中国锰业，2001 (3)：11.

[18] 苏侯香，钟宏，满瑞林，等. 掺杂对化学二氧化锰晶型及其在浓碱介质中放电性能的影响 [J]. 中国锰业，2000 (1)：39.

[19] 张元福，陈家蓉. 盐酸介质中制取化学二氧化锰与活性氧化锌的研究 [J]. 中国锰业，1999 (1)：39～43.

[20] 马尧. 氧化锰矿和硫化铜矿酸浸生产海绵铜与化学二氧化锰的研究 [J]. 中国锰业，1999 (2)：29～32.

[21] 张碧泉，卢兆忠，玉玲. 电池用化学二氧化锰的试验研究 [J]. 中国锰业，1998 (1)：33.

[22] 赵秦生，王成刚，王大辉，等. 化学二氧化锰制备中氯酸钠氧化热力学分析 [J]. 中国锰业，1998 (1)：38.

[23] 陈波，杨金华，杨红，等. 谈化学二氧化锰生产过程中的某些技术问题 [J]. 中国锰业，1997 (1)：26～30.

[24] 陈波. 锰渣生产化学二氧化锰的研究 [J]. 中国锰业，1996 (1)：32.

[25] 路平，林祥辉，陈让怀，等. 硫酸直接浸出贫锰矿制备化学二氧化锰 [J]. 矿冶工程，1995 (1)：37～40.

[26] 肖平原. 由 γ 型化学二氧化锰合成锂二次电池用的阴极活性物质及其特征 [J]. 中国锰业，1994 (6)：54.

[27] 唐华雄，钟竹前，梅光贵. 湿法制取活性氧化锌与化学二氧化锰新工艺研究 [J]. 中国锰业，1993 (6)：26 (上).

[28] 唐华雄，钟竹前，梅光贵. 湿法制取活性氧化锌与化学二氧化锰新工艺研究 [J]. 中国锰业，1994 (1)：38～41 (下).

[29] 龙华. 化学二氧化锰热解流态化 [J]. 湖南化工，1993 (3)：29～31.

[30] 王玫玫，徐晓斌. 化学锰的研究进展 [J]. 电池，1993 (6)：274～276.

[31] 陈波. 盐酸法生产化学二氧化锰的研究 [J]. 中国锰业，1991 (6)：25.

[32] 郭孝福. 湿法氧化制取化学二氧化锰的研究 [J]. 中国锰业，1991 (6)：30.

[33] 姚震江，沈兴，沈鹏. 硝酸锰喷雾热分解法制备化学二氧化锰 [J]. 中国锰业，1990 (1)：23.

[34] 唐桂松，张定宇. 云南贫氧化锰矿的处理及化学二氧化锰的研制 [J]. 中国锰业，1990 (3)：41.

[35] [日] 田边，伊佐雄，等. 化学二氧化锰的制造方法 [J]. 中国锰业，1989 (3)：56.

[36] 张碧泉．电池用化学二氧化锰［J］．中国锰业，1989（3）：36.
[37] 谌曙永．比利时化学二氧化锰生产及其发展情况［J］．化学锰，1985（1）：29.
[38] 张碧泉，朱则善，张其昕．直接氧化法制 CMD 的理化与放电性能比较［J］．无机盐工业，1985（M-4）：19.
[39] 陈大为．积极开发化学二氧化锰［J］．无机盐工业，1985（M -2）：11~14.
[40] 梅光喜，唐晓宏．国外化学二氧化锰生产工艺综述［J］．中国锰业，1984（2）：39.
[41] 张清岑，李贵奇．天然二氧化锰（NMD）焙烧制备 Mn_2O_3 的研究［J］．中国锰业，2000（4）：39.
[42] 李伟善，谢光炎，江琳才，等．高品位低活性 NMD 的活化研究［J］．中国锰业，1996（2）：34.
[43] 李伟善，詹国良，江琳才，等．以低品位天然二氧化锰焙烧物萃取 Mn（Ⅳ）制活性二氧化锰［J］．中国锰业，1997（4）：35.
[44] 张振逵．化学活性 MnO_2 的研究［J］．中国锰业，1993（6）：31.
[45] 赵崇涛．庙前氧化锰矿制备活化二氧化锰的研究［J］．中国锰业，1991（4）：47~50.
[46] 李保中，刘世俊．活性二氧化锰在锌电池中的应用［J］．电池，2000（2）：90~91.
[47] 刘务华，徐保伯，周琼花，等．活性二氧化锰的发展与应用［J］．电池，1991（4）：169~170.
[48] 张清岑，袁明亮，李贵奇．天然低品位氧化锰矿生产活性二氧化锰［J］．中南大学学报，2000（2）：117 ~120.
[49] 杨金华，陈波，汤晓壮．碳酸锰矿石制取活性二氧化锰的研究［J］．中国锰业，1997（3）：37 ~39.
[50] 关之飘．低品位二氧化锰活化提纯的研究［J］．中国锰业，2000（1）：28.
[51] 何应其．制取硫酸锰净化液的试验［J］．无机盐工业，1985（M-3）：74.
[52] 彭东，王吉坤，马进，等．国内外高锰酸钾制备方法概述［J］．中国锰业，2011（3）：10~12.
[53] 彭东，王吉坤，马进，等．低品位软锰矿三相加压制备锰酸钾［J］．湿法冶金，2011，30（4）：281~283.
[54] 王吉坤，周廷熙．硫化锌精矿加压酸浸技术及产业化［M］．北京：冶金工业出版社，2005.

3 锰矿石的火法富集及锰的火法冶炼技术

处理贫锰矿和铁锰矿的方法,目前有三种:一是机械选矿,包括重选、强磁选、浮选等;二是火法富集选矿,对于机械选矿效果不好的高铁高磷难选矿石采用火法富集,又称富锰渣法;三是化学选矿,在生产高纯度产品时可采用化学选矿的方法[1,2]。

目前我国锰矿石国情是富锰矿少,而高铁高磷难选锰矿占我国锰矿储量的40%以上,为了利用这部分高铁高磷难选锰矿,目前只有采用火法富集(富锰渣)的方法,才能实现高铁高磷难选锰矿中锰与铁、磷的选择性分离,得到富锰、低铁、低磷的富锰渣,这是符合我国国情的锰矿石富集方法。

3.1 火法富集的原理

火法富集的基本原理是根据锰、铁、磷的还原温度不同,通过控制高炉或电炉的温度实现选择性还原的过程[5]。

锰矿石中的高价锰氧化物和铁氧化物 MnO_2、Mn_2O_3、Mn_3O_4、Fe_2O_3 易于被 CO 或 H_2 还原成 MnO、FeO,但进一步被还原为金属单质它们所需的温度就不相同了,通过热力学计算可以得出它们理论上开始还原的温度:

$$MnO + C \longrightarrow Mn + CO \qquad T_开 = 1370 \sim 1420℃ \qquad (3-1)$$

$$FeO + C \longrightarrow Fe + CO \qquad T_开 = 665 \sim 685℃ \qquad (3-2)$$

$$2P_2O_5 + 10C \longrightarrow 4P + 10CO \qquad T_开 = 763℃ \qquad (3-3)$$

从 $T_开$ 可以看出,FeO 和 P_2O_5 开始还原的温度明显比 MnO 开始还原的温度低,所以只要控制温度低于 1300℃,就可以优先还原出铁、磷,而锰还是以 MnO 形式富集于渣中,实现锰与铁、磷的选择性分离[4]。

用焦炭还原含有二氧化硅、锰、铁、磷的锰矿石时,若采用不同的温度和不同的还原剂用量,得到的产品也不同,见表3-1。

表 3-1 不同温度和不同的还原剂用量得到的锰产品

冶炼温度/℃	焦炭用量	氧化物	焦炭开始还原温度/℃	产 品
1300	C 仅够还原 FeO 和 P_2O_5	FeO	≤750	富锰渣和高磷生铁
		P_2O_5	≤820	
1500	C 完成以上反应,还够还原 MnO	MnO	≤1420	高碳锰铁

续表 3-1

冶炼温度/℃	焦炭用量	氧化物	焦炭开始还原温度/℃	产　品
1700	C 完成以上反应，还够还原 SiO$_2$	SiO$_2$	≤1650	锰硅合金
2000	C 完成以上反应，还够还原 Al$_2$O$_3$	Al$_2$O$_3$	2000	锰硅铝合金

　　氧化物被还原的难易程度取决于元素对氧的亲合力的大小，也可以说是氧化物分解压力的大小，所以可以用氧化物的平衡分解压力 p_{O_2} 表示。当对氧亲合力大的元素或者说该元素的氧化物平衡分解压力小时，该元素的氧化物就比较稳定，比较难以还原；反之则不稳定，易还原。不同温度下各种纯氧化物的分解压力如图 3-1 所示[3]。

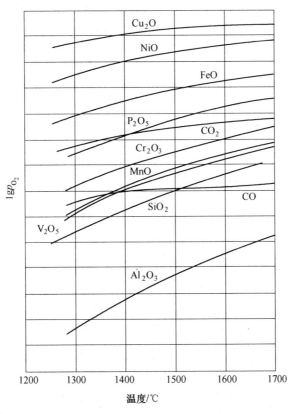

图 3-1　各种纯氧化物在不同温度下的分解压力

　　由图 3-1 可以看出，各种纯氧化物的平衡分解压力都是随着温度的升高而增加，所以升高温度有利于氧化物的分解。其中 Cu$_2$O、NiO 和 FeO 的分解压较高，易于还原成金属；SiO$_2$、Cr$_2$O$_3$ 和 MnO 的分解压适中，能部分还原为金属；

Al_2O_3 分解压较低，不能被还原，而进入炉渣。

锰的火法富集目的就是要使铁、磷还原成金属相，抑制锰的还原，使锰以 MnO 的形式入渣，起到分离和富集的作用。由式（3-1）可知要抑制锰的还原，必须要降低 CO 的分压和降低 MnO 的活度，而影响 CO 的分压最大的因素是温度，影响 MnO 的活度最重要的是炉渣的碱度。

（1）冶炼温度的选择。还原反应 $MnO+C \Longrightarrow Mn + CO$ 是吸热反应，随着温度的升高，平衡气相中 CO 分压增加，反应向右进行，MnO 还原加剧。因此，冶炼温度是影响 MnO 还原程度的重要影响因素。为了抑制 MnO 的还原，提高富锰渣的品位，温度应该较低才行，但是渣中的硅酸铁（Fe_2SiO_4）只有温度达到 1250℃时才能大量被还原，为了保证铁的充分还原同时抑制 MnO 的还原，冶炼温度应控制在 1280~1350℃较合适。在此温度下，炉渣的流动性也较好。

（2）冶炼碱度的选择。在冶炼中有足够的 SiO_2 存在时，在冶炼温度下，几乎全部 MnO 与 SiO_2 反应形成炉渣。从炉渣中还原 Mn 比从 MnO 相中还原 Mn 困难得多。图 3-2 就是 MnO 和 $MnSiO_3$ 还原度随温度变化的关系图。

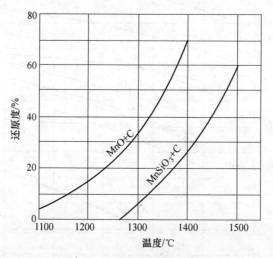

图 3-2 温度与还原度关系图

碱性氧化物与 SiO_2 的亲合力比 MnO 要大，当碱性氧化物含量较多时，就能将 MnO 从硅酸盐中转换出来，使 MnO 以自由态形式存在，MnO 的活度增大，还原反应 $MnO+C \Longrightarrow Mn+CO$ 更易向右进行。其反应式为：

$$MnSiO_3 + CaO \Longrightarrow MnO + CaSiO_3 + 59030kJ \tag{3-4}$$

$$MnO + C \Longrightarrow Mn + CO - 279470kJ \tag{3-5}$$

$$MnSiO_3 + CaO + C \Longrightarrow Mn + CaSiO_3 + CO - 220440kJ \tag{3-6}$$

这对于富锰渣冶炼是不利的，因此必须控制炉渣的碱度，一般富锰渣冶炼中

对碱度的要求是 $\dfrac{n(\mathrm{CaO}+\mathrm{MgO})}{n(\mathrm{SiO_2})}$ 的比值控制在 0.4 以下，贫锰矿的自身碱度本来就很低，所以在冶炼操作中通常不用添加溶剂。

3.2 富锰渣的生产

3.2.1 富锰渣生产的目的及富锰渣的用途

目前高铁高磷难选锰矿石存在无法使用机械选矿进行有效分离与富集，同时化学选矿法成本高、回收率低等一些难题，而火法富集法即富锰渣法能很好地对高磷难选锰矿石进行选别，得到高锰低铁的富锰渣。由于高铁高磷难选锰矿石占我国锰矿储量的 40% 以上，大力发展富锰渣法是符合我国国情的富矿石富集方法。

富锰渣法具有以下优点[9]：

（1）选别效果好，能处理各种类型的锰矿。

（2）产品质量好，得到的是含锰高，锰铁比高，含磷低的富集产品。

（3）锰回收率高，可达 85%~90%，比机械选矿法高出 5% 以上。

（4）产品物理性能好，适合长期贮存及远距离运输。

富锰渣法也具有一些缺点：

（1）需要消耗大量焦炭和电。

（2）生产成本略高。

（3）过程只能除去铁和磷等有色金属杂质，对于脉石则无法去除。

富锰渣主要可用于以下几个方面：

（1）用做冶炼硅锰合金的原料。生产高硅硅锰合金时，对原料的要求是含锰大于 40%、铁小于 1%、磷小于 0.03%，含硅高，由于富锰渣含 $\mathrm{SiO_2}$ 高，较适合生产高硅硅锰合金，几乎是需要全部使用富锰渣才能冶炼出合格的产品。

（2）用于火法生产金属锰的原料。采用电硅热法生产金属锰时，全部使用富锰渣作原料，使用高硅锰硅合金作还原剂。

（3）用于生产电炉锰铁和中低碳锰铁的配料。

（4）用于冶炼高炉锰铁的配料，主要是调节入炉原料的 $m(\mathrm{Mn})/m(\mathrm{Fe})$ 以保证产品的质量。

3.2.2 富锰渣法对原料的要求

富锰渣法虽然可以有效的处理各种类型的贫锰矿，但是为了保证产品富锰渣的质量，对冶炼原料还是有所要求的。

（1）锰矿石化学成分的要求。富锰渣的高炉冶炼中，锰矿石中的锰 85% 以上能进入到炉渣，当锰矿石含锰量高时，富锰渣的含锰量也高，焦炭和矿石的消耗量会低些；铁和磷有 90% 左右还原进入生铁中，当锰矿石含铁量高时，去磷效果好，同时也能得到高品位的富锰渣，但是铁含量过高也不好，因为铁量高，富锰渣产率就低，焦炭消耗量大，同时操作上也难维持低炉温操作。锰矿石中的脉石成分，如 SiO_2、Al_2O_3、MgO、CaO 等都进入到炉渣中成为富锰渣的主要成分。对这些脉石成分的要求是：Al_2O_3 含量要求低些，过高会增加炉渣黏度，升高炉渣熔点；CaO、MgO 等碱性氧化物含量低些，不然会增加渣中 MnO 的活度而促进 MnO 还原；SiO_2 含量则根据富锰渣用途不同而要求不同，对于冶炼硅锰合金时，要求 SiO_2 含量高些，对于冶炼碳素锰铁，则要求 SiO_2 含量低些。

对于锰、铁两个主要元素的要求，通常以 $m(Mn)/m(Fe)$ 和 $w(Mn+Fe)$ 两个指标来表示。当 $m(Mn)/m(Fe)$ 一定时，$w(Mn+Fe)$ 越高，渣含锰量越高，但渣量会随 $w(Mn+Fe)$ 的增大而降低，这是因为 $w(Mn+Fe)$ 越高，矿石中脉石成分相对减少造成的。当 $w(Mn+Fe)$ 一定时，$m(Mn)/m(Fe)$ 越高，渣的锰含量和渣的产量均随之增加，这是由于 $m(Mn)/m(Fe)$ 越高，矿石中的铁含量相应的减少，入渣的 MnO 增多的缘故。

富锰渣冶炼时，要求矿石 $m(Mn)/m(Fe)$ 的值在 0.3~2.5 之间，$w(Mn+Fe)$ 在 38%~60%。当 $m(Mn)/m(Fe)$ 为高值时，$w(Mn+Fe)$ 取低值；当 $m(Mn)/m(Fe)$ 为低值时，$w(Mn+Fe)$ 取高值，即是说二者成反比。因此，对入炉矿石的总体要求是：$m(Mn)/m(Fe)=0.3~2.5$，$w(Mn+Fe)>38\%$，$w(Mn)>18\%$，$m(SiO_2)/m(Al_2O_3) \geqslant 1.7$，$w(SiO_2+Al_2O_3) \leqslant 35\%$，$m(CaO+MgO)/m(SiO_2) \leqslant 0.4$。

在生产中，一般都是通过配矿的方式来达到调整入炉矿石的成分，使混合矿石成分达到冶炼富锰渣对锰矿石的要求。这样可以充分利用一些贫矿资源，又可获得较好的技术经济指标。

（2）锰矿石物理性能的要求。要求锰矿石的粒度均匀，含粉率小，强度大。一般要求如下：粒度在 8~40mm，粉料小于 5mm 的含量应小于 5%，抗压强度大于 $100kg/cm^3$。

（3）焦炭和萤石的要求。焦炭要求强度高，粒度均匀合适（20~80mm），质量稳定；萤石要求杂质含量少，粒度均匀（20~40mm），粉料少，强度高。

3.2.3　富锰渣的生产方法

目前富锰渣冶炼的方法有高炉法、电炉法和转炉法三种。高炉法和电炉法是目前使用最多的冶炼方法，转炉法已基本不再使用[10]。

3.2.3.1　高炉法生产富锰渣

高炉法生产富锰渣与高炉冶炼生铁的流程基本一致，其基本原理就是利用高炉内焦炭燃烧产生的还原性煤气，使锰矿石中的铁和磷还原生成高磷生铁，锰的高价氧化物还原为低价氧化物 MnO，MnO 再与脉石中的 SiO_2 生成 $MnSiO_3$ 而进入炉渣，从而达到锰、铁分离和锰富集的目的。

A 高炉富锰渣生产特点

高炉冶炼富锰渣与高炉冶炼生铁较相似，但它们之间也存在着诸多不同点，主要体现如下：

（1）高炉冶炼富锰渣是高炉冶炼所有产品中炉温最低的，一般为 1250～1350℃，比生铁高炉低 100～150℃，比锰铁高炉低 200～250℃。

（2）高炉富锰渣冶炼一般是不加熔剂的酸性自然碱度冶炼，要求碱度小于0.4，远低于生铁冶炼的 1.0～1.5 和锰铁冶炼的 1.4～1.6 的碱度要求。

（3）高炉冶炼富锰渣一般是高负荷、低风温的工艺生产操作。通常矿石含铁低，风温低，负荷高；矿石含铁高，风温高，负荷低。

（4）高炉冶炼富锰渣的煤气热能和化学热能利用率较好。

（5）富锰渣的高炉冶炼渣量大，一般比生铁高炉冶炼大一倍以上，渣铁比高达 3～5：1。

（6）原料粒度要求锰矿为 5～30mm，焦炭 5～40mm。

（7）高炉冶炼富锰渣的冶炼煤气分布特点是：边缘气流要稍发展，因为富锰渣冶炼渣量大，负荷重。

综上所述，高炉冶炼富锰渣的特点是：负荷重、渣量大、低风温、自然碱度、焦比低等。

B 高炉冶炼富锰渣的操作制度

高炉冶炼富锰渣的操作制度包括热制度、造渣制度、装料制度和送风制度。

（1）热制度。热制度是指控制合理、稳定的炉缸温度。

富锰渣冶炼的热制度要求如下：

1）利于铁、磷的还原，抑制锰的还原。

2）能保证渣铁的流动性，使渣铁能有效分离。

3）能充分利用风温和降低焦比。

（2）造渣制度。合理的渣型是保证冶炼顺利的基础，高炉冶炼富锰渣对炉渣的要求和标准是：

1）在富锰渣的冶炼中，铁和锰的还原只是温度和所需要的热量不同，铁在较低的温度下就能较好的还原。在高炉中铁的还原是较容易实现的，此时炉渣的选择应该是更有利于抑制锰的还原。

2）富锰渣冶炼中，由于冶炼温度较低，对炉渣的要求是能保证在低温下炉渣有较好的流动性，利于渣铁相的分离。富锰渣的冶炼一般采用自然碱度或低碱度的炉渣，$m(CaO + MgO)/m(SiO_2) \leq 0.4$，这样的炉渣熔点较低。

3）当冶炼炉渣黏度大，流动性较差时，不利于渣铁的分离。此时，为了降低渣黏度和改善炉渣的流动性,加入萤石是较好的解决办法。

(3) 装料制度。装料制度是指料批、料线和装料顺序,主要考虑的因素是要有利于高炉顺行,有利于热能的利用,还要考虑原料的粒度分布、强度、密度等相关性质。

高炉富锰渣冶炼的装料制度是:

1) 料批:是指每批料矿石的质量。富锰渣高炉一般用较大的料批,料批的大小还要考虑原料的粒度、炉型,特别是炉喉直径大的,料批也要大些。

2) 料线:是指大钟下沿至料面的距离。富锰渣高炉要求比较发展的边缘气流,要求料线在炉料碰撞点以上。

3) 装料顺序:是指原料装入的顺序。矿石先装为正装,富锰渣高炉一般为倒装。

装料制度的调节,判断的标准是炉况是否顺行,煤气利用是否好,炉喉煤气曲线是否合理等。富锰渣高炉较合理的炉喉煤气曲线是边缘 CO_2 较低的双峰曲线。

(4) 送风制度。高炉送风制度确定了风量、风温和风速,将决定煤气流的颁布和炉缸热量的收支。

富锰渣高炉的送风制度为:

1) 原料粒度均匀、强度高、粉末少,有利于改善高炉料柱的透气性,此时可以采用较大的风量和较高的风温。

2) 炉缸直径越大,风口风速应该越大,这样才能保障炉缸活跃。

3) 需要降低风口风速才能发展边缘气流而不使中心堆积。

调节送风制度,一般调节风口直径和风温,为活跃炉缸和发挥设备能力都力求全风操作。只有在处理特殊炉况时,才减风量。使用高风温是降低焦比的重要手段,富锰渣高炉冶炼也可以使用 800~900℃ 的风温。

C 富锰渣高炉的炉型[7]

高炉冶炼富锰渣有其自身的特点,它既不同于高炉冶炼生铁,也不同于高炉冶炼锰铁。具体的要求是:

(1) 富锰渣高炉负荷重,原料粒度小,强度差,因此在炉型设计上应该有利于边缘气流发展,炉身角 β 不宜过大,以 80°~85° 为宜。

(2) 富锰渣冶炼渣量大,渣铁比可达 3~5:1,要求设计较大的炉缸容积。

(3) 富锰渣冶炼是低温冶炼,而且下部易于抑制锰的还原,炉缸直径相对来说要大些,以免高温区过于集中。

(4) 富锰渣高炉的炉型应采用矮胖型,H/D 为 3.5:1 左右为宜。

D 高炉冶炼富锰渣的技术进展

高炉冶炼富锰渣生产经过几十年的发展,技术日益进步,综合利用方面也取得了长足的发展，具体如下：

（1）铅银回收。铁锰矿一般都会伴生一些其他有色金属，其中的银和铅含量较高，具有综合回收的价值，对铅银的回收还可以大大降低富锰渣生产的成本。

在高炉内铅和银都会被还原成为金属，铅是银很好的捕收剂，银基本上都进入粗铅中。回收的方法是利用铅熔点低，相对密度大，渗透力强，可在炉底设置集铅槽和排铅口，集铅槽一般设在炉底 2~3 层砖下，呈丰字形。浸炉基本温度大于 350℃时，可以开铅口排铅，所得粗铅含量 98%、含银 1%，同时还含金等。

（2）富锰渣和炼钢生铁同步进行。我国大部分铁锰矿含磷并不高，可以通过配矿的方式得到含磷 0.4~0.8 的含锰生铁，还可以通过控制冶炼条件来降低生铁中的锰含量，提高生铁的使用价值。

（3）渣口喷吹压缩空气冶炼富锰渣。通过采取强制供氧的方式，从高炉渣口喷吹压缩空气，使高炉内已被还原的锰、硅重新氧化而进入炉渣中，达到降低生铁中锰的含量和提高锰的回收率的效果。使用喷吹压缩空气强化冶炼的方法，可以使锰的回收率提高 1.08%~4.77%，生铁中锰的含量降低到 5% 以下。

3.2.3.2 电炉法生产富锰渣

电炉冶炼富锰渣的基本原理与高炉法基本相同，但它们之间也有一些不同之处，表现为：电炉冶炼富锰渣不像高炉法是以燃烧焦炭来提供能量进行冶炼，而是利用电能发热为热源，所以电炉加入的焦炭只是用作还原剂，用量非常少，相应产生的煤气量也很少[5]，其工艺流程图如图 3-3 所示。

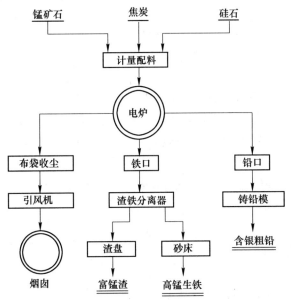

图 3-3　电炉冶炼富锰渣工艺流程图

A 电炉法冶炼富锰渣的特点

电炉法冶炼富锰渣的特点是：

（1）热源主要是靠电能，电炉的炉料可以搭配部分焦炭与粉矿。

（2）电炉炉身矮、料柱短、煤气量少，所以煤气通过料柱的相对压力较小。

（3）得到的产品质量比高炉法好，富锰渣含锰高、含磷和铁低，可以得到 $w(SiO_2) < 20\%$，$w(Mn) > 48\%$ 的富锰渣。

（4）由于产品质量好，不仅可以作为冶炼硅锰合金的原料，还可以作为火法冶炼金属锰的优质原料。

（5）出炉后，为了提高渣与生铁的分离程度，需要在渣坑或渣包内镇静一段时间后再进行放渣浇铸操作。

B 电炉冶炼富锰渣对原料的要求

电炉冶炼富锰渣的主要原料是贫锰矿石、焦炭和一些熔剂，如萤石或硅石等。对于入炉的锰矿石的要求是：其化学成分必须满足 $m(Mn)/m(Fe) = 0.3 \sim 0.5 : 1$，$w(Mn + Fe) \geqslant 38\%$，$w(Mn) \geqslant 18\%$，$w(Al_2O_3 + SiO_2) \leqslant 18\%$，$m(SiO_2)/m(Al_2O_3) \geqslant 1.7$，$m(CaO)/m(SiO_2) \leqslant 0.3$，锰矿石的粒度一般为 5～50mm，含粉率小于 8%，锰矿石含水率要求小于 8%。对焦炭的要求是：固定碳含量不小于 80%，灰分不大于 18%，焦炭的粒度要求是 3～15mm。对熔剂的要求是：萤石要求 CaF_2 含量不小于 85%，粒度为 5～80mm，硅石要求 SiO_2 含量大于 97%，粒度为 20～80mm。

3.2.3.3 转炉法生产富锰渣

转炉生产富锰渣的基本原理是：根据锰、铁、硅、磷等元素氧化开始的温度和热量的不同，进行选择性氧化，控制炉温保证易氧化的硅、锰充分氧化的同时，抑制磷和铁的氧化从而实现锰与铁、磷的选择性分离，炉温控制在 1350～1400℃，温度较低。

转炉法生产富锰渣所用的原料是镜铁（低品位的富铁），并添加一些熔剂进行造渣，在转炉中进行冶炼。转炉法生产富锰渣应用不多，我国也没有采用。

由于转炉法生产富锰渣基本不使用，现在只对高炉法和电炉法的技术指标进行比较，比较结果见表 3-2。

表 3-2 高炉法和电炉法冶炼富锰渣技术指标比较

项　目	高　炉　法	电　炉　法
锰回收率/%	85～90	85～90
影响锰回收率的主要因素	焦比高、碱度高、回收率低	电耗高、碱度高、回收率低
还原剂	焦炭及 CO	焦炭及 CO
热源	焦炭燃烧	电能

项 目	高 炉 法	电 炉 法
煤气量	大	小
煤气中 N_2	多	少
煤气中 CO 及发热值	CO 低，发热值低	CO 高，发热值高
富集效果	Mn 较低，P 较高	Mn 较高，P 较低

冶炼富锰渣要采用哪种方法，一要看能源供应情况，二要看对富锰渣的质量要求，一般在电能丰富、产品质量要求高时采用电炉法，否则采用高炉法。

3.3 锰矿石的造块

锰矿石的特点是强度低，含粉率大，这样的锰矿石如果直接入炉会对冶炼过程产生恶劣的影响。粉料入炉会大大降低炉料的透气性，恶化炉气的分布，引起料面火焰升高和烟尘损失增加，还会导致生产过程中出现严重的刺火和塌料等严重后果。所以，为了提高冶炼过程中炉料的透气性，以及改变粉锰矿的冶金性能，对粉矿进行造块入炉是十分必要的[8]。

现在锰矿粉矿造块的方法主要有烧结法和球团法两种，选择造块方法主要是根据矿石性质以及技术经济效果等来决定。一般来说烧结法造块具有产量大，工艺简单可靠，对矿石适应性强的特点，如无特殊要求多应采用烧结法；而球团法造块具有强度大，透气性好，质量高等特点，但是成本较高，因此一般细磨精矿造块，或者为了满足长距离运输和长时间储存等特殊要求时可采用球团法。

3.3.1 锰矿石的烧结

锰矿石烧结的机理与铁矿石的烧结机理基本相同，主要靠烧结时产生的部分低熔点液相来黏结矿物颗粒，得到具有一定强度和孔隙率的烧结块，从而改善了矿石的冶炼性能。

锰矿石在烧结过程中，会发生分解、氧化、还原、熔结等变化，同时与脉石生成液相使锰矿石黏结成块。锰矿石中的锰氧化物会发生下述一些间接或直接的还原作用：

$$2KMnO_2 + CO = Mn_2O_3 + CO_2 \tag{3-7}$$

$$3Mn_2O_3 + CO = Mn_3O_4 + CO_2 \tag{3-8}$$

$$2Mn_3O_4 + nCO = 6MnO + 2CO_2 + (n+2)CO \tag{3-9}$$

上述反应生成的锰的氧化物呈 MnO_x （ $x = 1 \sim 1.5$ ）的形式存在，在烧结过程中会与矿石中的 SiO_2 反应生成锰橄榄石（ Mn_2SiO_4 ），或铁锰橄榄石[（MnFe）SiO_4]，还会与矿石中的钙生成钙锰橄榄石[（CaMn）SiO_4]，这些橄榄石相的熔点都较低，可以作为烧结时的黏结相。

锰矿石在烧结过程中产生的一些锰的酸性氧化物不宜过多，因为游离状态的锰氧化物在烧结之后的冶炼中比锰的酸性氧化物更容易还原，可以提高锰的回收率和减少冶炼热量消耗。通过提高烧结矿的碱度的方法，使矿石中的酸性氧化物与这些碱性氧化物结合，释放出其中的锰氧化物，利于之后锰的冶炼。

3.3.1.1 锰矿烧结的特点

与铁矿石的烧结相比，锰矿石烧结具有以下一些特点：

（1）烧损大、热耗高。锰矿石中含有部分水分及易分解的碳酸盐和高价氧化物等，在烧结过程中，矿石中的水会被蒸发，碳酸盐会分解放出 CO_2，高价氧化物也会热分解出 O_2。这些反应都会使矿石损失部分质量，产生的水蒸气以及其他气体都会带走热量。反应式如下所示：

$$m MnO \cdot MnO_2 \cdot n H_2O \longrightarrow m MnO \cdot MnO_2 + n H_2O(g) \qquad (3-10)$$

$$MnO_2 \longrightarrow Mn_2O_3 + \frac{1}{2}O_2(g) \qquad (3-11)$$

$$3Mn_2O_3 \longrightarrow 2Mn_3O_4 + \frac{1}{2}O_2(g) \qquad (3-12)$$

$$MnCO_3 \longrightarrow MnO + CO_2(g) \qquad (3-13)$$

以上各反应式在700℃以下都开始反应，远低于烧结温度。对氧化锰矿，烧损率一般在5%~15%，碳酸锰矿烧损率在20%~30%。

（2）软化到熔化区间窄。锰矿石在烧结时，会生产一些低熔点的硅锰酸盐和锰铁橄榄石，锰矿石从软化至完全熔化的温度区间与铁矿石相比要窄，各种锰矿石软化温度范围见表3-3。

表3-3　各种锰矿石的软化温度表

矿石类型	高硅低锰精矿	高锰精矿	碳酸锰精矿	碳酸锰粉矿	堆积锰精矿
软化到熔化区间/℃	1140~1220	1050~1310	1100~1230	1100~1200	1200~1250
温度间距/℃	80	260	130	100	50

（3）矿石疏松、透气性好。与铁矿石相比，锰矿石结构疏松多孔，密度小，在锰矿石的烧结过程中烧损大，分解放出大量气体，这些气体的形成会使锰矿石烧结料层疏松多孔，透气性好，烧结过程能迅速进行。

（4）烧结矿强度低、返矿率高。锰矿石由于烧损大，密度小，孔隙率大等原因，导致烧结矿性脆，强度低，返矿率相较于铁矿石要大。

对于锰矿石这些烧结的特点，可以采取一些相对应的改善措施，提高锰矿石的烧结质量，这些措施有：

（1）适当增加燃料比。增加燃料比会使锰矿石在烧结过程中产生较多的液相，能增加产品的强度。

（2）适当压料和增加烧结料层厚度。因为锰矿石空隙率大，透气性好，烧损大，压料和增加料层厚度是合适的。

（3）烧结机点火器长度应适当延长，增加预热段。锰矿石温度升高过快，会导致锰矿石受热分解过于剧烈，会产生爆裂，爆裂产生的细粒易使点火器炉壁结渣，影响点火器的使用寿命。

由于锰矿石的烧结与铁矿石的烧结不同，所以不能按铁矿石烧结指标套用，一定要根据实验研究和比较来确定。

3.3.1.2 锰矿烧结对原料的要求

锰矿石烧结的主要原料有粉锰矿、燃料、熔剂。

（1）粉锰矿。粉锰矿的烧结影响最大的是粒度，必须对其粒度有一定的要求。一般来说粒度大时，料层的孔隙率大，透气性好，空气与矿石颗粒接触时间短，导致空气带走的热量过多，矿石颗粒内部难以达到足够的温度而产生"夹生"现象，造成烧结后的矿石结构疏松和质量低下。相反粒度太细时，会严重影响料层的透气性，垂直烧结速度降低。最佳的粒度范围应是 0~6mm。

（2）燃料。锰矿石的烧结与铁矿石烧结相比，需要的热量更多，因为锰矿石烧结过程中矿物分解量大，水分含量高，这些过程都需要大量吸热。对配入烧结的燃料要求碳含量高，挥发分低，灰分少。对燃料的粒度也有要求，通常为 0~3mm，粒度过细燃烧过快，高温时间不够；粒度过粗则会形成局部还原区，高温时间延长，燃烧带扩大等影响。燃料为反应性强的无烟煤时粒度可粗些，为反应性较弱的焦粉时粒度细些。

（3）熔剂。锰烧结过程中添加的熔剂主要成分是 CaO，起到提高烧结矿中锰氧化物的游离度的作用，有利于降低高炉锰铁的焦比和电炉锰铁的电耗。常用的熔剂有石灰石、白云石、生石灰、消石灰等。

石灰石和白云石比较便宜，而且劳动条件好，是最常用的熔剂。粒度要求是 0~3mm，不宜过粗，因为在烧结过程中会产生大量游离氧化钙，这些氧化钙易发生水化作用，使烧结矿强度变差。

生石灰和消石灰虽然价格较贵，不宜大量使用，但在烧结配料时加入少量的生石灰或消石灰，可以起到强化制粒的效果，也利于改善烧结块的性能。

3.3.1.3 锰矿烧结的点火

锰矿烧结的点火是指用点火器把混合物料表面加热到燃烧所需的温度使混合料燃烧，同时减少已初步烧结物料的应力，以及对易爆物料进行预热。

点火的温度一般为 1050~1250℃，这个温度低于矿石的烧结温度。点火时间为 1min 左右，目前已延长到 90s，点火时间决定了点火器的长度，目前点火器长度覆盖烧结机 8%~18% 的有效面积。点火深度相当于燃烧带厚度的 50% 以上。

点火所用燃料多为高炉煤气。

点火器的规格和点火器烧嘴是锰矿烧结点火工艺的基础。目前点火器的趋势是降低点火器的高度，以减少点火燃料的消耗。点火器烧嘴的趋势是选择燃烧火焰短、辐射强度大的小型烧嘴，以达到高效无焰燃烧。为了强化烧结可以采用的措施有：增加点火烟气氧含量，点火器风箱应保持一定的负压，采用预热—点火—保温的加热方式等。

3.3.1.4　锰烧结矿的冷却

锰矿烧结后得到平均温度高达755~800℃的烧结矿，此烧结矿可以直接入高炉进行冶炼生产锰铁，也可以先冷却到100℃以下，对烧结矿进行筛分后入炉。经过筛分入炉的烧结矿具有粒度均匀、炉内料柱透气性好、焦比低、产量高，还可以延长高炉寿命，改善劳动条件等诸多优点，所以现在锰矿烧结以生产冷矿为主。常用的冷矿生产方式有以下几种：

（1）机上冷却。机上冷却是指将烧结机延长，延长的那一部分即为冷却段，冷却段的烧结台车就起到了冷却烧结矿的目的。烧结段与冷却段各自有自己单独的风机，一般烧结段与冷却段的面积比为1:1。机上冷却的优点是能简化流程，无需多余的设备。机上冷却设备如图3-4所示。

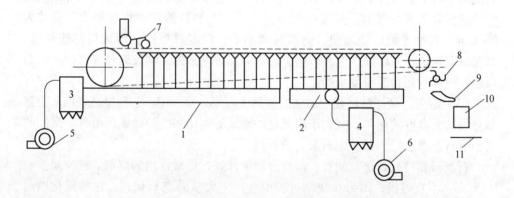

图3-4　机上冷却设备

1—烧结段抽风主管；2—冷却段抽风主管；3—烧结段烟气除尘器

4—冷却段废气除尘器；5—烧结抽风机；6—冷却抽风机；7—点火器

8—单辊破碎机；9—振动筛；10—成品矿槽；11—链板式运输机

（2）机外冷却。机外冷却常采用带冷却机或链板冷却机来进行烧结矿的冷却。

1）带式冷却机。有抽风和鼓风冷却两种方式，抽风易出故障，维修困难，废气直接排入大气污染空气，现在多采用鼓风冷却。带式冷却机的优点是占地面积小，安装检修方便。带式冷却机如图3-5所示。

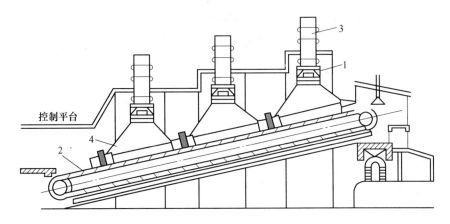

图 3-5 带式冷却机

1—抽风机；2—带式冷却机；3—烟囱；4—密封罩

2）链板冷却机。与链板运输机相似，只是在链板底有通风孔，上面有密封罩，空气通过链板底的通风孔，与热烧结矿层进行热交换从而达到冷却的目的。链板冷却机具有设备简单，投资省的优点。

3.3.1.5 锰烧结矿的生产

（1）氧化锰矿石的烧结。新余钢铁厂 1972 年投产使用 24m² 带式烧结机，主要用于烧结各地的氧化锰矿粉，开始都是按自然碱度生产烧结矿，1974 年生产高碱度锰矿粉的烧结矿，1978 开始生产高碱度及高氧化镁的烧结矿，1982 年实施低碳厚料层操作，料层厚度提高到 350~380mm，并采用了低温预热—高温点火的新工艺，1984 年又改生产热烧结矿为生产冷烧结矿，经过筛分再入炉，降低了入炉含粉率，改善了高炉的透气性。

原料化学成分及粒度组成见表 3-4 及表 3-5。

表 3-4 原料化学成分

项 目	化学成分（质量分数）/%							
	Mn	Fe	SiO₂	CaO	MgO	P	S	烧损
粉锰矿	27.09	10.10	18.94	0.61	0.43	0.152	0.037	13.51
白云石		0.10	1.03	32.38	20.37	0.006	0.007	46.22
焦炭灰分			37.07	5.08	1.46	0.043	1.16	
焦炭工艺分析	固定碳 78.85，挥发分 3.85，灰分 20.43							

表 3-5 原料粒度组成

项 目	粒度/mm				
	>7	5~7	3~5	0~3	合计
粉锰矿/%	18.12	24.53	25.60	31.71	99.96
白云石/%		0.94	20.17	78.33	99.44
焦炭/%	1.59	17.03	21.77	59.62	100.01

氧化锰矿烧结操作数据见表 3-6，烧结矿的化学成分见表 3-7。

表 3-6 氧化锰矿烧结操作数据

项　目		单　位	自然碱度烧结矿	高碱度烧结矿
料层厚度		mm	350	380
台车速度		m/min	1.9	2.0
煤气压力		Pa	7000	7000
煤气流量		m³/（台·h）	1362	1111
点火温度		℃	1042	1055
烧结负压	1 号风箱	Pa	6125	8062
	3 号风箱	Pa	5912	8262
	5 号风箱	Pa		8237
	7 号风箱	Pa	6062	8112
	8 号风箱	Pa	6087	8237
	除尘器压	Pa	6625	8375
除尘器前温度		℃		
配料比	粉锰矿	%	52	52
	白云石	%	38	30
	焦炭	%	10	10
混合料水分		%	10.4	10.4
利用系数		t/（m²·h）	0.937	0.937

表 3-7 烧结矿化学成分

成　分	Mn	Fe	MgO	SiO₂	CaO
含量（质量分数）/%	22.39	9.68	8.31	14.74	18.32

该烧结矿的碱度为 $w(CaO+MgO)/w(SiO_2)=1.80$，碱度高、强度好，而且含 MgO 占有一定的比例，利于改善冶炼指标。

（2）碳酸锰矿烧结。碳酸锰矿的烧结与氧化锰矿相比具有烧损大、出矿率低，且烧结矿锰品位低的特点。碳酸锰矿的烧结可以生产自然碱度矿，高碱度高氧化镁矿和超高碱度矿几种产品，碳酸锰矿还可以同氧化矿进行混合烧结，可以提高出矿率和出矿锰品位。

原料的化学成分与粒度组成见表 3-8、表 3-9。

表 3-8 原料的化学成分

项　目	化学成分（质量分数）/%							
	Mn	Fe	SiO₂	CaO	MgO	P	S	烧损
碳酸锰矿	21.19	2.64	19.63	10.24	4.24	0.121	1.04	26.89

项 目	化学成分（质量分数）/%							
	Mn	Fe	SiO$_2$	CaO	MgO	P	S	烧损
氧化锰矿	25~35	7~16	12~20	3~7	1.20	0.08~0.09		12~18
白云石			0.8	32.0	22.0			41.73
焦炭	固定碳78，灰分18，挥发分2.5							

表3-9 原料粒度组成

项 目	粒度范围/mm			
	>10	5~10	3~5	0~3
碳酸锰矿/%	9.9			
白云石/%		17.61	31.31	51.08
焦炭/%	3.13	17.16	20.21	59.50

碳酸锰矿烧结的操作数据和烧结矿的化学组成见表3-10、表3-11。

表3-10 碳酸锰矿烧结的操作数据

项 目		单 位	自然碱度烧结矿	高碱度烧结矿
料层厚度		mm	350	380
台车速度		m/min	1.13	1.11
煤气压力		Pa	6988	6397
垂直烧结速度		mm/min	27.8	28.25
空气流量		m^3/min	2083	1979
煤气流量		m^3/h	1572	1844
点火温度		℃	1067	1132
烧结负压	1号风箱	Pa	6336	6332
	3号风箱	Pa	6765	6663
	5号风箱	Pa	6641	6441
	除尘前	Pa	7542	7485
	除尘后	Pa	8571	8280
配料比	粉锰矿	%	94.8	61.7
	白云石	%		29
	焦炭	%	5.2	9.3
成品率		%	58.66	58.51
转鼓指数		%	88.36	89.03
筛分指数		%	3.36	4.18
利用系数		t/(m^2·h)	1.41	1.42

表 3-11   烧结矿化学成分

成　分	Mn	Fe	MgO	SiO$_2$	P	CaO
含量（质量分数）/%	21.18	2.72	13.55	18.32	0.136	25.59

（3）铁锰矿烧结。铁锰矿中除了主要金属铁和锰之外，还含有铅等有色金属和贵金属，同时也含有有害元素砷。烧结主要除了造块外，还应使有色金属铅和有害元素砷固结于烧结块中，防止其对大气的污染，利于之后的综合利用。

原料的化学成分与粒度分布见表 3-12、表 3-13。

表 3-12   原料的化学成分

项　目	化学成分（质量分数）/%							
	Mn	Fe	SiO$_2$	CaO	MgO	P	S	烧损
铁锰矿	21.89	29.46	3.71	1.23	0.80	0.038	0.049	10.66
石灰石		0.10	1.40	52.27	0.806	0.006	0.007	45.45
焦炭灰分			37.07	5.08	1.46	0.043	1.16	
焦炭工艺分析	固定碳 75.28，挥发分 2.10，灰分 12.62							

表 3-13   原料粒度组成

原料	铁锰矿	石灰石	焦炭
粒度/mm	0~10	0~6	0~8

铁锰矿采用 1.05m^2 带式烧结机，烧结料水分 16%，料层厚度 200mm，采用煤气点火，点火温度 1280℃，点火时间为 70s，烧结台车速度为 0.52m/min。烧结过程中配入石灰石，使砷氧化物与石灰石反应生成稳定的砷酸钙固结于烧结块中，铅同时也能大部分固结于烧结块中。烧结的指标为：成品率 82.1%，返矿率17.9%。烧结块粒度组成见表 3-14。

表 3-14   烧结块粒度组成

粒度/mm	>10	7~10	5~7	0~5
含量/%	45.35	14.65	11.20	28.80

（4）松锰矿烧结。松锰矿特点是松软，密度小，含水量大。需要对原矿进行洗矿处理，洗过的矿由于含水率大于 50%，需要先进行干燥破碎才能烧结。混合料的温度对烧结指标的成品率及利用系数至关重要，原矿的化学成分及混合料料温的影响见表 3-15、表 3-16。

表 3-15   原矿的化学成分

成　分	Mn	Fe	SiO$_2$	Al$_2$O$_3$	CaO	MgO	P
含量（质量分数）/%	20.90	9.34	36.74	5.62	0.36	0.16	0.091

表 3-16 混合料料温与成品率及利用系数的关系

混料料温	成品率/%	利用系数/t·m⁻²·h⁻¹
19	62.50	0.465
35	54.70	0.525
50	73.04	0.730

由表 3-16 可知混料的温度高时，可以减少烧结，由于下部料层温度过低而引起的上层料水分汽化时在下部料层冷凝，阻碍烧结过程。松锰矿烧结矿的化学成分见表 3-17。

表 3-17 松锰矿烧结矿的化学成分

成　分	Mn	Fe	CaO	MgO	SiO_2	Al_2O_3	P
含量（质量分数）/%	29.85	9.95	2.07	1.84	35.69	11.2	0.071

可见烧结后的矿含硅量高，可作为冶炼硅锰合金的原料。

3.3.2 锰矿石的制球

3.3.2.1 锰矿石制球的概述

采用锰矿石的造球工艺多是因为锰矿粉粒度过细，烧结法透气性差，或者由于储存运输方面等原因。锰矿石所造球团由于其物理化学性质的不同，造成了生球所需水分含量变化较大，一般在 11%~16%。在造球过程中所添加的黏合剂可以提高物料的成球性，一般的黏合剂有石灰、皂土、水泥、水玻璃、淀粉、腐植酸钠等有机或无机黏结剂。其中消石灰具有价格便宜，来源广泛，成球效果好等优点，所以应用十分广泛。成球后的生球必须先进行干燥，未经干燥的生球就进行焙烧，会产生裂纹和炸裂，经过干燥的生球，还必须进行焙烧，以使生球具有良好的冶炼性能[8]。

3.3.2.2 锰矿石球团的烧结

目前球团的烧结方法有竖炉、链箅机-回转窑、带式焙烧机三种，由于带式焙烧机有诸多优点，现在锰矿石焙烧用的较多的是带式焙烧机。带式焙烧机与带式烧结机相似，整个焙烧机依次分为干燥、预热、焙烧、均热和冷却几个部分。

（1）带式焙烧机的特点。

1）由于球团层与烧结料层相比，透气性好，所以带式焙烧机比带式烧结机料层厚度大，一般为 300~500mm，带式焙烧机通风压力也较小。

2）带式焙烧机辅有底料和边料，使得整个料层得到充分焙烧，可以减少台车和链箅的烧损，延长了使用寿命。

3）采用鼓风与抽风混合流程，干燥过程一般采用先鼓风后抽风的方式，可以强化干燥过程，提高干燥质量；冷却过程一般采用鼓风冷却，可以减缓球团温度、冷却速度，提高球团质量。

4）鼓风冷却区炉罩内的热空气，一部分直接循环，一部分使用风机循环。

5）抽风箱内的热废气，在进行了温度调节后，循环到鼓风干燥区，或者循环到抽风预热区。

6）干燥区的废气由于温度低、含水率高，不能循环使用，可排空。

7）为了使焙烧过程顺利，可以采用以下几种风机：冷却风机，送风至冷却区风箱；炉罩换热风机，使炉罩内的低温空气循环到干燥段的抽风区中；风箱热风风机，用于抽风区高温端的气流循环；鼓风干燥见机，与风箱热风风机串联，将高温热气送入鼓风干燥区；风箱排气风机与炉罩排气风机，主要用于将含水率高的废气和有毒有害成分的废气排入烟囱。

（2）带式焙烧机生产实践。我国遵义采用了带式焙烧机生产，为我国自行设计、制造和施工的第一个锰矿球团厂，并于1977年开始试生产。带式焙烧机长32m，有效面积为80m²，台车宽2.5m。设计指标见表3-18。

表 3-18　带式焙烧机设计指标

项　目	单　位	数　量	备　注
焙烧机面积	m²	80	
焙烧机产量	t/h	31.3	
焙烧机利用系数	t/(m²·h)	0.4	试生产为0.14
球团矿含锰	%	47.5	
球团矿锰铁比	$m(Mn)/m(Fe)$	8.88	
消石灰消耗	kg/t	70	试生产为99
锰精矿消耗	t/t	1.41	
煤气消耗	万大卡/t	0.35	试生产为1.65
电力消耗	(°)/t	55.7	试生产为145
水消耗	m³/t	2.8	
箅条消耗	kg/t	0.22	试生产为0.004
胶带消耗	m²/t	0.04	试生产为0.016
油脂消耗	kg/t	0.09	试生产为0.20

3.3.2.3　锰矿石球团的生产实践

云南省建水锰矿球团生产过程主要包括配料、混碾、压球和干燥4个工序。工艺流程图如图3-6所示。

各工序简单介绍如下：

（1）配料。各种原料从料仓下端口流出，通过电子皮带秤自动称重计量进

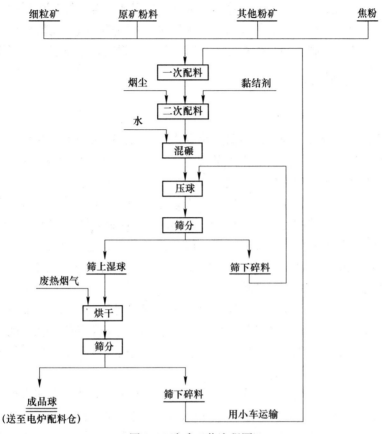

图 3-6 造球工艺流程图

行配料。配好的混合矿通过配料皮带和链斗式提升机输送到混料仓为一次配料。混合矿与烟尘通过计量斗按一定的配比进行计量配料为二次配料。

（2）混碾。将混料仓中的混合矿通过皮带输送机送入计量斗，将烟尘仓中的烟尘通过螺旋输送机送入计量斗，二者称量后送入行星式轮碾混合机。同时将黏结剂加入减量秤计量后，通过其下部的螺旋输送机将黏结剂送至行星式轮碾混合机混碾，混碾的同时按比例加适量的水，经 3~5min 后排入混碾机下方的中间仓。

（3）压球。物料通过中间仓由皮带输送机送入压球机，通过小对辊预压使物料排出气体增加密度，再随着大对辊的转动，加压形成球团。成球随转动自动脱落在下方的振动筛上，筛下碎料经斗式提升机返回中间仓重新进入压球机压球，筛上的生球由斜皮带机提送至烘干贮仓进行干燥、储存，再经水平输送皮带和移动布料车将球团分布于整个烘干贮仓。

（4）干燥。电炉烟气经余热发电站锅炉将余热利用发电后的尾部烟气（80~120℃）引至烘干仓，按特定的方式对湿球进行干燥，干燥时间为 3~5d。干燥后成品球落入干球皮带机进振动筛筛分，筛下的碎料通过链斗提升机返回至中间仓或返回至原料仓配料，筛上的成品球经皮带输送机输送至电炉配料系统。

经过上述工序制得的锰矿石球团具有品位高、强度好、粒度均匀等优点。

3.3.3　锰矿石的压团

3.3.3.1　压团原理

在粉状物料造块过程中，根据造块方式的不同，造块法可分为烧结法、球团法和压团法三种。压团法按照生产的温度不同又分为热压成型和冷压成型两类，本文采用的是冷压成型法生产团块。

与烧结法和球团法相比，压团法具有以下优点：（1）冷压球团后的成品大小均匀，不需再做整粒处理；（2）经进一步加工后的成品，入炉冶炼时因几何形状特殊具有较大安息角，降低物料的偏析；（3）压团法适用于很多粉料成型，且对粉料的粒径范围要求较宽；（4）压团所需设备简单，投资省，易于管理，能耗低，是节能环保的一种造块方法。

在冶金中，冷压球团技术不仅广泛用于炼钢污泥和氧化铁皮、高炉烟尘[6]、磁铁精矿粉和各类铁合金粉矿的造块处理，还广泛应用在有色冶炼中间返料的造块以及工业硅粉状还原剂造块等方面。总之，凡是处理规模小、粒度较宽的冶金粉料均可采用冷压球团法进行造块处理。

所谓压团就是利用外力破坏模具中由粉料颗粒之间的摩擦力和机械咬合力形成的"拱桥效应"，使粉料中各颗粒向着自己有利方向移动，重新排列，以减少粉料中颗粒之间的孔隙度，增大颗粒间接触面，使颗粒之间的相互作用力不断增加。随着外压力的增大，颗粒之间的相互作用力、团块的密度及强度也随之增大，最后形成具有一定大小、密度和强度的团块。

在压制过程中，外力的作用下，物料中的细小颗粒会发生不同的位移和变形。而物料内颗粒之间的变形和位移是同时发生的，即颗粒发生位移的同时也在发生变形。这些细小颗粒常发生的位移有以下几种：（1）物料颗粒之间相互靠近，在外力作用下相互靠近的颗粒之间的接触面会增大；（2）物料颗粒之间相互远离移动，因颗粒之间距离逐渐变大，导致颗粒之间的接触面减少；（3）物料内细小颗粒在外力作用下，在相互之间接触部分会发生滑动，这有时会导致颗粒之间接触面增大，有时会使接触面积减小；（4）物料内颗粒之间转动，发生转动的颗粒之间会在外力作用下达到一个稳定的平衡状态，使颗粒之间接触更牢固，因此接触面也相应增大；（5）颗粒之间相互嵌入，这主要是由于颗粒是脆性的或外力过大，从而使颗粒之间相互嵌入，增大彼此的接触面。

在压团过程中，被压物料内颗粒之间会发生以下几种阶段的变形：（1）弹性变形，在粉状物料颗粒发生弹性变形阶段，外界施加在物料上的力不是很大，因而颗粒的这种变形可恢复。这一阶段主要是排除粉料中的空气，使颗粒之间相互靠近，体积被压缩。（2）塑性变形，在这一阶段外力继续增大，进一步破坏物料内部的'拱桥效应'，颗粒发生的是不可恢复的塑性变形。若物料是塑性的，则在压制过程中发生塑性变形的颗粒会相互围绕着流动，此时颗粒之间会产生强烈的范德华力而黏结和联结。（3）脆性断裂，若是脆性物料，则在这一阶段物料将被压碎，所产生的细粉会充填空间，由于这些新产生的细粒物料上存在大量自由化学键，在外力作用下相互接触时能发生强烈的重新组合黏结。

在实际生产中，由于颗粒的数量大，颗粒之间几种位移不是独立进行的，而是几种变形同时发生。颗粒上发生的几种变形也是并存的，尤其是颗粒上的塑性变形和脆性断裂有时可以相互转化。

3.3.3.2 压团生产实践

我国八一锰矿厂的压团和冶炼试验工艺流程如图3-7所示。

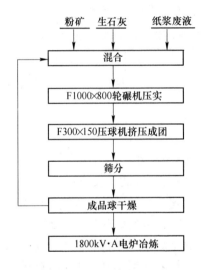

图 3-7 压团和冶炼试验工艺流程图

原料的主要化学成分见表3-19。

表 3-19 原料的主要化学成分

产品	主要化学成分（质量分数）/%					球团配比
	Mn	Fe	SiO$_2$	CaO	H$_2$O	
锰矿粉	32.67	8.36	7.99	0.40	10.00	
石灰粉				72.70		
石灰锰团块	26.82	7.40	8.08	11.28	4.85	85%锰矿粉，15%石灰粉
纸浆锰团块	29.30	8.74	9.31	1.92	3.79	92%锰矿粉，8%纸浆废液

锰压团块的强度与原料粒度、黏合剂用量、水分含量、压球前原料的混合密度有关。一般来说，原料粒度细，黏合剂用量多，对混合原料进行预压密，合适的水分含量（8%～11%），压团块的强度大。生球必须进行干燥，干燥可采用自然干燥或者低温热风干燥，干燥温度不宜过大，否则球团会发生龟裂。

3.4　金属锰的火法生产

金属锰的火法生产方法主要有铝还原法和硅还原法两种。

3.4.1　铝还原法

铝还原法是以活泼金属铝为还原剂的金属热还原法，由于铝与氧结合力比锰与氧强，所以铝能夺取锰氧化物中的氧，得到金属锰，同时过程放热，可以维持反应所需的温度，反应可以持续进行。

铝还原法中锰氧化物与铝反应的反应热见表 3-20。

表 3-20　锰氧化物与铝反应的反应热

反应式	反应热 ΔH /J	比热效果/J·g^{-1}	活性氧含量/%
$3MnO_2 + 4Al = 3Mn + 2Al_2O_3$	−417600	1132	18.4
$3Mn_3O_4 + 8Al = 9Mn + 4Al_2O_3$	−56700	624	7.0
$3MnO + 2Al = 3Mn + Al_2O_3$	−11400	426	—

从上表可以看出 MnO 比热效果小，活性氧含量为 0，MnO 还原反应基本不可能发生；相反 MnO_2 比热效果是最大的，反应过于剧烈；而 Mn_3O_4 比热效果适中，反应较为温和。所以，上述三个反应中只有氧化物 Mn_3O_4 反应较为合适，对于氧化物中的 MnO_2 最好先在炉外 1000℃ 的强热下分解为 Mn_3O_4。

铝还原法是在镁质炉衬的竖炉中进行，以铝作为还原剂，以高纯度氧化锰矿石或者电解二氧化锰为原料，加入含铝 10%～20% 的石灰作为熔剂，可以得到纯度为 85%～92% 的金属锰，锰的纯度较低。

铝还原法过程的热收支平衡为：

热收入	热支出
反应放热 100%	分解还原的氧化物吸热 52%
	加热和熔化合金 9%
	加热和熔化炉渣 32%
	热损失 7%

铝还原法虽然具有生产设备和操作工艺简单的优势，但是却具有一些致命的缺点：反应耗铝量大导致成本高，同时过程对原料要求非常高，通常只能采用含 SiO_2 等杂质极低的富锰渣为原料，生产出的产品仍然含有较多的有害杂质铝和

磷，锰利用率不高，金属锰含量过低等。现在已基本不采用此法生产金属锰。

3.4.2 硅还原法

硅还原法与铝还原法原理相同，也是金属热还原法。为了得到锰含量高，杂质含量低的金属锰，必须采用高品质的锰矿和高硅硅锰还原剂。所用原料，能耗，产品质量见表3-21、表3-22。

表 3-21 硅还原法生产金属锰指标

项目	低磷锰矿 (48%)/kg	硅锰比 (Si：Mn＝30：64)/kg	石灰/kg	石墨电极/kg	电耗/kW·h	金属回收率/%
用量	2100	640	1530	10~12	9450	63.5

表 3-22 硅还原法生产金属锰产品成分

成 分	Mn	Fe	P	C	Al	Ca	Mg
含量（质量分数）/%	97.1~96.8	0.6~1.4	0.048~0.052	0.08~0.10	0.35	0.1	0.25

我国高品质锰矿石含量少，只能采用低铁低磷富锰渣为原料。所以我国的硅还原法生产金属锰的过程分为三步。

第一步：生产低铁低磷富锰渣。在高炉或者矿热炉中对低品位锰矿石进行选择性还原，使铁和磷还原为生铁，锰只是还原为低价氧化物入渣，从而达到富集锰和除杂的目的，得到高品质的低铁低磷富锰渣。对富锰渣的要求见表3-23。

表 3-23 富锰渣的主要成分

用 途	主要成分(质量分数)/%					备 注
	MnO	Fe	P	S	SiO$_2$	
	不小于	不大于				
炼 JMn1	46	0.60	0.03	0.30	18~20	粒度40~50mm
炼 JMn2	45	0.80	0.03	0.35	18~20	粒度40~50mm
炼 JMn3	44	1.10	0.03	0.40	18~20	粒度40~50mm

第二步：生产高硅锰硅合金。以高硅富锰渣为原料，在比冶炼富锰渣更高的温度下进行还原，其主要化学反应为：

$$MnSiO_3 + 3C == MnSi + 3CO \uparrow \qquad (3-14)$$

还可能发生如下副反应：

$$[MnSi] + xC == [MnC_x] + [Si] \qquad (3-15)$$

高碳含量的高硅锰硅合金是不能用于冶炼金属锰的，必须通过炉外镇静降碳处理，把碳含量降到0.05%~0.15%。对高硅锰硅合金的要求见表3-24。

表 3-24 某厂高硅锰硅合金企业标准

金属牌号	主要成分(质量分数)/%					
	Mn	Si	Fe	C	P	S
高硅锰 1 号	≥63	27~33	≤2.0	≤0.06	≤0.060	0.004~0.018
高硅锰 2 号	≥63	27~33	≤2.8	≤0.10	≤0.070	0.004~0.018
高硅锰 3 号	≥63	27~33	≤3.5	≤0.13	≤0.075	0.004~0.018

第三步：以富锰渣为原料，高硅锰硅合金为还原剂，石灰为熔剂，在精炼炉中生产金属锰。其主要反应如下：

$$2MnO + 3MnSi + 2CaO = 3Mn + 2CaSiO_3 \quad (3-16)$$

其中炉渣碱度 $w(CaO)/w(SiO_2)$ 影响很大，一般要求在 1.8~2.2。碱度过低，MnO 与 SiO$_2$ 生成 MnSiO$_3$，降低了 MnO 的活度，不利于 MnO 的还原；碱度过高会使还渣量和炉渣的熔点升高，降低了炉渣的流动性，于冶炼不利。对于石灰的要求是 $w(CaO) > 95\%$，P、S 杂质含量少，粒度 10~40mm。

三步硅还原法生产金属锰的流程如图 3-8 所示。

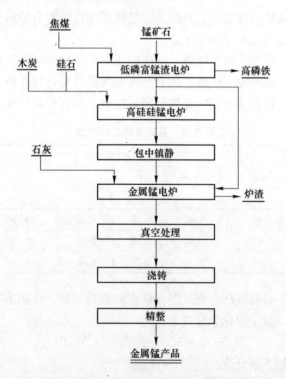

图 3-8 电硅热还原法生产金属锰流程图

如用 560 KVA 或 1500 KVA 三相倾动式电弧炉以冷装冶炼金属锰时，获得的主要生产指标如下：

（1）产品成分（质量分数，%）。

Mn	Fe	C	Si	S	P
95~98	1.17~2.50	0.04~0.20	0.1~1.8	0.06	0.05

（2）炉渣成分（质量分数，%）。

MnO	CaO	SiO_2	MgO	Al_2O_3	S	P
8~12	46~50	22~25	1~3	6~9	0.2~0.3	微量

（3）单位消耗。

富锰渣：1800~1900kg/t　　　　萤石：180~200kg/t

高硅锰硅合金：610~630kg/t　　电耗：3000~3400kW·h/t

石 灰：1900~2000kg/t　　　　电极：27~35kg/t

（4）锰回收率。冶炼金属锰作业回收率为72%~75%，三步冶炼锰总回收率为54%~55%。

　　硅还原法生产金属锰应用较为广泛，美国、日本、前苏联多采用此法。硅还原法具有生产成本低的优点，所得金属锰含量可达94%~98%，高于铝还原法。虽然对锰矿石品位要求较高，但是低品位锰矿石可以采用富锰渣法来提高矿石的锰品位，所以应用范围较广。

参 考 文 献

[1] 李春德. 铁合金冶金学 ［M］. 北京：冶金工业出版社，2006.

[2] 赵乃成，张启轩. 铁合金生产实用技术手册 ［M］. 北京：冶金工业出版社，2006.

[3] 彭容秋. 重金属冶金学 ［M］. 长沙：中南工业大学出版社，1991.

[4] 周进华. 选择性还原在锰合金生产中的应用 ［G］. 北京钢铁学院印，1979.

[5] 王立人，曾锡鹏. 富锰渣参考资料汇编 ［G］. 湖南省钢铁冶金设计院，1979.

[6] 余延瑚. 高炉冶炼富锰渣的理论问题 ［J］. 抚顺冶金资料，1974.

[7] 张延国. 富锰渣高炉炉型的探讨 ［J］. 铁合金，1988（4）：23~25.

[8] 张一敏. 球团理论与工艺 ［M］. 北京：冶金工业出版社，1997.

[9] 余逊贤. 贫锰矿石的火法富集 ［M］. 长沙：长沙黑色冶金矿山设计院，1967.

[10] 陈克正. 高炉富锰渣调查报告 ［J］. 铁合金，1980（2）：12~17.

4 锰系材料的生产

4.1 锰锌铁氧体磁性材料

4.1.1 概述

磁性材料是应用非常广泛、地位非常重要、发展非常迅速的现代功能材料。磁性材料的发展经历了数个阶段，20 世纪 50 年代以前金属磁一统天下；20 世纪 50~80 年代铁氧体磁性材料占绝对优势；20 世纪 90 年代以来磁性材料进入了快速发展，纳米结构的金属磁性材料崛起，成为了铁氧体的有力竞争者。与此同时，磁性材料不仅在质量上取得了很大的进步，更是发展出了一些新颖的磁性功能材料，如巨磁电阻、巨磁阻抗、巨霍尔效应、巨磁致伸缩、巨磁热效应、巨磁光效应等等，以及具有很大的磁-电、磁-力、磁-热、磁-光等交叉效应的磁性功能材料，这些都为未来的磁性材料开拓了新的领域[1~5]。本章主要讲述了锰锌软磁铁氧体材料的制备方法及市场前景。

4.1.1.1 锰锌软磁铁氧体磁性材料的制备方法

软磁性氧体微粉的制备方法主要有陶瓷法和化学法两种[6]。

陶瓷法的制备流程是：选取纯度高、杂质少、超细度和高活性的 Mn_3O_4、ZnO、Fe_2O_3 为原料，经过两次球磨、喷雾制粒、预烧和掺杂。

化学法又称化学共沉淀法，它的工艺流程是：选择合适的可溶于酸或水的金属或金属盐，按一定的计量与溶剂混合使其溶解，再选择一种合适的沉淀剂，将溶液中的金属离子均匀沉淀或结晶出来，再将沉淀物脱水或热分解制得铁氧体微粉。

由于化学共沉淀法制备的微粉具有纯度高、粒度分布均匀、活性好等一些优点，近年来研究较多较深入。根据其沉淀剂的不同又分为碳酸盐法、草酸盐法等方法[11,13]。

（1）碳酸盐共沉淀法。碳酸盐共沉淀法是在金属盐溶液中加入适当碳酸盐共沉淀剂，得到前驱沉淀物，再焙烧沉淀物得到锰锌软磁铁氧体粉体。为了防止共沉淀时 Na^+ 的污染，在选用沉淀剂时，不能带入 Na^+，可采用 NH_4HCO_3 或 NH_3-NH_4HCO_3 作沉淀剂。该工艺具有操作简单，生产成本低，经济价值高等优点。目前，有宜宾、重庆、山东、红河地区几个厂家采用此工艺进行生产[12]。

（2）草酸盐共沉淀法。以 $FeSO_4$、$ZnSO_4$、$MnSO_4$ 为原料，用草酸铵为沉淀剂，制备锰锌铁氧体微粉。由于大多数金属草酸盐的晶体结构相似，易于得到均匀的微粒，且沉淀物易于过滤和洗涤，原料来源也较易，同时草酸盐共沉淀法工艺本身就是一种很好的提纯的方法，采用该工艺可以制得比采用其他原料的氧化物火法工艺纯度高得多的微粉。但是该法生产成本高，只适合用于各类高级无机功能材料的制备[10]。

（3）溶胶-凝胶法。溶胶-凝胶法兴起于 20 世纪 90 年代，溶胶-凝胶法具有诸多优点如：材料易于获得分子水平的均匀性，可以进行分子水平的均匀掺杂，合成温度低。采用溶胶-凝胶法制备锰锌铁氧体的流程是：把金属有机化合物溶解于有机溶剂中，通过加入纯水等使其水解，聚合，形成溶胶，再采用适当的方法使其变为凝胶，真空低温干燥，得到疏松的干凝胶再高温煅烧处理，制得纳米级的氧化物微粉。

用溶胶-凝胶法制备锰锌铁氧体具有颗粒小、均匀性好、活性高等优良特点，但是该工艺具有成本高，同时高温处理进程也存在快速团聚现象，会影响最终材料的性能[14]。

（4）水热法。水热法是新发展起来的制备超微粉的一种新合成方法。该法是以水作为溶剂，在一定的温度和压力下，通过溶液中的化学反应制备无机功能材料微粉的方法。水热反应中，微粉晶粒的形成经历了一个溶解—结晶的过程，同时可以实现多价离子的掺杂，所制备出的微粉具有粒径小，粒度均匀，不需要高温煅烧预处理，晶化相当完全，活性高等优点。研究表明，水热反应温度、时间等对产物纯度、颗粒、磁性有较大的影响[15,16]。

（5）超临界法。超临界法是指以有机溶剂等代替水溶剂，在水热反应器中，在超临界条件下制备微粉的一种方法。超临界法具有反应过程中液相消失的特点，比水热法更有利于体系中微料的均匀成长和晶化。

姚志强等用超临界流体干燥法合成出了 MnZn 铁氧体微粉，与水热法和共沉淀法相比，超临界法在晶形、粒子大小、粒度分布、磁性能方面都比水热法和共沉淀法所制备的铁氧体微粉要好[17]。

（6）自蔓燃高温合成法。自蔓燃高温合成法简称 SHS，它是借助于反应剂在一定条件下发生热化学反应，产生高温，燃烧波自动蔓延下去形成新的化合物的方法。该法具有以下特点：反应迅速、耗能少、设备简单、产品质量高、适用范围广[18]。

目前，软磁铁氧体生产还是以陶瓷法为主，共沉淀法只有碳酸盐共沉淀法得到了工业化应用，国内年产量在 1500~2000t。

4.1.1.2　锰锌软磁铁氧体磁性材料的国内外发展动态和趋势[7,8,19]

软磁铁氧体材料广泛应用于国民经济的各个方面，随着近年来信息技术和新型绿色照明技术的发展,对软磁铁氧体材料的性能的要求比之前更高,这进一步促使了软磁铁氧体材料向着高频、高磁导率、低损耗的方向发展,同时对器件的要求是向小型化、片式化、表面贴装化发展。现就材料的高频、高磁导率、低损耗发展情况进行介绍。

(1) 向高频率发展。功率铁氧体(大多为 MnZn 系)主要应用领域是开关电源的主变压器。它要求铁氧体材料应具有高饱和磁通密度和高振幅磁导率,以提高功率转换效率并避免饱和。同时要求铁氧体材料在高磁通密度(200mT)、高温(80~100℃)、高频(0.5~3MHz)条件下功率损耗低,避免变压器在高频下发热。

随着开关电源工作频率的越来越高,功耗值不断降低的产品也相继开发出来。20 世纪 70 年代初,开发的第一代功率铁氧体材料,如 TDK 的 H35,由于其功耗大只适用于频率较低(20kHz)的民用开关电源;80 年代初,开发出的第二代功率铁氧体材料,如 TDK 的 H7C1(PC30),这种材料具有负温度系数功耗,可随着温度升高功耗可呈下降趋势,可适用于 100kHz 的开关电源;80 年代后期,开发的第三代功率铁氧体材料,如 TDK 的 PC40,可适用于 250kHz 的开关电源,已大量应用于工业类的开关电源中;90 年代后期,开发的第四代功率铁氧体材料,如 TDK 的 PC50,可适用的频率已达到了 500kHz 以上,为开关电源进一步向轻、小、薄方向发展做出了贡献。

我国"软磁铁氧体材料分类"行业标准,对功率铁氧体的分类如下:PW1类,可适用频率为 15~100kHz;PW2 类,可适用频率为 25~200kHz;PW3 类,可适用频率为 100~300kHz;PW4 类,可适用频率为 300~1000kHz;PW5 类,可适用频率为 1000~3000kHz。

未来开关电源发展的趋势是频率达 1000kHz 甚至更高,因此开发出更高频率使用的功率铁氧体材料有着更广阔的市场。

(2) 向高磁导率发展。由于近年来信息产业的高速发展,传统的软磁铁氧体已不能满足现有的信息网络技术的要求,对高磁导率材料的需求是未来 IT 技术和电子技术发展的方向,因为高磁导率的软磁铁氧体磁芯可以有效地吸收电磁干扰信号,达到抗电磁干扰的目的。高磁导率软磁铁氧体的主要特征是磁导率非常高,一般要求达到 10000 以上,从而可以大大地缩小磁芯体积,提高工作频率[23]。

目前国内生产的高磁导率软磁铁氧体的磁导率一般在 7000~8000,研制水平在 12000~13000,与国外相比有较大的差距,国外目前的研制水平在 20000~30000。国内产品的技术难点是如何在高磁导率软磁铁氧体的表面涂覆一层均匀、致密、绝缘的有机涂层。以下介绍几家国内较先进的高磁导率软磁铁氧体制备情况,海宁天通电子有限公司陆明岳开发的产品,磁导率可以达到 13000;北京大学与深圳组建的深圳中核集团公司，产品的磁导率可以稳定在10000以上，最高可达到18000，已经于2000年10月投产，年生产30t。

（3）向低损耗发展。低损耗的锰锌铁氧体材料可以用在有线通信设备通道滤波器的电感器中。随着载波传输设备通话话路容量增大，除了要求缩小LC滤波器的体积，更重要的是要求磁芯材料具有低损耗、高稳定性、低减落因子。

4.1.2 铁氧体制备工艺的理论基础

铁氧体制备工艺流程是：球磨→预烧→造粒→成形→烧结。在这其中最重要的工艺是烧结，也是研究最多的工艺，从原理上可以把烧结工艺分为：固相烧结理论、多晶烧结理论、多晶结构形成及控制理论、平衡气氛烧结理论[6,24~26]，现在分别叙述如下。

4.1.2.1 固相烧结理论

烧结是在低于熔点温度的情况下，通过金属离子（或空穴）的扩散而达到致密的过程，这个过程是在固态颗粒表面相互接触的情况下发生的[20,28]。铁氧体的烧结不仅发生了金属离子的扩散，其中的氧化物之间还会发生一些化学反应，即由金属氧化物变成铁氧体。我们把在固态情况下发生的化学反应称为固相反应，铁氧体烧结过程中较有代表性的反应如下所示：

$$ZnO + Fe_2O_3 \longrightarrow ZnFe_2O_4 \qquad (4-1)$$

在固态情况下，随着温度的升高，离子的动能增加，在晶格中的振动的幅度越来越大，当离子的动能大到足以克服晶体的结合能之后，就可以脱离晶格能的束缚；同时固体变为粉末时表面自由能迅速增加，表面离子处于不稳定的高能状态，而且粉末粒度越小，要求结合的趋势越大。综合以上分析可以知道，铁氧体以粉末状态存在，在一定的高温下，可以通过金属离子的扩散，在低于熔点的情况下发生固相反应。一般铁氧体的烧结温度 $T_{烧}(O_K)$ 与固体熔点温度 $T_{熔}(O_K)$ 之间有如下关系：

$$T_{烧}(O_K) = (0.8 \sim 0.9) T_{熔}(O_K) \qquad (4-2)$$

通过上式可以大致确定烧结的温度。

根据实验研究可以知道，烧结过程大致分为六个阶段：表面接触期；活化期；活化发展期；全面扩散期；晶体形成期；晶体校正期。现以 $ZnFe_2O_4$ 为例叙述以上六个阶段：

（1）表面接触期（<300℃）。ZnO、Fe_2O_3 颗粒在混合成形后较为致密，加热后表面接触更大，但粉末颗粒之间并无离子扩散发生。

（2）活化期（300~400℃）。随着温度的升高，离子开始出现扩散现象，但不太明显，在颗粒接触面上的 ZnO 和 Fe_2O_3 离子相互作用，形成特殊的结合表面分子膜——孪晶。

（3）活化发展期（400~500℃）。表面分子膜的结合强度增大，少数金属离子开始由原来的位置迁移到表面分子膜上，互相接触，开始形成少量的新表面分子，但未形成尖晶石相。

（4）全面扩散期（500~620℃）。ZnO 和 Fe_2O_3 分子中的金属离子在各自的晶格内发生位移，穿过已趋于稳定的分子膜，互相扩散到另一成分的晶格内部，此时形成 Fe^{3+} 在 ZnO 中和 Zn^{2+} 在 Fe_2O_3 中置换式的固溶体，但此时仍未形成尖晶石相。

（5）晶体形成期（620~750℃）。随着温度的升高，离子的扩散能力不断增强，当扩散的离子超过了 ZnO 或 Fe_2O_3 晶格所允许的溶解度时，全面扩散期中形成的两类置换式的固溶体的晶格开始转变为尖晶石的晶格，形成了所需要的产品 $ZnFe_2O_4$，而且温度越高生成的尖晶石相就越多，同时开始形成晶粒，密度也开始增加。

（6）晶格校正期（750~1000℃）。晶体形成期生成的尖晶石晶格还是不完整的，需要进行晶格校正，当继续升高温度时，一方面通过离子扩散，继续进行离子扩散生成尖晶石相，使晶粒长大；另一方面，校正晶格中的缺陷和扭曲，得到正常的尖晶石结构，直到尖晶石不再生成为止。

4.1.2.2 多晶结构形成及控制理论

在烧结过程中，除了发生固相反应以外，还经历着颗粒结合、孔隙缩小和排除、体积的收缩、晶粒的长大和再结晶等致密化过程，过程如图 4-1 所示。

（a）→（b）表示起始阶段。开始阶段颗粒间有较多的分散孔隙，当温度升高时，由于结合处的曲率半径最小，其热缺陷最多，导致颗粒内的粒子都向这一颈部扩散，结果颈部变粗。

（b）→（c）表示中间阶段。这一阶段是晶粒的生长阶段，此时固相反应接近完全，体积较之前显著收缩，孔隙变小，密度增大。但这个阶段结构中还是存在着许多细孔隙，随着时间的增加，晶粒在不断地长大，晶格的孔隙在边界上不断的消失，密度也不断地增加，当密度达到理论值的95%时，孔隙才被晶粒隔离成不连续的空洞，此时中间阶段才算结束。

（d）→（f）致密化阶段。这个阶段可能发生不连续的晶粒生长，这个过程会导致留在晶粒中间被隔离的大量封闭细孔隙无法收缩；如果可以避免不连续的晶粒生长，这些细孔隙可以在晶粒边界被排除，就可以得到高致密度的样品。

晶粒生长有连续和不连续两种情况，它们的特点如下：

（1）连续晶粒生长。连续晶粒生长包括加工再结晶和聚合再结晶两个过程，加工再结晶发生在较低温度，是变形颗粒中的晶粒变成稳定晶粒的过程，随着温度的升高晶粒不断长大，孔隙缩小排出，密度增加；聚合再结晶是固相反应完成后开始，过程出现晶粒合并的现象，最后得到晶粒结构均匀、晶界清晰、孔隙位

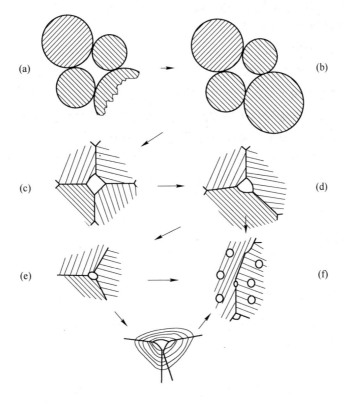

图 4-1 多晶结构示意图

于晶粒交界处的显微结构。

（2）不连续晶粒的生长。当出现烧结温度过高，或者使用很细的颗粒料时，会出现少数晶粒急剧长大，小晶粒夹在大晶粒中不易排除，造成孔隙率大，密度低的情况。影响产生不连续晶粒的原因有以下几点：

1）杂质的影响。当某些极微量杂质不能忽略不计时，通常会发生双重结构，如锰锌铁氧体制备时含有 0.02%SiO_2 时就会造成双重结构。

2）预烧温度低。低温预烧会使制取的铁氧体活性很好，但是如果烧结过程中控制稍有不当，就会使晶界移动过快，出现异常长大的晶体。

3）粉料粉碎时间过长，会增加粉料颗粒尺寸的分布。

4）在铁氧体坯件成形时，存在密度梯度。

为了防止不连续晶粒的生长，就要控制双重结构的发生，可采取以下措施：

1）尽可能采用高纯度的原料。

2）采用合适的混合工艺，防止团聚。

3）采用均衡压制成形。

4）加入一些阻止晶粒生长的添加剂。

5）制订合适的温度制度。

6）适当提高预烧温度。

4.1.2.3 烧结气氛平衡理论

在烧结过程中除了前边介绍的会发生固相反应和致密化过程外，还会由于烧结气氛的影响，使得金属离子还原或氧化。为了制备优良的铁氧体，就必须防止铁氧体氧化或还原的发生，烧结气氛就是主要的控制手段。

现以锰铁氧体 $MnFe_2O_4$ 为例，介绍如何控制烧结气氛。原料 MnO_2、Fe_2O_3 在不同温度下会分解得到不同的中间物质，相应的在不同的温度区间会发生不同的化学反应。

（1） MnO_2 在空气中加热热分解过程。具体过程如下：

$$MnO_2 \xrightarrow{550℃} \alpha - Mn_3O_4 \xrightarrow{970℃} \beta - Mn_3O_4 \xrightarrow{1160℃} \gamma - Mn_3O_4 \xrightarrow{1300℃} MnO$$

$$(4-3)$$

（2） Fe_2O_3 在空气中加热热分解过程。具体过程如下：

$$\alpha\text{-}Fe_2O_3 \xrightarrow{600℃} \beta\text{-}Fe_2O_3 \xrightarrow{1400℃} FeO \qquad (4-4)$$

（3） $MnFe_2O_4$ 生成反应。当温度小于 1000℃ 时只是发生了 MnO_2、Fe_2O_3 的分解过程，只有当温度大于 1000℃ 时才开始生成 $MnFe_2O_4$。

$$Mn_3O_4 + Fe_2O_3 \xrightarrow{>1000℃} MnFe_2O_4 + Mn_2O_3 \qquad (4-5)$$

上述 $MnFe_2O_4$ 的生成反应只有在平衡气氛中才能进行。当烧结气氛为强还原气氛时会发生如下反应：

$$MnO + Fe_2O_3 - \frac{5}{3}a[O] \longrightarrow (1-a)MnFe_2O_4 \cdot \frac{1}{3}aFe_3O_4 + aMnO \quad (4-6)$$

当烧结气氛为强氧化气氛时会发生如下反应：

$$MnO + Fe_2O_3 + \frac{1}{3}[O] \longrightarrow \frac{1}{3}Mn_3O_4 + Fe_2O_3 \qquad (4-7)$$

不管是强还原还是强氧化气氛都得不到单独的 $MnFe_2O_4$ 相，$MnFe_2O_4$ 相生成以后的冷却不能在氧化气氛中，不然 $MnFe_2O_4$ 中的 Mn 和 Fe 会被氧化。所以锰铁氧体在制备过程中，会发生氧化还原反应，了解其氧化还原速度对锰铁氧体的制备非常重要，图 4-2 给出了锰铁氧体氧化程度与时间、温度的关系。

由图 4-2 中可以看出，锰铁氧体有一个氧化速度最快的温度点，大约在 1050℃ 左右，此时氧化所需要的时间最短。为了防止锰铁氧体的氧化就必须找到一个氧化速度小的烧结温度，图中可以看出，小于 1050℃ 随着温度的升高氧化速度增加相对较慢，大于 1050℃ 氧化速度减少的非常迅速，所以在 1300℃ 的空气中烧结就可以近似于在平衡气氛中烧结。

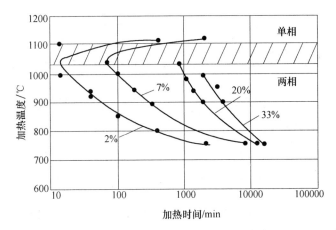

图 4-2 锰铁氧体氧化程度与时间、温度关系

为了防止在降温时 $MnFe_2O_4$ 相中的 Mn 和 Fe 变价，降温方式和控制降温时的气氛非常重要，可以采用以下的方法：

（1）真空降温法。通过真空来控制降温时的平衡气氛，具体过程是：首先在 1300℃的空气烧结，烧结结束后抽真空，缓慢降温。

（2）氮气降温法。在烧结结束后，通入氮气，控制一定的冷却速度，在 250℃以下停止通氮气。

（3）高温淬火法。有真空、氮气、空气三种，具体过程为：烧结结束后，高温取出样品，快速放入空气、真空、氮气环境中进行冷却。

由上述烧结理论可以看出，烧结过程是一个相当复杂的过程，影响因素众多，一个成熟的工艺只有经过长期生产过程中探索才能形成。

4.1.3 锰锌软磁铁氧体磁性材料的制备

4.1.3.1 陶瓷法生产锰锌软磁铁氧体

陶瓷法又称氧化物法，一般流程是以高纯度氧化物 ZnO、Mn_3O_4、Fe_2O_3 为原料，经过配料、球磨、预烧、二次球磨、制粒等工艺，制备得到锰锌软磁性铁氧体。该方法工艺简单、原料便宜易得，是现在工业生产的主要方法。但陶瓷法生产过程中会出现原料均匀混合困难，得到的产品活性差，生产成本高等缺点[6,21,22]。

陶瓷法制备锰锌软磁铁氧体的工艺流程如图 4-3 所示。

（1）配料。对原料的要求是质量稳定，有害杂质含量低。杂质对铁氧体的电磁性能影响非常大，对原料中杂质含量都有严格的要求，我国及国外对主要原料 Fe_2O_3 中杂质含量的行业标准见表 4-1。

在原料确定以后，配方是决定产品性能的关键。配方是在经过长期系统的理

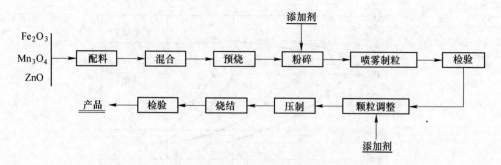

图 4-3 陶瓷法制备锰锌软磁铁氧体的工艺流程

论研究和实践中确定的。配方确定后的计算和称料可以采用成分三角形图示法表示，成分三角形图示法如图4-4所示。

表 4-1 我国及国外对主要原料 Fe_2O_3 中杂质含量的行业标准对比

成分（质量分数）	中国行业标准	日本 JFE		Thyssen-krupp	韩国 EG	韩国 Dongbu	韩国 Ewic	韩国 现代	中国台湾中钢	日本铁原
	YHT1	JC-SM	JC-SH	Hi-puriy	SKM-5	DUP-3	DFS-2S	JHY-S	HF-5B	高级
Fe_2O_3	≥99.4%	≥99.47%	≥99.5%	≥99.5%	≥99.4%	≥99.3%	≥99.3%	≥99.3%	≥99.2%	≥99.6%
SiO_2	≤0.008%	≤0.008%	≤0.005%	≤0.010%	≤0.008%	≤0.008%	≤0.010%	≤0.010%	≤0.010%	≤0.006%
CaO	≤0.010%	—	—	≤0.010%	≤0.008%					
Ca	—	≤0.005%	≤0.005%			≤0.009%		≤0.015%	≤0.015%	≤0.007%
Al_2O_3	≤0.008%	—	—	≤0.005%	≤0.008%		≤0.010%			
Al	—	≤0.003%	≤0.004%			≤0.005%		≤0.005%	≤0.005%	≤0.005%
Cr_2O_3	≤0.010%	—	—	≤0.004%						
Cr	—	≤0.001%	≤0.001%			≤0.001%	≤0.001%		≤0.001%	≤0.001%
P_2O_5	≤0.005%	—	—	≤0.005%	≤0.005%				≤0.003%	
P	—	≤0.001%	≤0.001%			≤0.001%		≤0.001%		≤0.0009%
B	≤0.0007%	—	—							
Cl	≤0.10%	≤0.085%	≤0.082%	≤0.150%	≤0.10%	≤0.081%	≤0.10%	≤0.12%	≤0.10%	≤0.055%
APS/μm	≤1.0	0.80	0.81		0.90	0.75	0.6~0.9	0.75	0.75~1.0	0.8~0.95
BD/g·m^{-3}	>0.40	0.76	0.76	0.4~0.55	0.65	0.70			0.45	0.6~0.75
SSA/$m^2·g^{-1}$	>3.0	5.5	5.5	3.5~4.5	3.2	4.0	3.5~5.0	3.5	3.0	4.0~4.5

通过图4-4可以看出，A、B、C三个组元组成的正三角形中，按顺时针方向标明三个组元的含量百分比，正三角形内任意一点作平行于三个底边的直线，它们顺时针方向在三角形三条边上的截距表示三个组元的成分百分数，这三个百分数之和一定为100%。还可以把成分三角形内测得磁导率相同的点连在一起，可

以非常方便地看出磁性随成分变化的规律，这样的图就称为等磁导率曲线图。可以通过等磁导率曲线图来进行指导生产，得到高磁导率组分的配方区域。

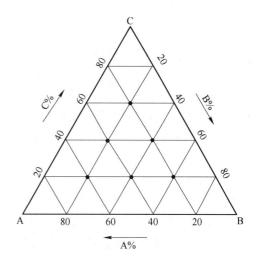

图4-4 成分三角形图示法

（2）球磨。制备锰锌软磁性铁氧体流程中有两次球磨。其中配料之后进行的球磨称为一次球磨，其主要目的是混匀物料及磨细物料以增加活性，以利于之后的固相反应完全；预烧之后的球磨称为二次球磨，其主要目的是将预烧矿碾磨成一定粒度的粉料，以利于之后的成形。

球磨机主要有三种，一种是滚动式，容积大，粉碎效率一般，为现在工业生产所采用；另两种为振动式和搅拌式，容积小，但粉碎效率高。在磁性材料生产中，滚动式球磨机逐渐被淘汰，取代它的是砂磨机，砂磨机具有生产效率高及连续生产的优点，它的原理是在一立式圆筒内，用旋转圆盘或搅拌棒使小钢球（2 ~ 4mm）产生紊乱的高速运动，从而对机内粉料起研磨作用。通常砂磨机进料尺寸为 1 ~ 3μm，出料尺寸小于 0.1μm。

（3）预烧。预烧是将一次球磨料在低于烧结温度下焙烧的过程，目的是使各氧化物发生初步的固相反应，以减少烧结时产品的收缩率。为了增加预烧效果，可以进行压块处理以增加颗粒间的接触面积，促进固相反应的进行。现在工业生产中常采用回转窑法，预烧过程原理是回转窑有一定的倾斜度和旋转速度，当加入物料时，物料会因此缓慢进入高温区，从另一端出料。用回转窑进行预烧具有生产过程连续，省略了烘干和压坯工序，产品质量稳定，生产成本低，环境污染小等诸多优点。预烧温度对产品的收缩率、形变、确定烧结温度都有很多的影响，如果预烧温度过低时，固相反应就进行的不充分，影响产品的磁性能；如果烧结温度过高时，对之后的最佳烧结温度要求也较高。因此，选择合适的预烧温度，既可以得到最佳的烧结温度，还可以得到结晶好磁性能佳的产品。

（4）喷雾制粒。制粒是将二次球磨后的粉料与稀释的黏合剂混合，制成一定大小的颗粒，目的是为了提高产品的成形效率和质量。可以在较低的压力下，将混有黏合剂的粉料用均压法进行预压，再粉碎研磨为一定大小的粗颗粒（例如经过20目的筛子），这些颗粒密度已经与所需要生坯密度相近，再进一步加压成形可以得到均匀的产品。目前工业上常采用喷雾干燥制粒法和流化床制粒法，以利于自动化的大批量生产。

（5）压坯。压坯是指将二次球磨后的粉料按一定的产品要求压制成坯件形状。流程一般为用优质钢材做成要求的压模，将粉料加入其中，采用一定的加压方式进行压制。加压方式有：

1）单向加压。一般为下冲头固定，上冲头移动的方式，但是单向加压方式由于粉料之间以及粉料与模具之间存在摩擦力，导致烧结过程中结晶不均匀，影响了产品的外观尺寸以及内在质量。改进的方法有以下几个：

①采用双向加压；

②采用预压法制粒；

③在模具壁上加入一些润滑剂，或者在粉料中加入一些油脂酸。

2）均匀加压。将粉料放在柔软可塑性模子中，再将整个模子浸在盛有液体的高压箱中进行压缩。优点是可以得到密度高且均匀的产品，缺点是产品的尺寸与形状控制不精确，不具备大规模生产能力。

压坯所用的模具一般有两类。第一类是固定模，模腔固定不动，成形在模腔中部，上下冲头加压，成形后顶出，模腔口应有一定的倾斜度，防止出模时块件突然膨胀而开裂；第二类是浮动模，模腔随成形加压而浮动，成形在模腔顶部，脱模较为方便，有利于提高效率。模具的材料可以选用高碳钢、硬质合金钢等。在模具设计时，应把烧结过程中收缩率考虑进去。

（6）烧结。烧结是在低于固体熔点的温度下，通过金属离子（或空穴）的扩散而达到发生固相反应以及致密的过程。它是通过影响最后固相的组成、密度、晶粒大小等来达到影响产品的电、磁性能的目的。之前的配方是确定磁性材料性能的内因，而烧结过程则是保证磁性材料能获得优良性能的重要外因，因此有好的配方也要有好的烧结过程配合才能得到理想的材料。烧结过程包括了三个阶段，分别是升温、保温、降温，现简述如下：

1）升温。升温过程中要控制一定的升温速度，以防止因水分及黏合剂挥发过快而导致坯件的开裂和变形。一般用的黏合剂的挥发温度在 250 ~ 600℃，在此温度区间应缓慢升温，防止黏合剂过快挥发也利于挥发物的及时导出，黏合剂挥发完以后升温可以快些。

2）保温。保温主要控制的参数是烧结温度、保温时间、烧结气氛。其中烧结温度提高及保温时间增加，会使固相反应进行得更完全，密度增加，饱和磁化强度增加，晶粒增大，矫顽力下降，但也会导致铁氧体的分解，产生空泡及另一相，反而会使产品性能下降；烧结气氛则与配方有很大关系。工业烧结过程中一般是希望烧结温度区间要求宽些，以利于产品成品率的提高。

3）降温。降温对产品性能影响具有决定意义，因为降温过程对产品的影响主要有两个方面。其一，冷却过程易发生产品的氧化和还原，对易变价的锰锌铁氧体高磁导率的材料更是如此。其二，冷却速度影响产品的合格率，若冷却速度过快，出窑温度过高，产品就会因热胀冷缩而导致产品开裂或者产生大的内应力。因此，要提高产品的性能及成品率，就必须要控制冷却过程的气氛以防止产品的氧化和还原，控制合适的冷却速度以防止产品热胀冷缩。

烧结铁氧体品质及合格率还与窑炉有很大关系。早期采用烧砖瓦的倒焰炉，此种炉由于温差过大，不能连续化生产，产品质量差等原因而被淘汰；继倒焰炉之后为推车式的隧道窑炉，此种炉还是存在着温差过大、能耗高、气氛难控制而被淘汰；现在所用的炉为结合了辊道窑、推板窑而形成的辊道-推板窑，多采用电热式。不同类型的产品，应选用合适的窑炉，合理的烧结温度曲线，合适的烧结气氛[9]。

4.1.3.2 共沉淀法生产锰锌软磁铁氧体

传统的氧化物法（陶瓷法）存在着诸多缺点，如机械混合不均匀，反应温度高，产品易结块，颗粒均匀性差等。而现在研制的一些新方法则可以解决传统方法存在的不足，但由于其他一些原因，工业应用的不多，现在已经投入工业化生产的方法只有共沉淀法一种[12]。

共沉淀法是以纯度很高的金属或金属盐为原料，以碳酸铵为沉淀剂进行沉淀。其原则工艺流程如图4-5所示。

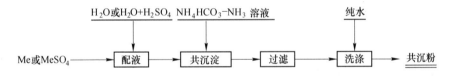

图 4-5 共沉淀法生产软磁性材料工艺流程

共沉淀法的基本原理是，以碳酸铵为沉淀剂进行沉淀制备软磁体，过程主要发生的基本沉淀反应如下：

$$Fe^{2+} + CO_3^{2-} == FeCO_3(墨绿)\downarrow \qquad (K_{ap} = 10^{-10.68}) \qquad (4-8)$$

$$Fe^{2+} + 2OH^- == Fe(OH)_2(墨绿)\downarrow \qquad (K_{ap} = 10^{-15.01}) \qquad (4-9)$$

$$Mn^{2+} + CO_3^{2-} == MnCO_3(肉黄)\downarrow \qquad (K_{ap} = 10^{-9.30}) \qquad (4-10)$$

$$Mn^{2+} + 2OH^- == Mn(OH)_2(肉黄)\downarrow \qquad (K_{ap} = 10^{-12.80}) \qquad (4-11)$$

$$Zn^{2+} + CO_3^{2-} == ZnCO_3(白色)\downarrow \qquad (K_{ap} = 10^{-10.84}) \qquad (4-12)$$

$$Zn^{2+} + 2OH^- == Zn(OH)_2(白色)\downarrow \qquad (K_{ap} = 10^{-12.80}) \qquad (4-13)$$

$$5Zn^{2+} + 10NH_4HCO_3 == Zn_5(CO_3)_2(OH)_6\downarrow + 10NH_4^+ + 8CO_2 + 2H_2O$$

$$(4-14)$$

从上述这些反应的 K_{ap} 可以知道，在相同浓度的金属离子 $[Me^{2+}]$ 下，沉淀

平衡时 $[CO_3^{2-}]$ 的浓度远比 $[OH^-]$ 小得多，所以金属离子的碳酸盐沉淀比氢氧化物沉淀更易生成，沉淀物主要是以碳酸盐沉淀结构形式存在。

共沉淀法锰锌软磁铁氧体流程中，最重要的两个工序分别是制液和共沉淀，现分别叙述如下[30~34]：

(1) 制液。根据锰锌软磁铁氧体的配方，按理论计算称取一定量的铁、锰、锌原料，这些原料一般是电解锌片、电解锰片和铁皮，按 $[Me^{2+}]_T = 2.0\,mol/L$ 的量加入硫酸和纯水，待反应完全后加入氨水调节 pH 值为 3.0 ~ 3.5，过滤除硅等杂质。

(2) 共沉淀。现在的共沉淀法生产锰锌软磁铁氧体普遍采用反加工工艺，即将混合硫酸盐溶液直接加入到装有沉淀剂溶液的反应釜中，通过调节终点 pH 值保证共沉淀能反应完全，整个过程应以使共沉淀能有较好的过滤性能来选择工艺条件。这种方法的优点是工艺操作简单，缺点是操作过程的 pH 值一直在变化。并加工艺是指在整个沉淀过程中始终保持一定的 pH 值，共沉淀法生产锰锌软磁铁氧体的并加工艺是，通过控制混合硫酸盐溶液酸度或氨水加入比例来调节整个沉淀过程的 pH 值为 6.2 ~ 7.7。这个范围很窄，并加工艺生产出来的产品微观成分的均匀性更佳，但生产难度也更大。

共沉淀法生产的共沉粉生产制备铁氧体的工艺与陶瓷法大同小异，工艺流程如图 4-6 所示。

图 4-6 共沉粉制备铁氧体的工艺流程图

现就共沉淀法制备铁氧体中影响产品磁导率的主要因素叙述如下：

1) 烧结温度的影响。国内某厂共沉粉制备铁氧体，分别考查了烧结温度为 1150℃、1200℃、1250℃、1300℃时所生产的环形铁氧体磁芯的磁导率变化情况，具体见表 4-2。

表 4-2 不同烧结温度下铁氧体的磁导率

序 号	烧结温度/℃	初始磁导率/H·m⁻¹
1	1150	1085.6
2	1200	1287.8
3	1250	1618.4
4	1300	431

从表4-2可以看出，随着温度的升高磁导率是升高的，但在1300℃时，磁导率下降得非常多，可以从吹气管上附着的大量白色粉末为氧化锌以及磁环表面状况知道，1300℃时氧化锌大量挥发，生成铁氧体的量大大减少。

2）烧结时间的影响。当温度控制在1250℃时，初始磁导率最高，分别考查了烧结时间为2h、5h、15h、30h对环形铁氧体磁芯的磁导率的影响，见表4-3。

表4-3 不同烧结时间下铁氧体的磁导率

序　号	烧结时间/h	初始磁导率/$H \cdot m^{-1}$
1	2	1618
2	5	2364
3	15	4701
4	30	5723

从表4-3可以看出，随着烧结时间的延长，初始磁导率也会增加，但从增长的速度来说，当时间大于5h时，初始磁导率增加变得缓慢起来且增加有限。

3）预烧温度的影响。为了除去原料中的水分，现制定三种预烧制度来考查磁导率变化情况，分别为800℃、900℃、先400℃后800℃，具体见表4-4。

表4-4 不同预烧温度下铁氧体的磁导率

序　号	预烧温度/℃	初始磁导率/$H \cdot m^{-1}$
1	800	4701
2	900	3931
3	先400℃后800℃	5496

从表4-4可以看出，并不是烧结温度越高初始磁导率就会增加，选择合适的预烧制度非常重要，先400℃后800℃比直接800℃的烧结制度初始磁导率要高。

4）烧结气氛的影响。锰锌软磁铁氧体的烧结过程中，会发生氧化及还原反应，为了得到性能优良的产品，对氧化还原反应的控制就显得很重要，可以通过控制烧结气氛来达到控制氧化还原反应的目的。现就不同烧结气氛时产品磁芯的磁导率变化列于表4-5。

表4-5 不同烧结气氛下铁氧体的磁导率

序　号	烧结温度/℃	初始磁导率/$H \cdot m^{-1}$
1	空气	432
2	空气：氩气＝x_1：1	1618
3	空气：氩气＝x_2：1	6017
4	空气：氩气＝x_3：1	8117

从表 4-5 可以看出，烧结气氛影响是非常显著的。采用全空气时，在降温段由于吸氧氧化，$MnFe_2O_4$ 分解，导致磁导率急剧下降；采用空气与氩气混合的情况，当氩气与空气的比例合适时，磁导率增加得非常明显。

4.1.3.3　直接法生产锰锌软磁铁氧体

磁性材料的传统生产方法陶瓷法存在着混合不均匀、带入杂质、产品质量不高等缺点；共沉淀法虽然具有混合均匀，粉末活性高，产品质量高等优点，但是也存在着原料纯度要求高、原料成本高的缺点，应用受到限制。

现在随着湿法冶金与无机化工技术的不断发展和相互融合，可以直接从矿石中制备高纯度的化工产品，如软磁铁氧体生产中对原料氧化锌、碳酸锰和铁皮杂质都有严格的要求，但在生产锰锌软磁铁氧体中氧化锌中的锰、铁不是杂质，碳酸锰中的锌、铁不是杂质，铁皮中的锌、锰不是杂质，而在生产高纯氧化锌时锰、铁杂质，生产高纯碳酸锰时锌、铁杂质，高纯铁中锌、锰杂质，都要进行深度去除，这无疑增加了生产成本。

鉴于此，唐谟堂等人采取把湿法冶金、无机化工、磁性材料加工三者有机结合，由矿物直接制取锰锌软磁铁氧体。具体过程是，在矿物处理中先考虑磁性材料成分，按理论计算对矿物进行配取，统一净化无益元素。该过程就称为直接法，它具有如下优点[37~39]：

（1）大大简化了原料的提纯过程，变单个提纯为多个元素同时提纯，从而避免了各主要成分元素在单个提纯过程中相互进行彻底分离的难题。

（2）对锰、锌原料的要求也不高，低品位及含铁量高的矿物也可以采用，特点是对铁元素的要求反而是越高越好。

（3）对有害元素的去除控制在一次完成，生产中易于实现，降低了生产成本。

（4）产品质量高，可以达到甚至超过了共沉淀法生产的产品。

鉴于直接法具有以上诸多优点，以及目前对磁性材料的需求旺盛，直接法的推广应用具有广阔的空间。重庆超思信息材料股份有限公司，已开发这一专利技术，并于 2001 年建成了 500t/a 的工业试生产线，2003 年试生产成功。在此基础上，廖新仁等以重庆钛白粉厂产硫酸亚铁、次氧化锌烟灰及软锰矿为原料，采用直接共沉淀法生产锰锌软磁铁氧体；彭长虹等在肇庆设计由锰锌铁氧体废料生产高性能锰锌铁氧体粉料，已达到 3000t/a 的规模。

A　直接法工艺流程

直接法的原则工艺流程如图 4-7 所示。

B　直接法工艺条件控制

直接法流程中的同时浸出、净化、深度净化、共沉淀工序介绍如下[40]：

（1）同时浸出过程。浸出的原料是铁屑、软锰矿、锌烟灰，浸出过程的主要反应如下：

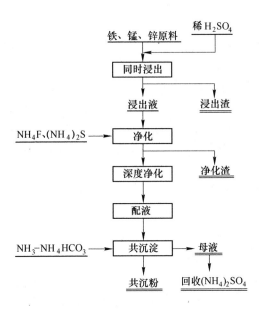

图 4-7　直接法制取软磁铁氧体共沉粉原则工艺流程

$$MnO_2 + Fe + 2H_2SO_4 \Longrightarrow MnSO_4 + FeSO_4 + 2H_2O \tag{4-15}$$

$$Fe + H_2SO_4 \Longrightarrow FeSO_4 + H_2 \uparrow \tag{4-16}$$

$$MnCO_3 + H_2SO_4 \Longrightarrow MnSO_4 + CO_2 \uparrow + H_2O \tag{4-17}$$

$$ZnO + H_2SO_4 \Longrightarrow ZnSO_4 + H_2O \tag{4-18}$$

$$Al_2O_3 + 3H_2SO_4 \Longrightarrow Al_2(SO_4)_3 + 3H_2O \tag{4-19}$$

$$MgO + H_2SO_4 \Longrightarrow MgSO_4 + H_2O \tag{4-20}$$

浸出操作过程是，首先软锰矿、铁屑和 25%左右的硫酸在 70 ~ 95℃的条件下反应 2 ~ 4h，再加水稀释及氧化锌烟灰反应 0.5 ~ 1.5h，最后用碱调节 pH 值为 4.5 ~ 5.5，过滤分离。

（2）净化过程。重金属离子能与硫化剂形成硫化物沉淀，金属硫化物的沉淀 K_{ap} 一般都很小，去除效果都较好，反应如下：

$$Me^{2+} + (NH_4)_2S \Longrightarrow MeS \downarrow + 2NH_4^+ \tag{4-21}$$

Ca、Mg 等轻金属离子可以根据 Ca^{2+}、Mg^{2+} 易与 F^- 形成沉淀 CaF_2、MgF_2，采用氟化剂去除钙、镁离子，反应如下：

$$Me^{2+} + 2NH_4F \Longrightarrow MeF_2 \downarrow + 2NH_4^+ \tag{4-22}$$

净化过程的参数控制是：pH>3.5，温度>85℃，反应时间 1 ~ 3h。

（3）深度净化过程。上述净化过程还不能达到生产软磁体的要求，还必须进行进一步的除杂。深度净化过程以（$NH_4)_2SO_4$ 作沉淀剂，把溶液中的 Fe^{2+}、Mn^{2+}、Zn^{2+} 形成复盐而沉淀出来，与溶液中的杂质就可以达到分离的目的。反应如下：

$$xMe^{2+} + yNH_4^+ + zSO_4^{2-} + mH_2O = Me_x(NH_4)_y(SO_4)_z \cdot mH_2O \downarrow$$

$$(4-23)$$

沉淀剂硫酸铵用量按母液中游离 $(NH_4)_2SO_4$ 3.0mol/L 金属沉淀消耗的 $(NH_4)_2SO_4$ 物质的量（按 Zn100%沉淀）计算。深度净化过程的参数是：温度 25~30℃，搅拌时间 30 ~ 60min，过滤温度 25 ~ 30℃。

（4）共沉淀过程。用沉淀剂 NH_4HCO_3 或者 NH_3-NH_4HCO_3 与溶液中的金属离子 Fe^{2+}、Mn^{2+}、Zn^{2+} 生成碳酸盐共沉淀，反应如下：

$$MeSO_4 + 2NH_4HCO_3 = MeCO_3 \downarrow + (NH_4)_2SO_4 + H_2O + CO_2 \uparrow \quad (4-24)$$

共沉淀过程的参数是：终点 pH 值为 6.5 ~ 7.5，NH_4HCO_3 用量为理论量的 1.0 ~ 1.25 倍，温度 25 ~ 65℃，反应时间 2 ~ 4h。

C 直接法生产锰锌软磁铁氧体实例

重庆超思信息材料股份有限公司，以含 96.42% 的铁屑，含 33.35% 的软锰矿，含 54.37% 的锌烟灰为原料，进行浸出、初步净化、深度净化、配液、共沉淀等过程制备得到低功耗锰锌软磁铁氧体粉。制备的低功耗锰锌软磁铁氧体粉料的化学成分见表 4-6，相应粉料制成的 $\phi 25mm \times \phi 15mm \times 10mm$ 样品环性能见表 4-7。

表 4-6 共沉粉的化学成分 （质量分数，%）

N	分析单位	Fe	Mn	Zn	Cu	Pb	Ni	Cd	Ca	Mg	Al	Si	K	Na	Cl	S
2	A	36.75	12.20	4.07	0.0006	0.0032	0.0077	0.0017	0.038	0.077	—	0.011	0.005	0.005	—	—
	B	42.10	13.98	4.36	0.0007	0.0052	0.0082	0.0014	0.032	0.078	0.074	0.018	0.004	0.003	0.004	0.068
3	A	36.17	12.13	3.91	0.0005	0.0021	0.0063	0.0012	0.040	0.075	—	0.012	0.007	0.007	—	—
	B	36.32	11.53	3.69	0.0002	0.0006	0.0010	0.0009	0.017	0.020	0.068	0.017	0.007	0.002	0.004	0.021
4	A	34.91	11.37	3.79	0.0005	0.0021	0.0063	0.0012	0.024	0.019	—	0.014	0.007	0.007	—	—
	B	38.42	12.37	3.98	0.0003	0.0031	0.0067	0.0007	0.020	0.014	0.057	0.016	0.004	0.002	0.004	0.013
5	A	39.16	13.77	4.02	0.0003	0.0034	0.0101	0.0014	0.012	0.011	—	0.004		0.004		
	B	38.63	12.70	3.73	0.0006	0.0034	0.008	0.0011	0.009	0.056	0.0082	0.015	0.009	0.001	0.040	0.017
6	A	36.71	12.44	3.54	0.0007	0.0037	0.0091	0.0032	0.053	0.035	—	0.005	0.002			
	B	36.21	11.82	3.39	0.0007	0.0043	0.0079	0.0024	0.023	0.036	0.053	0.015	0.004	0.001	0.004	0.012
7	A	35.55	12.14	3.56	0.0006	0.0032	0.0093	0.0023	0.023	0.014	—	0.005	0.002			
	B	35.49	11.37	3.32	0.0003	0.0045	0.0052	0.0019	0.005	0.013	0.074	0.015	0.004	0.002	0.004	0.031
25	A	34.24	12.96	3.92	0.0005	0.0045	0.0068	0.0011	0.034	0.053	—	0.012	0.006			
	B	44.87	16.44	5.27	0.0002	—	0.0080	—	0.050	0.023	0.004	0.001	0.007	—	0.027	0.067
27	A	34.90	11.99	3.76	0.0005	0.0045	0.0042	0.0011	0.023	0.016	—	0.001	0.002			
	B	44.90	15.59	5.22	0.0002	—	0.0070	—	0.039	0.002	0.006	0.001	0.006	—	0.023	0.24

表 4-7　制备的低功耗锰锌软磁铁氧体性能

槽次	μ_0	$P_{cv}/\text{kW} \cdot \text{m}^{-3}$								备注
		25kHz，200mT				100kHz，200mT				
		25℃	60℃	80℃	100℃	25℃	60℃	80℃	100℃	
11	2402	155	108	86	74	638	575	477	389	优于 PC30
14	2526	119	85	72	70	581	459	397	403	
17	2588	119	84	78	94	594	459	428	535	
23	2684	127	95	85	104	605	488	453	584	
样环比较	2179	166	114	128	151	761.15	589.3	641.1	810.2	

从表 4-6 可以看出：所制备的粉料中铁、锰、锌与理论配比的相对误差都较小，分别为 0.20%、0.46%、0.26%，重金属和碱金属的含量均很低，所以共沉粉的质量非常好。

从表 4-7 可以看出：从样品环的性能测试可以知道，低功耗软磁铁氧体质量较好，优于 PC30，有的能达到 PC40 的要求，已经超过国内大部分企业的产品质量。

4.1.3.4　产品检验及质量标准

软磁铁氧体材料与其他磁性材料一样，其磁学性质是材料处于磁化状态时所表现出来的磁特性。这些磁特性或磁参数的测量亦是严格按照物质的磁化行为和磁性参数的物理定义测量的。

物质的磁化形为依赖于：外磁场的波形、幅值、频率以及宏观或微观的退磁效应、磁滞效应和时间效应。目前有许多方法和仪器可以对磁参数进行测量，但由于上述影响因素存在，导致了在使用不同的方法或不同的测量系统测量同一样品的同一参数时，其测量结果是很难完全一致的。特别是在磁导率和交流 B～H 特性测量时表现得尤为突出。可以知道除了方法误差之外，还应存在一些尚未知道的原因。此时对于磁参数的测量，有些磁性材料生产公司和团体就干脆以该公司生产的某种型号的测量仪器来测量某个磁性参数，这就在某种意义上形成了新的技术壁垒。

在此背景下，国际电工委员会（IEC）于 1982 年发布了 IEC367—1（1982）《通信用电感器和变压器磁芯测量方法》，对于部分磁参数测量方法进行了统一。这些磁参数是：电感、减落、磁导率随温度变化、电感量调节范围、损耗、三次谐波畸变、磁性冲击灵敏度、调节装置对磁芯稳定性能的影响、静磁场的影响、脉冲状态下的磁特性、振幅磁导率等。其中对测试环境条件、磁导率测量方法、低磁通密度下损耗测量的注意事项等也做出了统一规定。1992 年 IEC 中央办公室对 IEC367—1 中的磁芯功耗测量方法以及 IEC367—1—AMD2 标准又做了重要补充。可以说 IEC367—1 标准打破了国际间的技术壁垒，对促进各国软磁铁氧体技术发展起到了巨大作用[41]。

我国的标准 CB9632—88 等同于 IEC367—1（1982），在我国的软磁铁氧体磁芯的测试中已经广泛采用，使我国的软磁铁氧体产品在国际市场的竞争中得到增强，利于我国软磁铁氧体磁芯的发展[42]。

在使用上述标准时，必须同时研究和处理影响测量准确度的技术细节问题，这些包括：磁化方式、基本仪表误差、测量电路的分布参数、信号的耦合和处理等等。

国内外企业所采用的低功耗及高磁导率软磁铁氧体的产品标准见表 4-8、表 4-9。

表 4-8　国内外低功耗软磁铁氧体产品质量标准

厂家	牌号	μ_i	B_s/mT	B_r/mT	H_c/A·m⁻¹	θ_r/℃	T_c/℃	ρ/Ωm	f_{max}/kHz	$P(\mathrm{MW/cm^3})$,100kHz,200mT				
										25℃	60℃	80℃	100℃	120℃
TDK	PC40	2300±25%	510	95	14.3	>215	90	650	500	600	—	450	410	410
	PC50	1400±25%	470	190	31.0	>240			1000	500kHz, 50Mt				
										130	80		80	
	PC47	2500±25%	520	—	—		≥230	4.0	—	600	400	290	250	360
	PC95	3300±25%	530				≥215	6.0		350		280	290	350
FDK	H49N	1600±20%	500	150	12.8	>230	100	100	100					
	H63B	2000±20%	500	150	10.2	>200	100	100	300	640	440	410		
TOKIN	2500B2	2500±20%	500	130	15.1	205			300		410			
	2500B3	2500±20%	500	80	15.1	205			500		200			
飞利浦	3C85	2000±20%	500	150		≥200			200	230			165	
	3F3	2000±20%	500	140		≥200			500	500kHz, 100Mt				
										110		80		
日立	SB-7C	2400	500		12.7	220	90	500	200					
	SB-9C	2600	490		11.9	>200	90	500	300	680	450		400	
1409 所	R2KDP	2300±20%	510		16.0	≥215			500	560	410		450	

表 4-9　国内外高磁导率软磁铁氧体产品质量标准

厂家	牌号	μ_i	$\tan\delta/\mu_i$ /×10⁻⁶℃	B_s/mT	H_c/A·m⁻¹	α_μ/μ_i /×10⁻⁶℃	T_c/℃	ρ/Ωm
TDK	H5C2	10000±30%	—	400	7.2	-0.5~1.5	>120	0.15
	H5C3	15000±30%	7（100kHz）	360	4.4	-0.5~1.5	>105	0.15
	H5C4	12000±25%	<15（10kHz）	380	4.4	-4~1.5	>110	0.15
	H5C5	12000±30%	<15（10kHz）	420	2.5	0.5~2.0	>110	0.05

厂家	牌号	μ_i	$\tan\delta/\mu_i$ $/\times 10^{-6}℃$	B_s /mT	H_c /A·m^{-1}	α_μ/μ_i $/\times 10^{-6}℃$	T_c /℃	ρ /Ωm
TOKIN	12000H	12000±30%	<7（10kHz）	380	—	—	>120	—
	18000H	18000±30%	<10（10kHz）	360	—	—	>110	
飞利浦	3E6	12000±25%	—	400	—	—	>130	0.1
	3E7	15000±20%	—	400	—	—	>130	0.1
	3E8	18000±20%	—	350	—	—	>100	0.1
西门子	T36	7000±25%	<30（100kHz）	400	22	—	>130	0.2
	T46	15000±30%	<8（10kHz）	400	7	—	>130	0.01
	T66	13000±30%	<1（10kHz）	360	8	—	>100	0.8
天通公司	BRL-10K	10000±25%	<15（10kHz）	380	—	—	120	0.05
	BRL-12K	10000±25%	<15（10kHz）	380	—	—	120	0.05
涞水磁厂	R12K	12000±30%	15（10kHz）	340	2.6	-0.5~2.0	120	—
898厂	R10K	10000±30%	7（10kHz）	400	7.2	-0.5~1.5	150	—

4.2 锂锰复合氧化物电极材料

4.2.1 概述

传统的石化能源是一种不可再生能源，而且对环境也会造成严重的污染，面对严峻的形势，要求我们必须开发出高效、清洁、可再生的能源及能源贮存与转换材料。锂离子二次电池作为一种新型绿色电池，正好符合了人们对未来能源的定义，它具有高电压、高容量、质量轻、体积小、自放电少、无记忆效应及循环寿命长等优点，这使锂离子二次电池具有广泛的应用，已经从手机、笔记本电脑、数码相机等传统应用领域扩展到电力、交通等新领域。随着应用的不断深入，不仅对锂离子二次电池性能的要求越来越高，同时也为锂离子二次电池开拓了巨大的市场。

锂离子电池中最重要的是电极材料，我国目前锂离子用正、负极材料都要依赖进口，这也成为了我国电池工业发展的"瓶颈"。目前锂离子电池正极材料主要有 $LiCoO_2$、$LiNiO_2$、$LiMn_2O_4$、$LiFePO_4$、$Li(NiCoMn)_{1/3}O_2$ 这几类。其中，$LiCoO_2$ 为电池正极材料，具有开路电压高、比能量大、循环寿命长、能快速充放电等优点，主要缺点是价格高；以 $LiNiO_2$ 为电池正极材料相比于 $LiCoO_2$ 具有价格相对低廉、嵌锂性能优良、性能相同等优点，但主要缺点是制备困难；以 $LiMn_2O_4$ 为电池正极材料，具有价格低廉、无污染、安全性好、制备简单、耐过充性能良好等许多优点，主要缺点是性能较差，现在已经在着力改进其性能[44,47]。基于锂锰氧许多的优点及我国锰矿资源丰富的优势，锂锰氧电池是未来我国锂电池发展的方向，经过不断地发展，目前国内能够批量生产锂锰氧的厂家主要有湖南瑞翔、湖南杉杉、深圳源源、中信国家盟固利等公司。

4.2.2 尖晶石型 $LiMn_2O_4$

4.2.2.1 $LiMn_2O_4$ 的结构

$LiMn_2O_4$ 属于立方尖晶石结构（Fd3m），在该结构中，氧离子面心立方密堆，氧离子处于八面体的 $32e$ 晶格，锂离子处于 1/8 的四面体 $8a$ 位置，锰离子处于 1/2 的八面体 $16d$ 位置，其余 7/8 的四面体间隙（$8b$ 及 $48f$）以及 1/2 的八面体间隙 $16c$ 为全空。其结构如图 4-8 所示[43]。

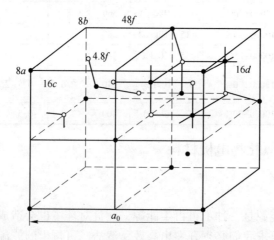

图 4-8 $LiMn_2O_4$ 结构示意图

锂离子可以占据这些空位而不影响主体结构的稳定性，锂离子可以在这种结构中自由可逆的脱出或嵌入。在脱锂状态下，有足够的锰离子存在于每一层保持氧离子的面心立方密堆，构成一个有利于锂离子扩散的 Mn_2O_4 骨架，这个扩散过程是可逆过程。尖晶石 $LiMn_2O_4$ 的充放电过程如下[45]：

$$LiMn_2O_4(立方) \Longrightarrow Li_{1-x}Mn_2O_4(立方) + xLi^+ + xe^- \tag{4-25}$$

$$Li_{1-x}Mn_2O_4(立方) \Longrightarrow Mn_2O_4 + (1-x)Li^+ (1-x)e^- \tag{4-26}$$

上述两个反应都是可逆反应，所以合成材料的充放电过程可逆性越好，材料的性能就越好。

4.2.2.2 影响 $LiMn_2O_4$ 性能的因素

现在对尖晶石 $LiMn_2O_4$ 研究最多的是高温时的容量衰减过快问题[48,49]，根据目前的研究认为造成这一现象的主要原因如下：

（1）尖晶石电极的溶解。在电解液中，尖晶石 $LiMn_2O_4$ 表面中的 Mn^{3+} 会发生歧化反应：

$$2Mn^{3+}(s) \longrightarrow Mn^{4+}(s) + Mn^{2+}(aq) \tag{4-27}$$

得到可溶于电解液的 Mn^{2+}，尖晶石结构被破坏，导致循环性能变差。

（2）放电终止时发生的 Jahn-Teller 效应。$LiMn_2O_4$ 中高自旋 Mn^{3+} 的电子状态为 d^4，这些 d 电子不均匀占据着八面体场作用下分裂的 d 轨道，导致氧八面体偏离球对称而变为变形的八面体构型，而发生了 Jahn-Teller 效应。尖晶体 $LiMn_2O_4$ 从立方晶系向四方晶系转变，这个过程中破坏了颗粒与颗粒之间接触，导致破坏了活性物质颗粒的电子或离子的通道，这是导致容量衰减的一个原因。

（3）氧缺陷的存在。由于氧缺陷的存在导致了尖晶石结构的不稳定。引起氧缺陷的原因有以下两个方面：合成过程中，由于合成条件的影响造成氧的化学计量比不足；循环过程中，由于电解液对尖晶石 $LiMn_2O_4$ 的催化还原而失氧。

（4）电解液的分解。锂离子电池所用电解液多为有机酯，在脱锂状态下材料中的高价 Mn^{4+} 起氧化剂作用，引起电解液的分解，分解产物可能在材料表面形成 Li_2CO_3 膜，使电池极化增大，从而引起容量的衰减。

因此，要提高材料在高温下的循环性能，就是从以上几个方面着手。首先，对于尖晶石溶解问题，可以通过减少电极材料与电解液的直接接触面积来抑制，但这也会导致锂离子扩散变差，降低材料的倍率性能与放电容量，因此应该通过更加合理的方式，如在材料表面进行包覆处理或者在电解液中加入添加剂抑制溶解反应；其次，对于 Jahn-Teller 效应，可以通过掺杂低价态过渡金属来实现，因为掺杂低价态元素后，尖晶石的 Mn^{3+} 含量减少，能减少 Jahn-Teller 效应；最后，氧缺陷和电解液的分解，可以通过减少电极材料与电解液的直接接触来实现[46,56]。

最重要的提高材料循环性能的方法是改进材料来稳定尖晶石结构，研究较多的是体相掺杂和表面包覆处理等[51,54]。

（1）掺杂改性。掺杂改性又分为阳离子掺杂、阴离子掺杂、复合掺杂几类。1）阳离子掺杂：是目前较有效的一种提高锰酸锂结构稳定性的方法。掺入低价金属阳离子后，尖晶石中的 Mn^{3+} 含量减少，抑制了 Jahn-Teller 效应，减少了 Mn 溶解，从而提高了尖晶石的稳定性。目前研究较多的金属离子掺杂有 Co、Al、Mg、Cr、Ni、Se、Zn、Ti、Fe 及稀土金属 La、Ce、Nd、Sm、Gd、Er 等[60]。2）阴离子掺杂：掺杂阴离子主要是取代尖晶石里的部分氧离子，常见的有 F、Cl、S、I 等。其中，F 的电负性比 O 大，吸电子能力强，掺杂了 F 离子以后，可减少 Mn 在有机溶剂中的溶解，提高高温下材料的稳定性。I 及 S 的原子半径比 O 大，可保持循环过程中的结构稳定性。3）复合掺杂：复合掺杂是指掺杂入两种或两种以上离子，包括复合阳离子掺杂、复合阴离子掺杂、复合阴阳离子掺杂三种。一般来说复合掺杂总体效果优于单一掺杂，如阴阳离子复合掺杂时掺杂的阴离子 F 可以消除阳离子而形成的不完全固溶，能改善尖晶石的均匀性和内部结构的稳定性，抑制材料在高温下分解而造成的容量损失。

（2）表面修饰改性。体相掺杂通常只能改善材料在常温下的循环稳定性，在高温时却效果不太理想，因为 Mn 的溶解性并未有大的改善。同时尖晶石 $LiMn_2O_4$ 电导率低 $（10^{-6} S/cm）$，其倍率性能不高，而体相掺杂也不能改善其倍率性能。面进行表面包覆处理，可以部分解决这些问题，现在主要用的包覆材料有：氧化物、磷酸盐、金属、其他电极材料、碳、氟化物、玻璃体和聚合物。

1）氧化物：尖晶石 $LiMn_2O_4$ 表面包覆氧化物能够减少高温下锰在电解液中的溶解，提高尖晶石的性能。常用的氧化物有 Al_2O_3、MgO、ZrO_2、ZnO、CeO、纳米 SiO_2、复合氧化物等。其中包覆 Al_2O_3 具有使材料的极化和晶格常数变小，使材料常温和高温下的循环性能得到提高；包覆 MgO 可以减少材料在循环过程中的微应变，提高材料的结构完整性和结晶度；包覆 ZrO_2 可以减少锰的溶解，Zr—O 键能较强可以减小氧在高电位下的活性，ZrO_2 还可以与 HF 反应，清除 HF 对尖晶石 $LiMn_2O_4$ 的影响。

2）磷酸盐：常用的为 $AlPO_4$，包覆了 $AlPO_4$ 的材料与包覆氧化物相比，具有更好的热稳定性，同时还可以减少材料与电解液的接触面，有效地减少锰的溶解。有实验证明，没有经过包覆的尖晶石 $LiMn_2O_4$ 在 30℃ 及 55℃ 循环 50 次后的容量损失为 17.9% 和 32.9%，经过包覆后同样的操作容量损失分别为 2.6% 和 7.6%[56]。

3）金属：包覆金属可以提高材料的导电性，同时包覆金属还可以减少电极与电解液的直接接触面积，抑制锰的溶解。常采用 Au、Ag 为包覆金属，因其具有导电性好，化学稳定性强的特点[58]。

4）其他电极材料：通常采用溶胶法和微乳法对 $LiMn_2O_4$ 进行 Li_xCoO_2 （0<x ≤1）包覆，表面 Co 离子的作用是防止 Mn^{3+} 的溶解，同时 $LiCoO_2$ 的化学容量比 $LiMn_2O_4$ 高，可以使材料在容量、室温和高温下的循环性能和倍率性能方面得到较大地提升；包覆 $LiNi_{1-x}Co_xO_2$ （0<x<1）后，包覆层可以抑制电解液的分解和锰的溶解，使包覆后材料在高温下具有很好的容量保持率[59]。

5）碳：碳具有诸多优良性能，包覆碳后，可以提高材料的电导率，增强有机分子的吸收能力，还可以减轻化学腐蚀。Patey 等人报道中锰酸锂/碳纳米复合材料在 5C 倍率下与纯锰酸锂相比具有相当高的放电容量[55]。

6）氟化物：在电解液 HF 体系中，氟化物具有相当大的稳定性，提高材料循环性能。Li 等人研究发现，当 SrF_2 的包覆率提高到 2% 时（物质的量之比），材料的放电容量虽有细微的降低，但是在高温下的循环性能却能显著的增加，在 55℃ 时没有经过包覆处理的材料经过 20 次循环后，容量只有原来的 79%，而 SrF_2 包覆率达到 2% 时经过同样的循环后容量保持率在 97%[64]。

7）玻璃体：玻璃体 $Li_2O_2B_3O_3$（LBO）包覆在尖晶石电极材料上后，可以阻止电极与电解液的直接接触，从而减少锰的溶解和电解液的氧化作用。LBO 适合于作包覆体的原因是：熔融态的 LBO 具有很好的润湿性，相对黏度低，易于进行包覆，具有很好的离子传导性，在 4V 的高氧化电位下仍能保持稳定，合成温度与 LiMn$_2$O$_4$一致等[61]。据 Sahan 的报道，进行了 LBO 包覆后，材料经过 30 次循环后容量基本无衰减。

8）聚合物：主要研究可用于包覆的聚合物有聚二烯丙基二甲基氯化铵（PDDA），电化学活性聚合物聚 3，4-乙撑二氧噻吩（PEDOT）和聚吡咯（PPy），这些聚合物包覆于材料表面，可以抑制表面锰的溶解反应，提高常温和高温下材料的稳定性。同时，这些聚合物本身具有电化学活性，电压区间与锰酸锂一致，因此能够同时提高可逆容量及容量保持率[57,63]。

4.2.3 尖晶石 LiMn$_2$O$_4$的制备方法

尖晶石 LiMn$_2$O$_4$的制备方法大致可分为固相合成法和化学液相反应法两类[52]。

4.2.3.1 固相合成法

（1）高温固相法。高温固相法的主要流程是：将锂化合物（LiOH、Li$_2$CO$_3$和 LiNO$_3$）与锰化合物（电解 MnO$_2$、化学 MnO$_2$、Mn（NO$_3$）$_2$、醋酸锰）按一定的配比混合均匀，在高温下煅烧生成尖晶石 LiMn$_2$O$_4$。该工艺的优点是：过程简单，易于工业化。缺点是：要求温度高达 750 ~ 800℃，高温煅烧时间长达 20h，产品的颗粒较大，均匀性差。为了达到混合均一，一般要求进行多次研磨和烧结。

（2）微波合成法。利用微波升温特点，将微波直接作用于原材料，使原材料从内部进行加热，实现迅速升温，从而大大缩短合成时间。但该法也存在着产品形貌差，产品的物相受微波加热功率和加热时间影响很大。

（3）熔盐浸渍法。熔盐浸渍法的原理是：利用锂盐熔点较低，先将反应混合物在锂盐熔点的温度下加热数小时，使锂盐熔化而渗入锰盐材料的孔隙中，可以极大的增加反应物的接触面积，提高反应速度。用该法得到的材料电化学性能十分优异，杜柯等研究得到材料在 0.5C 倍率下首次放电比容量为 125mAh/g，50 次循环后容量保持率还有 95%，但是该工艺操作繁杂、条件苛刻，不利于工业化[53]。

（4）低温固相法。低温固相法是在室温或接近室温的条件下，先制备出可在较低温度下分解的固相金属配合物，然后将固相金属配合物在一定温度下进行热分解得到最终产物。该法的优点是：制备金属配合物时不需要水或其他溶剂作介质，合成温度低，反应时间短。唐新村采用该工艺用醋酸锰、氢氧化锂和柠檬酸为原料，先制备固相金属配合物 LiMn$_2$C$_{10}$H$_{11}$O$_{11}$，再在一定温度下进行热分解

得到最终产物 $LiMn_2O_4$。低温固相法在合成温度、时间、产物性能等各个方面都优于高温固相法[62]。

4.2.3.2 化学液相法

传统的高温固相法具有烧结温度高、时间长、产品掺杂分布不均等缺点，而化学液相法可以使原料达到分子层面上的混合，同时还具有降低反应温度和减少反应时间等优点。化学液相法可分为以下几种。

(1) 溶胶-凝胶法。溶胶-凝胶法的工艺流程如下：把金属锰离子和锂离子溶于有机酸中形成螯合物，再进一步脂化形成均相固态高聚物前驱体，再烧结前驱体得到产品。该工艺的优点是：合成温度低、反应时间短、产物颗粒均匀。但也具有原料价格较贵、合成工艺相对复杂的缺点，不宜进行工业化生产。

(2) 共沉淀法。共沉淀法为把两种或两种以上的化合物溶解后，再加入沉淀剂使各组分按一定的比例同时沉淀出来，然后焙烧干燥后的共沉淀物得到产品。该工艺具有以下优点：混合均匀、合成温度低、生成物颗粒小、过程简单、能进行大规模工业生产。但也会出现组成的偏离和均匀性的部分丧失等缺点。

(3) 喷雾干燥法。喷雾干燥法的工艺流程如下：将原料溶于去离子水中，在 0.2MPa 大气压下，通过喷射器进行雾化形成前驱体，再进行干燥，最后煅烧得到产品。该工艺具有煅烧时间短、结晶度高、颗粒料径小、电化学性能优越等优点。

(4) 微乳法。微乳法是利用两相互不相溶的溶剂在表面活性剂的作用下形成均匀的微乳液，从微乳液液滴中析出固体。这样可以避免生成的固体颗粒团聚，还可以使得到的产品为球形。该法具有过程易于控制，产品粒度分布较窄的特点。

(5) 燃烧法。将配制好的溶液燃烧合成。Fey 等通过将 $LiNO_3 Mn(NO_3)_2$ 以一定比例与 NH_4NO_3 混合，以 HMTA 为助燃剂，500℃ 下加热 15min 后得到黑色粉末，再在不同的温度下保温得到尖晶石 $LiMn_2O_4$。得到的产品颗粒大小为 30mm 左右，比表面为 $1.28m^2/g$，初始放电容量为 120mAh/g，循环 200 次后衰减率为 20%。

(6) 水热法。水热法是指通过高温（通常在 150 ~ 350℃）高压条件下，在水溶液或者水蒸气中进行化学反应制备材料。Sun 等将含锂化合物溶于一含氧化剂和沉淀剂的混合溶液中，然后在强力搅拌下加入到一种含锰的化合物溶液中，使其发生氧化还原得到前驱体沉淀，然后将前驱体放入高压釜中，在 120 ~ 260℃ 和自身产生的压力下进行水热晶化 6 ~ 72h。再于 400 ~ 850℃ 进行热处理 2 ~ 48h 得到产品。

(7) 离子交换法。锰氧化物对锂离子具有较强的选择性和亲和力，可以据此通过固体氧化锰与溶液中的锂离子进行离子交换来制备锰酸锂。这种离子交换法由于制备过程过于复杂，会消耗大量的锂，也会引入杂质，不适合工业化大生产。

（8）模板法。以有机分子或其自组装的体系为模板剂，通过离子键、氢键和范德华力在溶剂存在的条件下使模板剂在游离状态下对无机和有机前驱体进行引导，从而生成具有特定结构的粒子或薄膜。该法具有可以控制合成材料的粒径、形貌、结构等性质。

4.2.4 其他形式的锂锰氧化物

（1）锂锰氧复合物 $LiMnO_2$。$LiMnO_2$ 具有正方晶系的岩盐性结构，锰离子与锂离子交替占据岩盐层面的八面体位。在 $LiMnO_2$ 中，O-Mn-O 层的结合力借助于 Li^+ 的静电引力，随着充放电过程中 Li^+ 的脱嵌，导致层间间距增大，会发生不可逆相变，使原有结构破坏。所以，在充放电过程中 $LiMnO_2$ 结构易改变为类尖晶石结构，使得可逆容量变差，但是由于 $LiMnO_2$ 的理论容量高达 $285mAh/g$，因此对它的研究仍有吸引力。

现在 $LiMnO_2$ 的制备方法主要有：离子交换法、固相合成法、溶胶-凝胶法、水热法等。

对于 $LiMnO_2$ 可逆性差的缺点，现在主要通过掺杂改性进行改善，可以用于进行掺杂改性的主要金属离子有：Al、Co、Cr、Ni、Mg、Li 等。1）掺杂 Al：由于 Al^{3+} 半径比 Mn^{3+} 小，能有效的抑制 Mn^{3+} 的 Jahn-Teller 效应，起到稳定 $LiMnO_2$ 结构的作用，同时还起到降低材料面积阻抗率，提高 Li^+ 的插入电势和能量密谋的作用，从而优化了材料的电化学性能。2）掺杂 Co：Co^{3+} 的半径与 Mn^{3+} 相近，可以取代部分 Mn^{3+}，从而稳定材料结构，对 Jahn-Teller 效应也有一定的抑制作用。3）掺杂 Cr：Cr^{3+} 的半径比 Mn^{3+} 的小，导致 Mn—O 键的缩短，晶粒尺寸减小，能在一定程度上稳定八面体上的 Mn^{3+}，同时也能抑制 Mn^{3+} 向内层 Li^+ 层扩散，有利于提高 $LiMnO_2$ 的电化学性能。4）掺杂 Ni：Ni 的价态一般为+2 价，Ni^{2+} 部分替代 Mn^{3+}，而八面体结构要维持金属离子价态为+3，导致 Mn 的平均价态升高，减少了 Mn^{3+} 的 Jahn-Teller 效应，提高了材料的稳定性。5）掺杂 Mg：掺杂了 Mg 后，起到了与掺杂 Ni 相同的效果，即提高了 Mn 的价态。同时由于 Mg^{2+} 的半径较 Mn^{3+} 大，掺杂后导致晶胞体积增大，使得层状属性增加，能抑制 $LiMnO_2$ 结构改变为类尖晶石结构。6）掺杂 Li：掺杂 Li^+ 更加提高了 Mn 的价态，起到抑制 Jahn-Teller 效应的效果比 Ni^{2+}、Mg^{2+} 都强。通过对材料进行多元素掺杂的实验，也可以起到改善 $LiMnO_2$ 可逆性的效果。

（2）锂锰氧复合物 Li_2MnO_3。Li_2MnO_3 可以表示为 $Li[Li_{1/3}Mn_{2/3}]O_2$，具有理想的层状结构，它是由单独的锂层，1/3 锂与 2/3 锰混合层和氧层构成。当 Li 脱出时，Mn^{4+} 不能被氧化为高于+4 价的氧化态，因此 Li_2MnO_3 是非电化学活性的材料，不能单独作为电极材料。研究表明，当以 Li_2MnO_3 和 $LiMO_2$（M = Cr、Ni、Co）合成层状固溶体体系，虽然 Li_2MnO_3 为非活性物质，但是却可以起到稳定 $LiMO_2$ 结构的作用。这些合成层状固溶体材料中，以 $Li[Li_{0.2}Cr_{0.4}Mn_{0.4}]O_2$ 被认为是最有前景的正极材料，该材料充放电在较高温度下的循环性能都是比较理想的。

（3）锂锰氧复合物 $Li_4Mn_5O_{12}$。$Li_4Mn_5O_{12}$ 可以表示为 $Li_{8a}[Li_{1/3}Mn_{5/3}]_{16c}O_4$，这其中 Mn 的价态为 +4 价，Li 不能从 $Li_4Mn_5O_{12}$ 中脱出，但是在 3V 电压平台可以进行锂离子的嵌入，因此可以作为 3V 锂二次电池的正极材料。它的理论容量为 163mAh/g，实际容量为 130～140mAh/g，可以通过掺杂来提高 $Li_4Mn_5O_{12}$ 的稳定性。

4.2.5　锂锰复合氧化物在锂离子电池上的应用及市场展望

锂锰复合氧化物作为电池正极材料，虽然还有诸多缺点如：比容量低、充放电稳定性差、循环容量衰减严重。但由于其具有价格便宜、电位高、安全性好、环境污染小的优点，仍具有广阔的前景。锂锰复合氧化物主要用于以下领域：

（1）便携式电子设备。常见的便携式设备有：笔记本电脑、摄像机、照相机、游戏机、小型医疗设备。特别是笔记本电脑，未来几年的需求量会在 9000～12000 万台之间，需求量巨大。

（2）通信设备。能用到锂锰复合氧化物的通信设备有：手机、无绳电话、卫星通信、对讲机等。其中，又以手机应用最广。全球每年生产的手机约有 6 亿部，相应的手机电池也是 6 亿只，销售额可达 200 亿。

（3）军事设备。军事设备如导弹点火系统、大炮发射设备、潜艇、鱼雷等，它是军事装备不可缺少的重要能源。

（4）交通设备。交通设备如电动汽车、摩托车、自行车、小型休闲车等。其中，电动汽车的锂电池使用率正在快速上升，2005 年电动汽车的锂电池使用率已达到 20%；电动自行车也是锂电池需求大户，混合动力车也在大量使用锂电池，且需求量增长迅猛，2010 年需求量就是 2004 年的 10 倍。

相信在不久的将来，通过不断的改性以及采用一些新的合成方法，锂锰复合氧化物材料的电化学性能可以在一定程度上得到提高，所以锂锰复合氧化物作为锂离子二次电池正极材料的趋势是不可阻挠的，锂离子电池的发展必将更上一个台阶。

参 考 文 献

[1] 宛德福. 磁性物理［M］. 北京：电子工业出版社，1987.

[2] 郁有为. 磁性材料进展［J］. 物理，2000，29（6）：323~332.

[3] Snock J L. New developments in ferromagnetic materials［M］. New York：Elsevier，1947.

［4］Hoshino Y. Ferrites ［J］. Process ICF3, 1980.

［5］Hiraga T. Ferrites ［J］. Process ICF1, 1979：179.

［6］郁有为. 铁氧体 ［M］. 南京：江苏科学技术出版社, 1996：298~360.

［7］张继松, 王燕明. 软磁铁氧体材料的现状及其发展前景 ［C］. 全国高新磁性器件及专用设备会议论文集, 2001：55.

［8］Smit S, Wijn H P J. Ferrites ［M］. Holland：Eindhoven, 1959.

［9］温彩云. 软磁铁氧体粉料"均匀性"的改善 ［J］. 江苏陶瓷, 2000 (4)：21~22.

［10］郑昌琼, 冉均国, 杨云志, 等. 草酸共沉淀法制取优质锰锌铁氧体微细粉末的热力学分析 ［J］. 稀有金属, 1997, 21 (2)：101~104.

［11］Fan J W, Sale F R. Analysis of power loss on Mn-Zn ferrites prepared by different processing routes ［J］. IEEE Transaction on Magnetics, 1996, 32 (5)：48~54.

［12］林博. 共沉淀法制备铁氧体及其应用 ［J］. 磁性材料及器件, 1983, 14 (2)：26~29.

［13］Pramanik P, Pathak A. A new chemical route for the preparation of fine ferrite powders ［J］. Bulletin of Material Science, 1994, 17 (6)：967~975.

［14］余忠, 兰中文, 王京梅, 等. 溶胶-凝胶法制备高性能功率铁氧体 ［J］. 功能材料, 2000, 31 (5)：484~485.

［15］William J Dawson. Hydrothermal synthesis of advanced ceramic powders ［J］. America Ceramic society Bulletin, 1988, 78 (9)：2449~2455.

［16］胡嗣强, 黎少华. 水热法合成 (Mn, Zn) Fe_2O_4 磁性材料晶体粉末 ［J］. 化工冶金, 1997, 18 (1)：32~37.

［17］姚志强, 王琴, 钟炳. 超临界流体干燥法制备锰锌铁氧体超细粉末 ［J］. 磁性材料与器件, 1998, 29 (1)：24~28.

［18］Avakyan P B, Nersisyan E L, Nersesyan M D. Self-propagating high-temperature synthesis of manganese -zinc ferrite ［J］. International Journal of Self-propagating High-Temperature Synthesis, 1995, 4 (1)：79~84.

［19］陈国华. 21 世纪软磁铁氧体材料和元件发展趋势 ［J］. 磁性材料及器件, 2001, 32：34~36.

［20］周东祥. 半导体陶瓷及应用 ［M］. 武汉：华中理工大学出版社, 1991.

［21］姚礼华. 氧化物法制 Mn-Zn 铁氧体颗粒料 ［J］. 磁性材料及器件, 1999 (2)：39~43.

［22］易晓俊. 氧化物法生产高磁导率铁氧体磁芯 ［J］. 有线通信技术, 1995 (1)：42~44.

［23］陆明岳. 高磁导率 MnZn 铁氧体 TL13 材料的研制 ［J］. 磁性材料及器件, 1999, 30 (2)：34~38.

［24］Lineares R C. Journal of Application Physics, 1965 (36)：2884.

［25］Weiss R S. Journal of America Ceramic Society, 1957, 40 (6)：139.

［26］Smith R M, Marted A H. Critical Stability Constants (Vol14) ［J］. New York：Plenum Press, 1979：1, 37, 40.

［27］何水校. 软磁铁氧体材料的应用研究与市场 ［J］. 磁性材料及器件, 1998, 29 (1)：44~47.

［28］杨新科. 锰铁软磁铁氧体粉制备研究进展 ［J］. 宝鸡文理学院学报 (自然科学版),

2001, (2): 126~128.

[29] 李标荣, 张绪礼. 电子陶瓷物理 [M]. 武汉: 华中理工大学出版社, 1991.

[30] 欧阳明. 兰坪锌氧化矿冶金新工艺研究 [D]. 长沙: 中南工业大学冶金系, 1994.

[31] 甘婉林. 利用铅烟化炉氧化锌生产活性氧化锌的研究 [J]. 株冶科技, 1997, 25 (1): 12~17.

[32] 李天文, 王春娥, 王向荣. 过硫酸铵在铁锰杂质脱除中的应用 [J]. 无机盐工业, 1998 (3): 26~28.

[33] 李朋恺, 刘萱念. 贫锰矿制备高纯微晶碳酸锰的研究 [J]. 无机盐工业, 1994 (6): 4~7.

[34] 唐冬秀, 李晓湘, 王丽球. 贫锰矿生产高纯碳酸锰的研究 [J]. 中国矿业, 1998, 7 (4): 16~18.

[35] 唐华雄, 钟竹前, 梅光贵. 湿法制取活性氧化锌与化学二氧化锰新工艺研究 (上) [J]. 中国锰业, 1993, 11 (6): 26~30.

[36] 唐华雄, 钟竹前, 梅光贵. 湿法制取活性氧化锌与化学二氧化锰新工艺研究 (下) [J]. 中国锰业, 1994, 12 (1): 38~41.

[37] 唐谟堂, 黄小忠, 欧阳明, 等. 一种制取磁性材料的方法. ZL95110609.0 [P]. 1995.

[38] 黄小忠, 唐谟堂. 由软锰矿、闪锌矿、铁屑直接制取锰锌铁氧体软磁性材料新工艺研究 [J]. 中国锰业, 1996, 14 (1): 42~44.

[39] 杨声海, 唐朝波, 唐谟堂, 等. "直接-共沉淀" 生产低功耗锰锌软磁铁氧体粉料[J]. 矿冶工程, 2004, 24 (2): 61~64.

[40] 彭长宏. 锰锌铁氧体废料制备高性能锰锌铁氧体材料的理论与工艺研究 [R]. 长沙: 中南大学博士后研究工作报告.

[41] 周世昌. 软磁铁氧体磁性测量技术及其发展 [J]. 磁性材料及器件, 1998, 29 (6): 18~21.

[42] 李克文, 刘剑, 胡滨. 软磁铁氧体的标准化及标准体系 [J]. 磁性材料及器件, 1999, 30 (2): 47~55.

[43] Gummow R J, Kock A D, Thackeray M M. Improved capacity retention in rechargeable 4V lithium/lithium-manganese oxide (spinel) cells [J]. Solid State Ionics, 1994, 69: 59~67.

[44] Thackeray M M. Manganese oxides for lithium batteries [J]. Prog. Solid St. Chem., 1997, 25: 1~71.

[45] Yongyao Xia, Masaki Yoshio. An investigation of lithium ion insertion into spinel structure Li-Mn-O compounds [J]. J. Electrochem. Soc., 1996, 143 (3): 825~833.

[46] Chen L, Huang X, Kelder E, et al. Diffusion enhancement in $Li_xMn_2O_4$ [J]. Solid State Ionics, 1995, 76: 91~96.

[47] Thackeray M M, David W I F, et al. Lithium insertion into manganese spinels [J]. Mater Res Bull, 1983, 18 (4): 461~472.

[48] Chan Hongwei, Duh Jenq Gong, et al. Velence change by in situ XAS in surface modified $LiMn_2O_4$ for Li-ion battery [J]. Electrochem. Commun, 2006, 8 (11): 1731~1736.

[49] Deng Bohua, Hiroyoshi Nakamura, et al. Capacity fading with oxygen loss for manganese spinels

upon cycling at elevated temperatures [J]. Journal of Powers Sources, 2008, 180: 864~868.

[50] Grey C P, Dupre N. NMR studies of cathode materials for lithium-ion rechargeable batteries [J]. Chem. Rev, 2004, 104: 4493~4512.

[51] Xiao L, Zhao Y, et al. Enhanced electrochemicalstability of Al-doped $LiMn_2O_4$ synthesized by a polymer-pyrolysis method [J]. Electrochim. Acta, 2008, 54: 545~550.

[52] 彭忠东. 锂离子电池正极材料合成及中试生产技术研究 [M]. 长沙: 中南大学出版社, 2002.

[53] 杜柯, 杨亚男, 胡国荣, 等. 熔融盐法制备 $LiMn_2O_4$ 材料的合成条件研究 [J]. 无机化学学报, 2008, 24 (4): 615~620.

[54] Lee S W, Kim K S, et al. Electrochemical characteristics of Al_2O_3-coated lithium manganese spinel as a cathode material for a lithium secondary battery [J]. J. Power Sources, 2004, 126: 150~152.

[55] Kannan A M, Manthiram A. Surface/Chemically modified $LiMn_2O_4$ cathodes for lithium-ion batteries [J]. Electrochem. Solid-State Lett, 2002, 5, A167~A169.

[56] Liu D Q, He Z Z, Liu X Q. Increased cycling stability of $AlPO_4$-coated $LiMn_2O_4$ for lithium ion batteries [J]. Mater Lett, 2007, 25: 4703~4706.

[57] Vidu R, Stroeve P. Improvement of the thermal stability of Li-ion batteries by polymer coating of $LiMn_2O_4$ [J]. Ind. Eng. Chem. Res, 2004, 43: 3314~3324.

[58] Zhou W J, He B L, Li H L. Synthesis, structure and electrochemistry of Ag-modified $LiMn_2O_4$ cathode materials for lithiumion batteries [J]. Mater Res Bull, 2008, 43: 2285~2294.

[59] Park S C, Han Y S, et al. Electrochemical properties of $LiCoO_2$-coated $LiMn_2O_4$ prepared by solution based chemical process [J]. Electrochem. Soc, 2001, 148: A680~A686.

[60] Nishizawa M, Mukai K, et al. Properties as cathode active materials for lithium batteries [J]. J. Electrochem. Soc., 1997, 144: 1923~1927.

[61] Eddrief M, Dzwonkowski P, et al. The ac conductivity in B_2O_3-Li_2O films [J]. Solid State Ionics, 1991, 45: 77~82.

[62] 唐新村. 低热固相反应制备锂离子电池正极材料及其嵌锂性能研究 [D]. 长沙: 湖南大学, 2002.

[63] Arbizzani C, Masragostino M, et al. Preparation and electrochemical characterization of a polymer $Li_{1.03}Mn_{1.97}O_4$/pEDOT composite electrode [J]. Electrochem. Commun, 2002, 4: 545~549.

[64] Matsumoto K, Fukutsuka T, et al. Electronic structures of partially fluorinated lithium manganese spinel oxides and their electrochemical properties [J]. J. Power Sources, 2009, 189: 599~601.

5 锰系合金的生产

锰系合金即锰和铁组成的铁合金，在炼钢中用作脱氧剂和合金添加剂，是用量最多的铁合金。冶炼锰铁用的锰矿一般要求含锰 40% ~ 50%，锰铁比大于 7，磷锰比小于 0.003。冶炼前，碳酸锰矿要先经焙烧，粉矿需经烧结造块。含铁含磷高的矿石一般只能搭配使用，或通过选择性还原得低铁低磷的富锰渣。冶炼时用焦炭作还原剂，某些厂也配用瘦煤或无烟煤。辅助原料主要为石灰，冶炼锰硅合金时一般要配加硅石。

锰铁产品按不同含碳量分为高碳、中碳、低碳三类[1]。在锰系铁合金中常用的还有锰硅合金、镜铁和金属锰。高碳锰铁国际上一般标准为含锰 75% ~ 80%，我国为适应锰矿品位低的原料条件，规定了含锰较低的牌号（电炉锰铁含锰 65% 以上，高炉锰铁含锰 50% 以上）。冶炼高碳锰铁过去主要用高炉，随着电力工业的发展，用电炉的逐渐增多。

（1）高炉冶炼。一般采用 $1000m^3$ 以下的高炉，设备和生产工艺大体与炼铁高炉相同。锰矿石在电炉顶下降的过程中，高价的氧化锰（MnO_2，Mn_2O_3，Mn_3O_4）随温度升高，被 CO 逐步还原到 MnO。但 MnO 只能在高温下通过碳直接还原成金属，所以冶炼锰铁需要较高的炉缸温度，为此炼锰铁的高炉采用较高的焦比（1600kg/t 左右）和风温（1000℃ 以上）。为降低锰损耗，炉渣应保持较高的碱度（$CaO/SiO_2 > 1.3$）。由于焦比高和间接还原率低，炼锰铁高炉的煤气产率和 CO 量比炼铁高炉高，炉顶温度也较高（350℃ 以上）。富气鼓风可提高炉缸温度，降低焦比，增加产量，且因煤气量减少可降炉顶温度，对锰铁的冶炼有显著的改进作用。

（2）电炉冶炼。锰铁的还原冶炼有熔剂法（又称低锰渣法）和无熔剂法（高锰渣法）两种。熔剂法原理和高炉冶炼相同，只是以电能代替加热用的焦炭。通过配加石灰形成高碱度炉渣（CaO/SiO_2 为 1.3 ~ 1.6）以减少锰的损失。无熔剂法冶炼不加石灰，形成碱度较低（$CaO/SiO_2 < 1.0$），含锰较高的低铁低磷富锰渣。此法渣量少，可降低电耗，且因炉渣温度较低可减轻锰的蒸发损失，同时副产品富锰渣（含锰 25% ~ 40%）可作冶炼锰硅合金的原料，取得较高的锰的综合回收率（90% 以上）。现代工业生产大多采用无熔剂法冶炼高碳锰铁，并与锰硅合金和中低碳锰铁的冶炼组成联合生产流程。

现代大型锰铁还原电炉容量达 40000 ~ 75000kV·A，一般为固定封闭式。熔剂法的冶炼电耗一般为（2.5~3.5）×3.6GJ/t，无熔剂法的电耗为（2~3）×3.6GJ/t。

锰硅合金用封闭或半封闭还原电炉冶炼。一般采用含二氧化硅高、含磷低的锰矿或另外配加硅石为原料。富锰渣含磷低、含二氧化硅高是冶炼锰硅合金的好原料，冶炼电耗一般约（3.5~5）×3.6GJ/t。入炉原料先作预处理，包括整粒、预热、预还原和粉料烧结等，对电炉操作和技术经济指标起显著改善作用。

（3）电炉精炼。中、低碳锰铁一般用 1500~6000kV·A 电炉进行脱硅精炼，以锰硅、富锰矿和石灰为原料，其反应为：

$$MnSi+2MnO+2CaO \longrightarrow 2Mn+2CaO·SiO_2$$

采用高碱度渣可使炉渣含锰降低，减少由弃渣造成的锰损失。联合生产中采用较低的渣碱度（$CaO/SiO_2 < 1.3$）操作，所得含锰较高（20%~30%）的渣用于冶炼锰硅合金。炉料预热或装入液态锰硅合金有助于缩短冶炼时间、降低电耗。精炼电耗一般在 3.6GJ 左右。中、低碳锰铁也用热兑法，通过液态锰硅合金和锰矿石、石灰熔体的相互热兑进行生产。

（4）吹氧精炼。用纯氧吹炼液态高碳锰铁或锰硅合金可炼得中、低碳锰铁。此法经过多年试验研究，于 1976 年进入工业规模生产。

应当指出，据统计 70 年代用于钢铁工业的锰占世界锰矿总开采量的 95% 以上（其中约 98% 用于炼钢），余额半数用于有色金属合金，半数用于电池、化学工业等。

5.1 高炉锰铁的生产

5.1.1 高炉锰铁的历史及用途

高炉法生产高碳锰铁适于 1875 年，至今已有 100 多年历史。我国高炉锰铁曾经有过蓬勃发展的历史，曾经一度达到总高碳锰铁产量的 80%，但随着技术的进步，高炉锰铁正在被取代，占锰系铁合金的一半以上，随着时间的推移，高炉锰铁正在被新的技术取代[2]。

高炉锰铁主要用于炼钢过程作脱氧剂、脱硫剂和合金元素。

现代炼钢法基本上是一个氧化过程。钢液中氧主要以溶解性的 FeO 存在，在钢水浇注冷凝后，FeO 析出而成为氧化物杂质，严重影响钢的机械性能。因此，钢水浇注前必须脱氧。

锰和氧的亲和力大于铁和氧的亲和力。利用这个原理，加入钢水中的锰从 FeO 中夺取氧生成 MnO。MnO 比 FeO 稳定且不溶于钢水中，它的密度又较小，因而上浮到钢液表面进入炉渣，达到脱氧目的。锰的脱氧反应式如下：

$$FeO + Mn \Longrightarrow Fe + MnO$$

锰还有脱硫作用，反应式如下：

$$Mn + FeS \Longrightarrow MnS + Fe$$

MnS 密度小，上浮至渣层，可进一步氧化为 MnO 和 SO_2，反应式如下：

$$2MnS + 3O_2 \Longrightarrow 2MnO + 2SO_2$$

高炉锰铁按锰及杂质含量的不同分成 7 个牌号，其化学成分应符合表 5-1 规定。

表 5-1   GB 4007—83 高炉锰铁化学成分标准

牌 号	化学成分（质量分数)/%						
	Mn	C	Si		P		S
			I	II	I	II	
	不小于		不大于				
GFeMn76	76.0	7.5	1.0	2.0	0.33	0.50	0.03
GFeMn72	72.0	7.3	1.0	2.0	0.38	0.50	0.03
GFeMn68	68.0	7.6	1.0	2.0	0.40	0.60	0.03
GFeMn64	64.0	7.0	1.0	2.0	0.40	0.60	0.03
GFeMn60	60.0	7.0	1.0	2.5	0.50	0.60	0.03
GFeMn56	56.0	7.0	1.0	2.5	0.50	0.60	0.03
GFeMn52	52.0	7.0	1.0	2.5	0.50	0.60	0.03

5.1.2   高炉锰铁的冶炼原理

高炉锰铁冶炼以炭作发热剂和还原剂，在高炉中将锰和铁的氧化物还原，生成锰铁合金及炉渣、煤气。

高炉锰铁是利用低价氧化锰（MnO）与 Fe，P 氧化物的还原温度与难易程度的差别，在 1280 ~ 1350℃ 及自然碱度的条件下，把 Fe 和 P 还原出去，剩下的炉渣就成了高品位、高 Mn/Fe 、低 P/Mn 的富锰渣。目前已知常见的锰的氧化物有 3 种形式，其分子式及理论含氧量分别为：MnO_2，36.81%；Mn_3O_4，27.97%；MnO，22.5%。

锰氧化物的还原顺序由高价氧化物到低价氧化物逐级进行。即还原顺序和失氧量为：

还原顺序：$MnO_2 \rightarrow Mn_2O_3 \rightarrow Mn_3O_4 \rightarrow MnO \rightarrow Mn$

失氧量/% ：   0   25   33.3   50   100

用气体还原剂 CO（或 H_2） 很容易将高价锰氧化物 MnO_2 还原到 MnO，反应式为：

$$2MnO_2 + CO \Longrightarrow Mn_2O_3 + CO_2 \quad + 226797 \text{ kJ}$$

$$3Mn_2O_3 + CO \Longrightarrow 2Mn_3O_4 + CO_2 \quad + 170203 \text{ kJ}$$

$$Mn_3O_4 + CO \Longrightarrow 3MnO + CO_2 \quad + 51906 \text{ kJ}$$

前两个反应是不可逆反应，极易进行，第3个反应是可逆反应。MnO 是相当稳定的氧化物，其分解压远小于 FeO。因此，用气体还原剂还原 MnO 几乎是不可能的。在高炉内，MnO 只能通过固体碳直接还原才能得到固溶铁液中的金属 Mn，这是 MnO 和 FeO 在高炉内还原的主要区别。

用固体碳还原 MnO 的基本反应为：

$$MnO + C \Longrightarrow Mn + CO$$

这是用固体碳还原 MnO 冶炼锰铁的基本反应，其理论开始反应温度为 1420℃。随着温度升高，反应的标准自由能变化负值变小，有利于反应向生成物的方面进行，用固体碳还原 MnO 的另一个主要反应是：

$$6MnO + 8C \Longrightarrow 2Mn_3C + 6CO$$

该反应是生产高碳锰铁的主要反应，其初始反应理论温度为 1226℃。

比较上述两个反应，MnO 被 C 还原成 Mn_3C 应比被还原成 Mn 优先进行。所以，用 C 还原 MnO 得到的不是 Mn，而主要是 Mn_3C，即得到的是高碳锰铁。在高炉内 1100~1200℃ 温度区，高价锰氧化物还原到 MnO，而 MnO 尚未开始还原就和炉料中的 SiO_2 组成硅酸锰（$MnO \cdot SiO_2$，$2MnO \cdot SiO_2$ 等）进入熔融炉渣。这种含有 MnO 的炉渣熔点很低，1150~1200℃ 即可熔化。因此，绝大部分 Mn 是从液态炉渣中还原出来的。由于 MnO 在炉渣中大部分以硅酸锰的形态存在，因此更难还原，要求还原温度在 1400~1500℃ 以上。所以，高温是保证高炉内 MnO 充分还原的首要条件。为了提高锰回收率，并限制 Si 的还原，需要添加石灰，提高炉渣碱度，使石灰中 CaO 与炉渣中的 SiO_2 组成比硅酸锰更为稳定的硅酸钙，并把 MnO 从硅酸锰中置换出来。同时，添加 CaO 还能减少还原反应吸热量，降低初始反应理论温度。因此，高碱度是保证高炉内 MnO 充分还原的重要条件。高炉冶炼锰铁通常采用有渣法冶炼，炉渣碱度一般控制在 1.3~1.5。

5.1.3 高炉锰铁冶炼原料

高炉锰铁冶炼用原料主要有锰矿、焦炭和熔剂。要求原燃料条件稳定，精料是高炉冶炼的物质基础，锰铁高炉一般容积较小，平均容积 ≤100m³，最大容积 ≤400m³。

（1）锰矿。高炉冶炼用的锰矿有氧化矿、碳酸盐矿、焙烧矿和烧结矿，矿石中的锰是高炉锰铁冶炼中的主要回收元素。入炉含锰原料的优劣，对锰铁高炉技术经济指标影响较大。高炉生产实践表明，锰矿中含锰量波动 1%，焦比波动 40~60kg，产量波动 3%~5%，因此对入炉矿中含锰量要求越高越好。锰矿中 SO_2 的含量是影响渣量的主要因素。

入炉锰矿品位对产量的影响可用下式表示：

$$Q = Vu \times I \times B \times w(Mn) \times \eta(Mn) \times 365 \times 103/650$$

$$B = 650 \times 103/K \times w(Mn) \times \eta(Mn)$$

式中，Q 为年产量；V 为高炉有效容积；I 为冶炼强度；K 为焦比；B 为焦炭负荷；$w(Mn)$ 为锰金属回收率；$\eta(Mn)$ 为入炉锰矿锰的质量分数。日历天数为365 天；每吨标准锰铁的锰含量为 650kg。

根据上式计算，其他不变时，锰矿中锰的质量分数增减 1%，影响产量 1.54%。由于锰矿品位的变化必然引起其他指标变化。若锰矿品位下降 1%，$w(Mn)/w(Fe)$ 下降，$w(P)/w(Mn)$ 升高，$w(SiO_2)$ 相应上升 1%，引起锰铁中锰含量降低、磷含量升高，影响锰铁质量；增加渣量 170kg/t、增加焦比 43.5kg/t，降低锰金属回收率 1.31%；对成本的影响是显而易见的。

锰矿中的铅在冶炼时易还原也易挥发，还原后沉积在炉底，严重时会破坏炉底，炉温高时易挥发，在高炉上部结瘤。一般要求锰矿中 Pb 含量小于 0.1%。锰矿中的锌易挥发在高炉上部沉积，对炉墙砖衬和炉壳有破坏作用，也可能和炉衬混合形成炉瘤。通常要求锰矿中 Zn 含量小于 0.2%。锰矿石入炉粒度一般为 5~60mm，含粉率要求小于 5%。

（2）焦炭。焦炭在高炉冶炼中不但是还原剂和发热剂，而且是整个高炉料柱的骨架。焦炭质量的好坏一方面要看其化学成分，另一方面要看其物理性能——粒度和强度。锰铁高炉冶炼用焦炭主要有冶金焦、气煤焦和土焦。不同焦炭质量差别较大，使用时应综合考虑。

对焦炭的基本技术要求：1）高而稳定的固定碳含量。固定碳含量越高，作为还原剂和发热剂的能力越大，对降低焦比，改善技术经济指标有利。2）较低的灰分可以减少渣量及灰分带入的磷含量。3）较高的机械强度，可防止和减轻焦炭在炉内下降过程中产生粉末、恶化料柱透气性。挥发分低的焦炭机械强度比较好。焦炭中的水分虽然对高炉冶炼过程无影响，但水分波动会影响配料的准确性。因此，希望焦炭水分稳定为好。焦炭入炉粒度一般为 20~60mm。

（3）熔剂。高炉锰铁冶炼所用熔剂为石灰石、生石灰、白云石等。对石灰石和生石灰要求 CaO 含量越高越好，带入的渣量相对减少。使用白云石调节渣时，要求白云石的 MgO 含量尽量高。熔剂入炉粒度要求：石灰石和白云石为15~75mm，生石灰为 20~100mm，小高炉偏下限，中型高炉偏上限。

5.1.4 高炉锰铁冶炼操作

锰铁高炉冶炼操作与生铁高炉相似，但锰铁高炉具有以下不同特点：

（1）锰矿中 MnO 含量较铁矿中 FeO 含量低，MnO 较 FeO 难还原，冶炼过程中渣量大，锰的回收率较低。

（2）由于锰与氧的亲和力比铁强，还原 MnO 时需要较高的温度和较大的能量，因此高炉锰铁的冶炼焦比要比生铁冶炼高得多，焦炭负荷轻。

（3）由于焦比高、焦炭负荷轻，焦炭和矿石之间粒度相差大边缘气流易于发展，造成煤气流紊乱，易产生偏行管道。

（4）锰铁高炉煤气量火，发热值高，造成炉顶温度高，煤气含尘量大，净化困难。

（5）炉衬侵蚀快，炉底易堆积，使得炉衬寿命低于生铁高炉。

以上特点决定了锰铁高炉的操作制度有别于生铁高炉而具有自身的特点。

5.1.5 高炉锰铁生产的技术进步

随着对高炉锰铁生产特点的进一步认识，通过一系列的试验与工艺措施的改进，使高炉锰铁的冶炼技术经济指标有了较大的提高。

（1）提高熟料率。目前，锰矿粉造块的主要方法是烧结。锰矿粉烧结的主要特点有：能耗高、烧损大、气孔多、强度低等。高碱度高氧化镁锰烧结矿克服了一些自身缺点，还具有抗风化、强度高、软化—融化温度高的特性，同时，烧结矿经过整粒及槽下过筛后，入炉烧结矿不大于 5mm 部分≤5%，上限为 60mm。使用实践表明：熟料率提高 120kg/t、焦比下降 120kg/t、熔剂比下降 350kg/t、锰金属回收率提高 1.5% 左右；同时，相对廉价的粉矿置换部分价高的块矿。

（2）加强块矿入炉前的整粒过筛。将入炉锰块矿进行水洗整粒过筛，使小于 3~6mm 部分降低到 6% 以下，8~40mm 部分占 90% 以上，这样可以改善炉料的透气性；降低入炉 SiO_2，减少渣量；降低焦比；提高冶炼强度。

（3）提高鼓风质量。吨锰铁鼓风质量为 6~7t，超过入炉炉料的质量，提高鼓风质量对锰铁高炉冶炼至关重要。锰铁高炉中高价锰在上部受热分解，在下部 MnO 全部靠 C 直接还原成金属 Mn。所以，锰铁高炉的最大特点就是上部热量过剩，造成炉顶温度高，灰量大；下部热量不足，影响炉缸温度。针对这一特点，所有提高炉缸温度的措施对锰铁高炉都是有益的。

1）提高热风温度。热风带入的热量在高炉下部被大部分利用，对增加炉缸热量，提高炉缸温度非常显著。随着风温的提高，炉缸温度充沛，炉缸活跃，锰金属回收率得到提高，焦炭消耗降低。

2）富氧鼓风。富氧鼓风针对性地解决了锰铁高炉"上热下凉"的矛盾，提高风口前理论燃烧温度，满足炉缸温度的需求，相对减少单位锰铁耗风量、煤气发生量，降低煤气水当量，使高炉下部温度充沛、热量集中，有效地改变锰铁高炉的冶炼进程。新钢公司锰铁高炉富氧率为 1%~4%，取得富氧 1%，焦比降低 52kg/t，锰回收率提高 1%，产量增加 8t/d，冶炼强度提高 0.5t/(m·d) 等一系列综合效果。

目前市场已开发出变压吸附法制造亚纯氧技术，降低了高炉富氧鼓风的成本。

3）脱湿鼓风。我国南方地区夏季大气湿度为 32g/m³以上，吨锰铁鼓风含水达 170kg 左右，而冬季湿度只有 6g/m³；且昼夜之间大气湿度波动有 3~6 g/m³，鼓风湿度的变化，影响炉况稳定。入炉水分在风口前分解消耗大量热量，降低理论燃烧温度。南方锰铁高炉一般冬季产量比夏季高 10%左右，焦比冬季比夏季低 10%左右，主要是大气湿度的变化引起的。

（4）改善焦炭质量。受资源配置、工艺的影响，大多数锰铁高炉使用外购焦炭，采购点多、成分不均，有些企业长期使用改良土焦，突出反映就是焦炭灰分高、挥发分高、机械强度低，特别是热强度差。而锰铁高炉因需补充下部炉缸热量，要求焦炭反应性小、热强度高，促进锰的还原，提高锰金属回收率。所以，选择焦炭要从技术、经济两方面兼顾。

1）焦炭灰分。焦炭灰分的增加，其中的碳含量减少，冶炼过程中增加熔剂及造渣量，生铁高炉生产过程中，焦炭灰分每增加 1%，高炉焦比升高 1%~2%，产量减少 2%~3%。焦炭灰分对锰铁高炉影响焦比、产量的同时，还影响锰金属回收率，在生产过程中，焦炭灰分每增加 1%，高炉焦比升高 50~60 kg/t，产量减少 3%~4%，锰金属回收率降低 1%~2%。

2）焦炭硫分。生铁高炉中硫每增加 0.1%，焦比升高 1%~3%，生铁减产 2%~5%。焦炭硫分对锰铁高炉的产品质量没有影响，因为锰铁本身就是脱硫剂，所以锰铁生产厂考虑经济和资源等情况，通常采购部分高硫焦炭。根据新钢锰铁使用高硫焦炭的情况，焦炭硫分在 1.2%以下反应不明显，但当焦炭硫分超过 1.5%时，硫每增加 0.1%，焦比升高 30~40 kg/t，锰铁减产 1%~2%，当焦炭硫分超过 2%时，锰铁高炉的顺行受到破坏，高炉指标急剧恶化。

3）焦炭强度。锰铁高炉炉内，焦炭的体积比在 60%~70%，所以焦炭的强度直接影响锰铁高炉的顺行，炉容越大，影响越大。根据生产经验：在一定的范围内，焦炭的强度指标的重要性大于焦炭灰分。

（5）降低渣量及渣中 MnO 含量。吨铁渣量是精料水平的综合反映。降低渣量及渣中 MnO 含量、提高锰金属回收率是搞好锰铁高炉工作的重点，其指标见表 5-2 和表 5-3。

表 5-2　渣量±100kg/t 时炉渣带走的锰量

项　目	数　据				
渣中 $w(MnO)/\%$	4	6	8	10	12
锰的绝对损失 /kg·t^{-1}	±3.11	±4.61	±6.02	±7.71	±9.30
折合 65%FeMn 量 /kg·t^{-1}	±4.78	±7.09	±9.26	±11.86	±14.31

表 5-3　$w(MnO)$ ±1%时炉渣带走的锰量

项　目	数　据				
渣中 $w(MnO)$/%	1000	1500	2000	2500	3000
锰的绝对损失 /kg·t^{-1}	±7.75	±11.63	±15.50	±19.30	±23.23
折合 65%FeMn 量 /kg·t^{-1}	±11.92	±17.89	±23.85	±29.69	±35.74

降低渣量首先要从降低入炉原料 SiO_2 量入手，要选择低 $w(SiO_2)$、$w(Mn)$、$w(Al_2O_3)$ 等杂质成分含量少的含锰原料；选择低灰分、高强度的焦炭，要简化品种，控制采购点；利用高风温、富氧鼓风、脱湿鼓风、选择合理的操作制度等技术手段降低消耗，提高锰金属回收率。

5.2 电炉锰铁的生产

随着钢铁工业的发展，对铁合金的需求不论是在数量上、品种上还是质量上都提出了更多更高的要求，虽然高炉法冶炼具有劳动生产率高、成本低的优点，但由于高炉炉内温度较低，多数铁合金不能用高炉生产，其发展受到很大限制。19 世纪末，世界上开始采用还原电炉生产铁合金，此后飞速发展，其产量于 1960 年首次超过高炉铁合金产量，并一直占据绝对优势。近年来，随着铁合金电炉大型化，其机械化、自动化水平日益提高，加之烟气处理和余热利用技术业已成熟，且适应性强，使之成为当今世界铁合金生产的主要方法，其产量已超过全部铁合金产量的 70%[3]。

5.2.1　电炉锰铁的牌号及用途

电炉锰铁主要用于炼钢作脱氧剂、脱硫剂及合金添加剂。作为合金添加剂加入钢中能改善钢的力学性能，增加钢的强度、延展性、韧性及耐磨能力。随着中、低碳锰铁生产工艺的进步，高碳锰铁还可应用于生产低碳锰铁。

电炉锰铁按锰及杂质含量的不同，分为 9 个牌号，其化学成分应符合表 5-4 规定。

5.2.2　电炉锰铁的冶炼原理

电炉法生产锰铁是以电能为热源，焦炭为还原剂，在炉身较矮的还原电炉中生产高碳锰铁的一种方法。

冶炼原理：高碳锰铁冶炼主要是锰的高价氧化物受热分解为低价氧化物和低价氧化物进一步还原成锰金属的过程。

MnO_2 受热后极易分解。当温度高于 753K 时，MnO_2 分解变成 Mn_2O_3。

表 5-4　电炉锰铁化学成分要求

类别	牌号	化学成分（质量分数）/%						
		Mn	C	Si		P		S
				I	II	I	II	
		不大于						
低碳锰铁	FeMn88C0. 2	85. 0~92. 0	0. 2	1. 0	2. 0	0. 10	0. 30	0. 02
	FeMn88C0. 4	80. 0~87. 0	0. 4	1. 0	2. 0	0. 15	0. 30	0. 02
	FeMn88C0. 7	80. 0~87. 0	0. 7	1. 0	2. 0	0. 20	0. 30	0. 02
中碳锰铁	FeMn82C1. 0	78. 0~85. 0	1. 0	1. 5	2. 0	0. 20	0. 35	0. 03
	FeMn82C1. 5	78. 0~85. 0	1. 5	1. 5	2. 0	0. 20	0. 35	0. 03
	FeMn78C2. 0	75. 0~82. 0	2. 0	1. 5	2. 5	0. 20	0. 40	0. 03
高碳锰铁	FeMn78C8. 0	75. 0~82. 0	8. 0	1. 5	2. 5	0. 20	0. 33	0. 03
	FeMn74C7. 5	70. 0~77. 0	7. 5	2. 0	3. 0	0. 25	0. 38	0. 03
	FeMn58C7. 0	65. 0~72. 0	7. 0	2. 5	4. 5	0. 25	0. 40	0. 03

$$2MnO_2 =\!=\!= Mn_2O_3 + 1/2O_2 \qquad \Delta H = 82. 46kJ$$

当温度高于 1203K 时，Mn_2O_3 分解为 Mn_3O_4：

$$3Mn_2O_3 =\!=\!= 2Mn_3O_4 + 1/2O_2 \qquad \Delta H = 108. 84kJ$$

当温度高于 1450K 时，Mn_3O_4 分解为 MnO：

$$Mn_3O_4 =\!=\!= 3MnO + 1/2O_2 \qquad \Delta H = 231. 28kJ$$

在正常生产过程中锰的高价氧化物也可以被炉内反应生成的 CO 还原成低价氧化物，其反应式如下：

$$2MnO_2 + CO =\!=\!= Mn_2O_3 + CO_2 \qquad \Delta H_{298} = - 250. 16kJ$$

$$3Mn_2O_3 + CO =\!=\!= 2Mn_3O_4 + CO_2 \qquad \Delta H = - 117. 86kJ$$

$$Mn_3O_4 + CO =\!=\!= 3MnO + CO_2 \qquad \Delta H = - 73. 69kJ$$

MnO 比较稳定，一般条件下不易分解（与氧接触在一定条件下易被重新氧化）。

在冶炼温度下，MnO 不可能被 CO 还原。这样进入炉内高温区的锰氧化物均以 MnO 形式存在，只能通过碳直接接触 MnO 使其还原成锰。

碳还原 MnO 的反应式如下：

$$2MnO +2C =\!=\!= 2Mn +2CO$$

$$\Delta G = 575266. 32 - 339. 78T \quad T = 1693K$$

$$6MnO + 8C =\!=\!= 2 Mn_3C +6CO$$

$$\Delta G = 510789. 6-340. 80T \qquad T = 1499K$$

由以上反应式可以看出：碳还原 MnO 生成 Mn_3C 所需的温度比生成锰所需的

温度低,因而用碳作还原剂生产锰铁时,得到的不是单质锰而是锰的碳化物(Mn_3C);合金中含碳量通常为6%~7%、MnO 为金属氧化物,易与炉料中的 SiO_2 结合生成硅酸盐:

$$MnO + SiO_2 === MnO \cdot SiO_2$$
$$2MnO + SiO_2 === 2MnO \cdot SiO_2$$

这些反应降低了渣中自由 MnO 的浓度,使得充分还原 MnO 变得困难。为减少 MnO 在炉渣中的排弃损失,提高锰的回收率,可在炉料中配入碱性大于 MnO 的金属氧化物,比如石灰、白云石等,让石灰中的 CaO 与 SiO_2 结合,生成相应的硅酸盐把 MnO 置换出来,即:

$$MnO \cdot SiO_2 + CaO === CaO \cdot SiO_2 + MnO$$
$$2MnO \cdot SiO_2 + 2CaO === 2CaO \cdot SiO_2 + 2MnO$$

置换出来的 MnO 呈自由状态,易被碳直接还原。

冶炼用的锰矿石,通常都伴生有铁、硅、钙、镁、铝、磷等元素的氧化物,在加热还原锰氧化物的过程中,炉料带入的铁、磷、硅的氧化物也先后被碳还原:

$$FeO + C === Fe + CO$$
$$\Delta G = 148003.38 - 150.31T \quad T = 985K$$

还原出来的 Fe 与 Mn 组成锰铁的二元碳化物 $[(MnFe)_3C]$,从而大大改善了 MnO 的还原条件;在有铁存在的条件下,当温度接近1100℃时,MnO 的还原即可以进行。

炉料中磷氧化物(P_2O_5)可以被碳和锰充分还原:

$$2/5\, P_2O_5 + 2C === 4/5P + 2CO$$
$$\Delta G = 39607 - 3822.13T \quad T = 1036.5K$$
$$2/5\, P_2O_5 + 2Mn === 4/5P + 2MnO$$
$$\Delta G = -179195.04 - 42.37T$$

被还原出来的磷约75%进入合金,5%残留渣中,其余挥发。

炉料中带入的 SiO_2 比 MnO 稳定,只有在较高温度下才能被碳还原。

$$SiO_2 + 2C === Si + 2CO$$
$$\Delta G = 700870.32 - 361.74T \quad T = 1037K$$

控制高碳锰铁冶炼温度不超过1550℃,就可以有效地抑制 SiO_2 的还原,使大部分 SiO_2 进入炉渣。

炉料中的其他氧化物,如 CaO、Al_2O_3、MgO 等,则较 MnO 更稳定,在高碳锰铁冶炼条件下不可能被碳还原,几乎全部进入炉渣。炉料中的硫主要来自焦炭,有机硫在高温下挥发。硫酸盐中的硫一般以 MnS 或 CaS 的形式熔于渣中。通常炉料中的硫只有1%左右熔于合金。

5.2.3 电炉锰铁冶炼用的原料

电炉锰铁冶炼用的原料为锰矿、焦炭和熔剂。

(1) 锰矿。锰矿的品种主要有氧化锰矿、烧结矿、焙烧矿和人造富锰渣等。

锰矿中除了主要成分 Mn 外，还含有一定数量的 Fe、CaO、Al_2O_3、SiO_2、P、S 等杂质，应根据冶炼产品的要求进行控制。

锰矿中的锰铁比是决定产品含锰量的重要技术参数，生产不同牌号的高碳锰铁，对入炉锰矿的 $m(Mn)/m(Fe)$ 要求不同。

锰矿中的 CaO、MgO 均为碱性氧化物，对调整炉渣碱度和流动性有利，一般不予限制。锰矿中的 Al_2O_3 在一定范围内能控制渣中含锰量，但 Al_2O_3 过高，会使炉渣熔点升高，流动性变差，渣铁分离困难，影响冶炼技术经济指标。一般要求入炉锰矿中 Al_2O_3 含量不超过 10%，采用熔剂法生产时入炉锰矿中的 SiO_2 含量越低越好。因 SiO_2 含量高，会增大石灰用量，增大渣量，电耗升高。锰矿中的硫一般以 MnS、CaS 的形式进入渣或挥发，只有约 1% 进入合金，一般不作限制。

熔剂法冶炼对入炉锰矿含锰量、$m(Mn)/m(Fe)$、$m(P)/m(Mn)$，要求对入炉锰矿的水分应控制在 8% 以下，因水分太高，波动大会影响配料的准确性。在熔剂法生产时会使石灰吸水粉化，造成炉内透气性差，产生刺火、塌料，使炉况恶化，电耗增加。

入炉锰矿粒度根据电炉容量大小而定，对 6000kV·A 以上电炉入炉粒度一般为 10~80mm，小于 10mm 的粉矿不超过总量的 10%。

(2) 焦炭。作为还原剂用的焦炭主要有冶金焦、气煤焦、半焦等。对入炉焦炭，要求固定碳含量高、电阻率大、灰分低、磷低。灰分低带入的渣量少，含磷相应减少，可降低冶炼电耗。电阻率大，容易使电极下插，对稳定操作有利。

入炉焦炭粒度一般为 3~25mm，小于 3mm 的焦末不得入炉。焦炭所含水分不得超过 7%，而且波动量应尽量小。

(3) 熔剂（石灰）。要求石灰中 CaO 含量高，SiO_2 及 P、S 杂质含量低。一般 CaO 含量大于 80%，SiO_2 含量不超过 6%，P、S 应分别低于 0.05% 和 0.8%。石灰入炉粒度一般为 10~60mm。

5.2.4 双联摇包法生产中碳锰铁

中碳锰铁主要是由锰、铁两种元素组成的合金，$0.7\% < w(C) \leqslant 2.0\%$，广泛应用于特殊钢生产，是炼钢的重要原料之一，同时也应用于电焊条的生产。

目前生产中碳锰铁的方法有三类：电硅热法、摇炉法、吹氧法，而每一大类根据其不同特点又派生出多种方法，如电硅热法分为冷装法、热装法、低碱度法；摇炉法分为摇炉炉外预精炼法、摇炉精炼法；吹氧法分为吹氧脱碳法和吹氧脱硅法。

采用电硅热法生产中碳锰铁，产品含碳主要来自于锰硅合金和自焙电极的熔蚀。国内生产中碳锰铁多以此法为主，有采用冷装工艺和热装工艺，也有采用摇炉预精炼与电炉精炼工艺的摇炉-电炉法，此工艺能使每吨中碳锰铁电耗下降 400~800kW·h，有较大优势，很快便取代了冷装或单纯的热装工艺，成为中碳锰铁生产的主流。目前，采用此法生产的中碳锰铁占 80% 以上，但渣含锰与前两种工艺相当，在 20% 左右，而此中锰渣作为生产锰硅合金的原料。

5.2.4.1　电炉-摇炉法生产工艺现状

电炉-摇炉法生产中碳锰铁是 20 世纪 70 年代后才发展起来的一种节能型冶炼新技术，其工艺流程如图 5-1 所示。

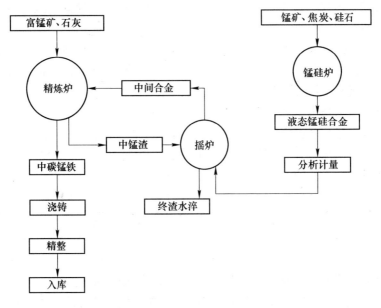

图 5-1　电炉-摇炉法生产工艺流程图

该方法由精炼炉出渣工序、锰硅炉出铁工序、摇炉预精炼工序、终渣水淬工序、精炼炉精炼工序、中碳锰铁热液浇铸及精整工序组成。为了有效降低渣含锰，该法在热兑工艺的基础上采用炉外预精炼，首先将精炼炉副产的液态中锰渣兑入摇炉，再将锰硅炉的液态锰硅合金分析计量后兑入摇炉，以一定转速摇动摇炉，在良好的动力学条件下，利用锰硅合金的硅还原中锰渣里的 MnO，反应式为：

$$2MnO + Si \longrightarrow 2Mn + SiO_2$$

反应释放的化学热能保证反应温度，使冶炼正常进行，待渣液中的 MnO 贫化到规定要求后起吊摇炉，倒出废渣，液态中间合金兑入精炼炉冶炼直至炼出合格的中碳锰铁。与精炼炉热装工艺比较，此方法工艺更先进，可提高 14~17 个百分点的锰回收率，电耗在热兑工艺基础上降低 150~250kW·h/t，生产稳定可靠。

但是，从实际生产中发现，由于中锰渣成分的变化或者锰硅合金成分的变化过大，导致摇炉预精炼后终渣含锰不稳定，直接影响锰的回收率及生产技术经济指标。

5.2.4.2　双联摇包法生产中碳锰铁

针对上述现有技术存在的不足，本文介绍的双联摇包法生产工艺可解决其存在的不足。

双联摇包即两套摇炉，加上原来的精炼炉和锰硅炉配套使用，四炉联动，较好地解决了由于兑入摇炉中锰渣成分波动引起终渣含锰不稳定的问题，能够有效提高锰的金属回收率，与单摇炉法精炼中碳锰铁相比，能降低终渣含锰 4 个百分点以上，达到 6%左右，进一步提高金属锰的回收率。

此生产方法是将已有的单摇炉作为初摇炉，在初摇炉和锰硅炉之间增加一台摇炉，即终摇炉。精炼炉和锰硅炉的熔炼、出铁、出渣、浇铸、精整、入库工序和终摇炉的终渣水淬工序与常规的操作方法相同。

双联摇包法是由精炼炉出渣工序、锰硅炉出铁工序、初摇炉预精炼工序、终摇炉预精炼工序、终渣水淬工序、精炼炉精炼工序、中碳锰铁热液浇铸和精整工序组成，其特征在于：初摇炉预精炼工序将精炼炉产生的中锰渣热液引入初摇炉，按质量计将 1/2 的液态锰硅合金兑入初摇炉，将摇炉置于摇炉机上摇动，形成海浪式翻腾，翻腾的作用是使液态锰硅合金与中锰渣克服密度差异而充分接触，利用锰硅合金中的 Si 置换出渣中 MnO 的 Mn，达到降低渣含锰的目的，反应式为：

$$2MnO + Si \Longrightarrow 2Mn + SiO_2$$

终摇炉预精炼工序是将从初摇炉撇出的初摇渣引入终摇炉，再兑入剩余的 1/2 液态锰硅合金，重复初摇炉预精炼操作，进一步降低终渣含锰。经摇炉预精炼后的终渣含 Mn 在 6%左右，是理想的水泥生产原料，分别将初摇炉和终摇炉生产的液态中间合金兑入精炼炉精炼。

精炼炉精炼工序是在精炼炉中首先加入含 Mn 不低于 40%的富锰矿，按质量计，加料量为配料总量的 3/4，熔化后再将初摇炉和终摇炉生产的液态中间锰硅合金兑入精炼炉，再加入其余的 1/4 富锰矿进行精炼。富锰矿与液态锰硅合金之间按质量计比值为 1 : 0.85~1.1。

双联摇包法工艺流程如图 5-2 所示。

5.2.4.3　生产中碳锰铁的具体实施过程

生产所用的基本设备：12500kV·A 矿热炉 1 台，3200kV·A 精炼炉 1 台，14m³ 摇炉 2 台（套），转速 35~80r/min，偏心距 60~120mm，铁水包、渣包 8

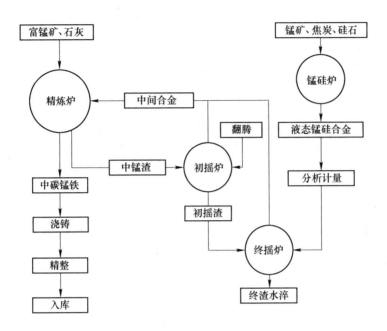

图 5-2 双联摇包法工艺流程图

个，50t 行车 2 台。

（1）锰硅生产。具体工艺略，锰硅合金成分（质量分数）为：

$w(Mn)$：65% ~ 67%、$w(Si)$：17% ~ 20%、$w(Fe)$：11% ~ 14%、$w(C)$：1.2% ~ 1.8%、$w(P)$：0.2%。

（2）摇炉预精炼：锰硅炉生产出的液态合金流入铁水包，按富锰矿与液态锰硅合金的比例确定锰硅合金的配料量。首先将 1/2 的热液 2265kg 兑入初摇炉，以偏心距 80mm、50r/min 转速摇动初摇炉 8 ~ 10min，利用摇炉机偏心轮产生的偏心力使熔体在摇炉内形成海浪式翻腾，克服中锰渣与锰硅合金的密度差，强化锰硅合金中的 Si 与中锰渣中的 MnO 反应，待运转时间达到后停机静置 5 ~ 10min，然后做撇渣处理。

初摇炉内上层浮渣（初摇渣含 Mn12%左右）撇入终摇炉，将初摇炉出来的一次中间合金热液通过热兑流槽兑入精炼炉。

然后，向终摇炉兑入剩余的液态锰硅合金 2265kg，以偏心距 80mm、50r/min 转速摇动终摇炉 8 ~ 10min，操作与初摇炉相同。炉内上层浮渣（终渣）撇入渣包水淬处理，终渣含 Mn6.83%，质量 6260kg。将终摇炉出来的二次中间合金热液兑入精炼炉。

（3）精炼炉生产：在精炼炉加入富锰矿约 3286kg，锰矿成分为：Mn42%、Fe5.15%、CaO4.1%、$SiO_2$7.2%，加入控制碱度 1.3 所需的石灰（CaO>85%）、萤石 25kg（视情况而定，某些情况不需配入），熔化过程中加入经过初摇炉和终摇炉预精炼的液态中间锰硅合金（中间合金预精炼好之后即可兑入精炼炉），然后加入 1410kg 富锰矿进行精炼，按肉眼观察方法进行取样分析判断，合金合格后即可出炉。

精炼炉和锰硅炉同时出炉，锰硅炉生产出的液态锰硅合金作摇炉预精炼用，炉渣作水淬处理。精炼炉生产出的铁水经浇铸、精整得到中碳锰铁产品，质量为 5000kg，成分为：Mn78%、Si1.5%、C1.25%、P0.25%。精炼炉生产出的中锰渣作为下一作业周期的原料全部流入初摇炉，成分为：Mn21%、CaO36.7%、$SiO_2$32.4%、MgO3.4%。

（4）双联摇包工艺生产的其他情况。当富锰矿与液态合金比值为 1:1.1，富锰矿含 Mn 不同时（40.2%、42.5%、45.1%），中锰渣含 Mn 也不同（20.2%、21.4%、22.8%），初、终摇炉渣和中碳锰铁含 Mn 情况见表5-5。

表 5-5　初、终摇炉渣和中锰渣含 Mn 情况

中锰渣含 Mn/%	20.2	21.4	22.8
初摇渣含 Mn/%	12.7	13.2	13.8
终摇渣含 Mn/%	6.5	6.55	6.64
产品含 Mn/%	79.2	80.1	80.3

当其他条件不变，富锰矿与液态合金比值为 1:0.7~1:1.2 时，其生产情况见表5-6。

表 5-6　富锰矿与液态合金不同比值下双联摇包法生产情况

富锰矿/液态锰硅合金	1:0.7	1:0.8	1:0.9	1:1.0	1:1.1	1:1.2
富锰矿/kg	4700	4700	4700	4700	4700	4700
液态锰硅合金/kg	3290	3760	4230	4700	5170	5640
初摇渣含 Mn/%	17.2	16.5	14.8	13.5	12.6	11.4
终摇渣含 Mn/%	10.34	8.95	6.81	6.63	6.43	6.14
产品含 Mn/%	82.8	81.4	80.7	79.2	78.6	77.5

当其他条件不变，终摇炉时间为 8~10min，初摇炉不同运转时间下渣含 Mn 情况见表5-7。

表 5-7　初摇炉不同运转时间下渣含 Mn 情况

运转时间/min	5	8	11	15
初摇渣含 Mn/%	16.3	13.2	12.8	12.4
终摇渣含 Mn/%	8.32	6.65	6.43	6.32

5.2.5　电炉高碳锰铁冶炼工艺操作

5.2.5.1　冶炼方法

电炉高碳锰铁的冶炼是连续进行的，即连续加料冶炼，定时出铁。根据入炉锰矿品位的不同及炉渣碱度控制的不同，在电炉内生产高碳锰铁有熔剂法、无熔剂法、少熔剂法三种方法：

（1）熔剂法。采用碱性渣操作，炉料中除锰矿、焦炭外，还配入一定量的熔剂（石灰）并用足还原剂。采用高碱度渣操作，炉渣碱度，$n(CaO)/n(SiO_2)$控制在 1.2~1.4，以便尽量降低渣中含锰量，提高金属锰的回收率。

（2）无熔剂法。采用酸性渣操作，炉料中不配加石灰，在还原剂不足的条件下冶炼，用这种方法生产，既可获得高碳锰铁，又可获得生产硅锰合金和中、低碳锰铁的含 Mn30% 的低磷富锰渣。其优点是电耗低，锰的综合回收率高。其不足是采用酸性渣操作，对碳质炉衬侵蚀严重，炉衬寿命较短。

（3）少熔剂法。用介乎熔剂法和无熔剂法之间的"偏酸性渣法"。该法是配料中加入少量石灰或白云石，将炉渣碱度控制在 0.6~0.8 之间，在弱碳的条件下冶炼。生产出合格的高碳锰铁和含锰 25%~40% 及适量 CaO 的低磷、低铁富锰渣。富锰渣用于生产硅锰合金时既可减少石灰加入量又可减少因石灰潮解而增加的粉尘量，因而可改善炉料的透气性。

采用何种方法与入炉矿的品位有关。入炉矿石的品位较低一般采用熔剂法，入炉矿石的品位高（高品位进口矿）则用无熔剂法或少熔剂法生产高碳锰铁。

5.2.5.2　冶炼工艺操作

电炉高碳锰铁的生产操作过程主要有配料、加料、炉况维护及出铁浇铸等。

（1）配料及加料。根据配料计算得出配料比后，按锰矿石、焦炭、石灰（白云石）的顺序进行称量配料，然后通过运输系统将配好的料送到炉顶料仓或加料平台。根据炉内需要分批加入炉内。

（2）炉况维护。在电炉冶炼过程中，由于原料的波动、电气及机械设备等因素的影响，炉况难以长期保持稳定状态，总是在波动变化。因此，要对炉况随时观察、监测，并根据其变化作出准确判断，及时采取措施调整和处理，使炉况恢复到正常状态。

（3）炉况判断及处理。炉况正常的标志是：

1）电流稳定，电极插入深度合适，电极电压正常；

2）料面高度合适，冒火均匀，炉料化料均匀，电极周围刺火及塌料现象少；

3）封闭炉内炉气压力、成分、温度正常；

4）炉渣成分稳定，流动性好、排渣顺畅；

5）合金成分稳定，产量稳定，各项技术经济指标良好。

炉况的变坏大多是由于还原剂配入过多或不足，以及炉渣碱度过高或过低造成的。

还原剂过多时，由于炉料电阻率减小，电流增大，电极上抬，炉内化料速度减慢，电极周围刺火严重，炉气压力与温度上升，锰的挥发损失增大，炉底温度下降，出炉困难，产品含硅量增高。此时应向电极同围适量减碳，并调整料批中焦炭的配入量。

还原剂不足时，电极下插过深，电极消耗增大，负荷上不去，电流不稳定；炉口翻渣；炉渣中含锰量升高，产品中硅低磷高，渣多铁少。此时可向电极周围附加适量焦炭，并在料批中提高焦炭配比。

炉渣碱度过高时，在炉内表现为电极上抬；料面刺火，翻渣；炉渣流动性差，出铁量少，炉渣发暗而粗糙，断面多孔，冷却后很快粉化。炉渣碱度过低时，电极插入深，炉渣稀，流动性好，渣表面皱纹少，渣中跑锰多。针对上述情况，应及时调整石灰配入量将渣碱度调整到正常范围。

（4）出铁及浇铸。正常生产电炉要按一定时间间隔定时出铁，出铁次数根据电炉大小容量而定。一般大电炉每班出铁 4~5 次，中小型电炉每班出铁 2~3 次。根据一些厂家的生产经验，在炉内冶炼状况正常的情况下，适当延长出铁间隔时间，对提高产品质量，降低焦比、电耗有较好作用。

5.2.6　电炉高碳锰铁的技术进步

为获得高碳锰铁生产的较好技术经济指标，各国铁合金工作者都在积极探索冶炼新工艺、新技术，并取得一定进展，主要包括：

（1）炉料预热和预还原。日本某厂一台 40000kV·A 封闭式锰铁电炉生产高碳锰铁时，将炉料通过一台直径 3.5m，长 75m 的回转窑进行预热及预还原锰矿，并将氧化铁、磷和石灰干燥脱除结晶水，炉料温度达 800℃ 时入炉。回转窑热源来自封闭电炉煤气，采用此法后电炉生产效率大大提高，电耗降低到 2000kW·h/t。

（2）留渣法生产高碳锰铁。此工艺的特点是利用炉渣电阻热代替电弧热，促使炉内反应扩大，达到降低电耗、提高元素回收率和生产能力的目的。

（3）采用电子计算机控制技术，可控制碳量，调整电极，储存数据，控制料批称量系统和加料运输系统，使电炉工作稳定，电耗下降（平均达 12%）。作业时间增加，炉子寿命延长，目前已被各国广泛采用。

5.3　硅锰合金的生产

5.3.1　锰硅合金牌号及用途

锰硅合金是由锰、硅、铁及少量碳和其他元素组成的合金，是一种用途较广、产量较大的铁合金。其消耗量占电炉铁合金产品的第二位，锰硅合金里的锰和硅与氧的亲和力较强，在炼钢中使用锰硅合金，产生的脱氧产物 $MnSiO_3$ 和 Mn_2SiO_4 的熔点分别为 1270℃和1327℃，具有熔点低、颗粒大、容易上浮、脱氧效果好等优点。在相同条件下使用锰或硅单独脱氧，其烧损率分别为 46%和37%，而用锰硅合金脱氧，二者的烧损率都是 29%。因此，它在炼钢中得到了广泛的应用，其产量增长速度高于铁合金的平均增长速度，更高于钢的增长速度，成为钢铁工业不可缺少的复合脱氧剂和合金加入剂。含碳在 1.9%以下的锰硅合金还是用于生产中、低碳锰铁和电硅热法金属锰的半成品。

铁合金生产企业，通常把炼钢使用的锰硅合金称作商品锰硅合金，把冶炼中、低碳锰铁使用的锰硅合金称作自用锰硅合金，把冶炼金属锰使用的锰硅合金称作高硅锰硅合金。

锰与硅能组成硅化物 $MnSi_2$、$MnSi$ 和 Mn_5Si_3。从锰硅状态图中可以看出，最稳定的硅化物为 $MnSi$。由于锰的硅化物生成自由能的负值远远大于锰的碳化物生成自由能的负值，在锰硅合金中含硅量越高，则含碳量越低。

锰硅合金可以在大、中、小型矿热炉上采取连续式操作法进行冶炼。自用锰硅合金除了普遍采用炉外镇静及底浇铸等工艺措施外，冶炼工艺过程与商品锰硅合金没有明显区别；高硅锰硅合金生产过程中，铁元素作为杂质而受到严格控制，其生产工艺方式与普通锰硅合金区别明显。目前，锰硅合金电炉正朝着大型化、全封闭的方向发展，最大的 88000kV·A 锰硅合金电炉 1975 年投产于南非。

锰硅合金按锰、硅及杂质元素含量的不同分为 8 个牌号，其化学成分应符合表 5-8 规定。

表 5-8 硅锰合金化学成分国家标准

牌 号	化学成分（质量分数）/%						
	Mn	Si	C	P			S
				I	II	III	
				不大于			
FeMn64Si27	60.0~67.0	25.0~28.0	0.5	0.10	0.15	0.25	0.04
FeMn67Si23	63.0~70.0	2.0~25.0	0.7	0.10	0.15	0.25	0.04
FeMn68Si22	65.0~72.0	20.0~23.0	1.2	0.10	0.15	0.25	0.04
FeMn64Si23	60.0~67.0	20.0~25.0	1.2	0.10	0.15	0.25	0.04
FeMn68Si18	65.0~72.0	17.0~20.0	1.8	0.10	0.15	0.25	0.04
FeMn64Si18	60.0~67.0	17.0~20.0	1.8	0.10	0.15	0.25	0.04
FeMn68Si16	65.0~72.0	14.0~17.0	2.5	0.10	0.15	0.25	0.04
FeMn64Si16	60.0~67.0	14.0~17.0	2.5	0.20	0.25	0.30	0.05

5.3.2 锰硅合金冶炼原理

硅锰合金以锰矿石、富锰渣作原料，焦炭作还原剂，白云石作熔剂，在矿热炉内连续生产。其生产原理为含高价铁和锰氧化物的炉料在高温冶炼过程中被高温分解或被 CO 还原为低价的氧化物，到 1373~1473K 时，FeO 全部被还原为 Fe，而高价锰氧化物被充分还原为 MnO，与炉料中含量较高的 SiO_2 结合成低熔点的硅酸锰。该过程主要化学反应式为：

$$MnO + SiO_2 === MnSiO_3 \qquad t_{熔} = 1250℃$$

$$2MnO + SiO_2 === Mn_2SiO_4 \qquad t_{熔} = 1345℃$$

由于锰与碳能生成稳定的化合物 Mn_3C，因此在生产过程中用碳直接还原得到的是锰的碳化物，具体反应式为：

$$MnO \cdot SiO_2 + 4/3C === 1/3Mn_3C + SiO_2 + CO \uparrow$$

在 C 的还原作用下，硅酸锰被还原成 Mn_3C 与被还原出来的 Fe 形成（Mn·Fe）$_3$C 共熔体，与此同时硅酸锰被还原成 SiO_2，随温度的升高 SiO_2 亦与 C 发生反应生成 Si。由于 MnSi 的稳定性较 Mn_3C 强，因此被还原出来的 Si 与 Mn_3C 反应生成 MnSi。其反应式为：

$$SiO_2 + 2C === Si + 2CO \uparrow$$

$$1/3 \ Mn_3C + Si === MnSi + 1/3C$$

随着还原出来的硅含量的提高，碳化锰受到破坏，合金中碳的含量进一步降低。

用碳从液态炉渣中还原生产硅锰合金的总反应式为：

$$MnO - SiO_2 + 3C === MnSi + 3CO \uparrow$$

冶炼中还带入一部分其他有害元素，如磷、碳、硫等，应在原料中加以控制。冶炼中还存在未还原物质，如氧化锰、二氧化硅等，要加入石灰石或白云石与此反应形成炉渣。炉渣碱度应控制在 0.6~0.8 之间。

5.3.3 锰硅合金冶炼的原料

冶炼锰硅合金的原料有：锰矿石、富锰渣、硅石、熔剂（白云石或石灰）。入炉原料技术要求如下：

（1）锰矿石。

1）Mn>30%，Mn/Fe6~8，P/Mn<0.002。

2）粒度 5~80mm，水分≤6%（巴西矿、加蓬矿除外）。

（2）焦炭。

1）冶金焦：固定碳≥80%，灰分≤10%，粒度 5~20mm。

2）硅石：SiO_2≥97%，Al_2O_3≤1.5%，P_2O_5≤0.02%，粒度 10~40mm。

3）熔剂（白云石）：CaO+MgO≥50%，粒度5~40mm。

5.3.4 锰硅合金冶炼工艺操作

锰硅合金的生产与电炉高碳锰铁一样都是在矿热炉内进行的，主要采用焦炭作还原剂，锰矿石、富锰渣和硅石作原料，石灰或白云石作熔剂在电炉内连续生产，操作方法与高碳锰铁相同。渣铁比受锰矿的金属含量波动影响较大，锰矿品位高，渣量则少，反之渣量就多，波动范围一般为0.8~1.5。硅锰合金生产工艺流程图如图5-3所示。

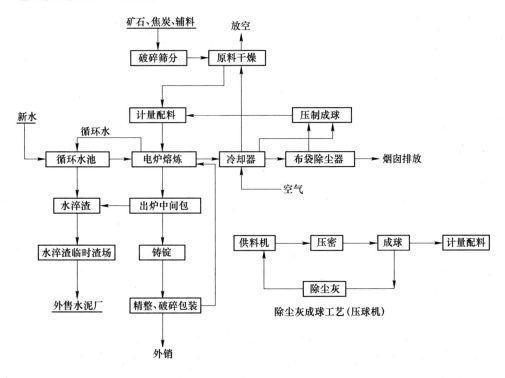

图5-3 硅锰合金生产工艺流程图

为保证冶炼过程正常进行，在操作中需要特别重视还原剂的用量和炉渣成分。

（1）炉况正常的标志和熔池结构。正常炉况的标志是：电极的插入深度合适，炉料均匀下沉，炉口冒火均匀，产品和炉渣成分稳定，各项技术经济指标良好。生产中密切观察炉况，及时正确地调整配料比例是保证正常炉况的关键。

锰硅合金矿热炉熔池是由炉料区、焦炭区、冶炼区和合金池四个不同区域构成。

在炉料区锰和铁的高价氧化物被还原成低价氧化物，MnO与SiO₂结合成复合硅酸盐，并在 1250~1300℃熔化，锰和硅的还原主要是在焦炭区和冶炼区之间进行的。

（2）焦炭层的作用。焦炭对冶炼有重要的影响。焦炭入炉粒度和配入量必须根据矿石粒度结构、有效成分、导电性及电极长短进行调整，其对锰硅合金的冶炼生产起着关键作用。焦炭层处于固态的炉料层与液态的冶炼层之间，其厚度和部位决定电极工作端的位置和电炉操作的稳定性，不同容量的电炉或不同的工艺参数的锰硅电炉有各自的标准，最佳的焦炭层部位能保证电极插入足够的深度和合适的冶炼熔池坩埚。焦炭的粒度大小和配入量还直接影响炉料的比电阻，应通过焦炭来调整炉料比电阻，使电炉炉况稳定。焦炭粒度过大或量过多，会导致炉料比电阻减小，导电性增强，电极上抬，焦炭层增厚，焦炭层的部位上升，炉膛熔池坩埚缩小。同时，刺火塌料现象增多，炉温降低，影响 MnO 和 SiO_2 的还原，造成出铁排渣不畅，锰挥发损失加大。

（3）溶剂的作用。溶剂对冶炼也有重要的影响。溶剂配入的主要目的是确保顺利排渣，一些研究认为，通过加入碱性溶剂提高炉渣碱度可保证排渣顺利，此法虽利于排渣，但同时制约了 SiO_2 的还原，增大渣量，降低了锰的回收率。这主要是因为 SiO_2 活度随着碱度的增大而越来越小，SiO_2 还原的热力学条件严重恶化，会导致硅回收率迅速减小。在生产锰硅合金时较高或合适的炉渣碱度是依靠提高 SiO_2 的还原率来达到的，只有 SiO_2 的还原率得到提高，金属锰回收率才能有效提高。

优化冶炼操作工艺。在锰硅合金冶炼过程中，物理变化和化学反应是同时进行的，为确保入炉原料熔化速度和主要组分 MnO 和 SiO_2 的还原冶金反应速率相匹配，加强工艺操作管理是必不可少的。

（1）应采用恒定功率配送电操作制度。由于锰硅合金冶炼是有渣法冶炼，在炉内存在焦炭层。焦炭层不仅可吸收大部分电能产生热量，吸收电极端部部分过热的热量防止电弧的产生，同时也是化学反应最激烈的临界层。因此，配送电应注意确保三相电极插入深度一致，保持固定的熔池反应区域，并保持恒定功率输入。操作过程不要频繁移动电极；加大负荷时，应增加电流最小的电极，并由小至大次序增加；减小负荷时，应先减少电流最大的电极，并由大至小减少。

（2）要加强炉面操作管理。该企业电炉电极带电压放系统成功应用后，缩短了电极压放时间，提高了热效率。根据电极长短和烧结情况，以及通过改变焦炭的粒度搭配和配入量，可以保持电极在炉料中有合适的埋入深度。另外，冶炼工放料应遵循勤加薄盖原则，杜绝空烧现象出现，减少锰的挥发损失。

（3）加强炉前操作管理。炉台应严抓炉眼维护工作，基本保持炉眼深堵300mm 以上，这是有效减少炉眼事故的主要途径；及时封补炉眼，可减少出现塌料现象。另外，要加强出铁准备工作，缩短出铁时间，以减少热量损失。

锰硅合金用封闭或半封闭还原电炉冶炼。一般采用含二氧化硅高、含磷低的锰矿或另外配加硅石为原料。富锰渣含磷低、含二氧化硅高是冶炼锰硅合金的好原料。冶炼电耗一般约 3500~5000kW·h/t。入炉原料先作预处理，包括整粒、预热、预还原和粉料烧结等，对电炉操作和技术经济指标起显著改善作用。

5.3.5 硅锰精炼技术

（1）电炉精炼。中、低碳锰铁一般用 1500~6000kV·A 电炉进行脱硅精炼，以锰硅、富锰矿和石灰为原料，其反应为：

$$MnSi+2MnO+2CaO \longrightarrow 3Mn+2CaO \cdot SiO_2$$

采用高碱度渣可使炉渣含锰降低，减少由弃渣造成的锰损失。联合生产中采用较低的渣碱度（$CaO/SiO_2<1.3$）操作，所得含锰较高（20%~30%）的渣用于冶炼锰硅合金。炉料预热或装入液态锰硅合金有助于缩短冶炼时间、降低电耗。精炼电耗一般在 1000kW·h 左右。中、低碳锰铁也用热兑法，通过液态锰硅合金和锰矿石、石灰熔体的相互热兑进行生产。

（2）吹氧精炼。用纯氧吹炼液态碳素锰铁或锰硅合金可炼得中、低碳锰铁。此法经过多年试验研究，于 1976 年进入工业规模生产。

5.4 我国锰铁合金生产技术的改进与发展

5.4.1 留渣法冶炼铁合金

留渣法冶炼铁合金是日本首先提出来的一种新型铁合金生产工艺，在日本称为双出铁口连续操作法或称为米持法，在德国称为炉渣电阻冶炼。这种方法的特点在于它是利用炉渣电阻热代替常规法的电弧热，促使炉内反应区扩大，达到降低电耗，提高元素回收率和生产能力的目的。留渣法用于锰硅合金和高碳锰铁的冶炼，显示出如下优点：

（1）在渣层中能量转换率稳定；

（2）在出铁操作中放出的液体温度稳定；

（3）扩大了反应区，气体分布均匀，热的利用率高；

（4）炉渣与合金分离较彻底。

日本重化学工业公司庄川厂的 51000kV·A 电炉采用留渣法工艺，生产锰硅合金，产品的实物电耗为 4400kW·h/t，金属锰的回收率达到 85%。

5.4.2 等离子炉冶炼锰硅合金

等离子冶炼技术在铁合金生产中表现出了许多优越性。由于等离子体温度很高，能充分满足大多数铁合金冶炼过程对还原温度的要求，具有升温快、冶炼温度高等特点。在碳热冶炼还原过程中，碳和矿石中的氧化物熔合良好，还原反应速度特别快。等离子炉可以直接任意使用粉状矿石和劣质煤粉，加料速度和电热功率可以直接任意调节，得到平衡的冶炼还原条件，不存在电极消耗问题。

前苏联弗拉索夫经过试验确认，等离子炉冶炼锰硅合金可以降低合金中的磷含量，磷入合金率25%~44%。应用长弧式等离子炉开发高磷锰矿和海底锰结核具有直接熔化处理的可能性。SKF钢铁公司采用Plasmasnelt法冶炼锰硅合金，把氧化锰矿粉、石英粉、煤粉和熔剂混合喷入充满焦炭的竖炉反应区内，可炼得含Si 18%的锰硅合金，单位电耗为4500kW·h/t。

5.4.3 锰铁合金冶炼过程余热利用

铁合金冶炼行业是国民经济重要的基础原材料工业之一，也是一个高耗能、高污染工业。在铁合金冶炼生产成本中能源费用约占到50%左右，能源利用效率的高低已成为铁合金冶炼行业进步的重要标志。国内外大型铁合金企业均纷纷采用先进技术和装备，开展节能降耗和综合回收利用，通过不断优化企业的能耗、环保指标，以期达到更好的节能减排的效果。

为了回收利用锰系合金生产线中的烟气中的热量，铁合金公司纷纷建设了余热发电系统，利用铁合金矿热炉的高温烟气余热进行发电。但经过余热发电利用后的烟气还有一部分余热（烟气温度约100℃以上）没有回收利用。据生产数据统计分析，铁合金冶炼高温烟气余热回收利用率仅为33.5%，即还有2/3的烟气余热尚未被利用，烟气余热利用有很大的挖掘潜能和利用空间。国内某公司利用余热发电后的烟气直接干燥球团，实现烟气余热的梯级利用，取得节能减排、清洁生产的良好效果。其工艺流程图如图5-4所示。

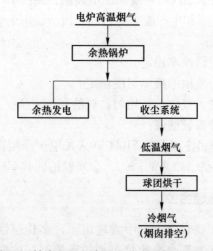

图5-4　铁合金烟气余热回收利用工艺流程图

　　该公司利用铁合金矿热炉烟气余热烘干球团技术，使铁合金生产实现烟气余热高效利用，所产生的经济效益、环境效益十分显著。该技术创新是铁合金行业实现清洁生产、节能减排、循环经济的良好举措，为铁合金行业进一步开展综合利用开辟了一条新途径。

参 考 文 献

[1] 李春德. 铁合金冶金学 ［M］. 北京：冶金工业出版社，1991.

[2] 赵乃成，张启轩. 铁合金生产实用技术手册 ［M］. 北京：冶金工业出版社，2006.

[3] 梅光贵，张文山，曾湘波，等. 中国锰业技术 ［M］. 湖南：中南大学出版社，2011.

6 含锰烟尘的处理

6.1 含锰烟尘的来源

在锰和铁等合金的火法冶炼过程中产生大量的烟气，这些烟气主要含有 CO、CO_2 和 SO_2 等气体以及大量颗粒很细的锰氧化物的微粒。每生产 1t 的锰铁合金将产生含锰品位在 25%~35% 之间的含锰烟尘 200~300kg，高于大多数低品位锰矿的锰品位。全国每年生产锰系铁合金可达 $350×10^4t$，产生的含锰烟尘达（70~105）× $10^4t/a$，其中锰含量在 $26.25×10^4t/a$ 左右，是很可观的可回收的金属锰资源。

目前，国内对于含锰烟尘的回收及利用率都较低。虽然含锰烟尘中含有一定量的可用锰，但回收利用需要增加设备投资和电能消耗等，使得回收成本较高；含锰烟尘的利用通常是与细锰精矿按一定的比例搭配进行烧结，无论是对其进行负压还是正压烧结，烟尘的损失量都很大，造成了搭配烧结处理不完全和烟尘的损失量大等后果。造成这些后果的主要原因是缺乏经济有效环保的回收利用含锰烟尘的方法。

6.2 含锰烟尘的处理方法

目前，对于含锰烟尘有两种较好的利用途径：球团法造球和湿法浸出。

6.2.1 球团法造球

球团法[1]中根据成球的方法可将其分为造球和压球两种。造球所用的主要设备是圆盘造球机，圆盘造球法的成形方法是要求原料的粒度很细，生产时需要对矿粉原料进行细磨，由此导致了设备投资增加、扬尘严重，对环境的污染较大。冷压球团法所用的主要设备是对辊压球机，它具有工艺流程简单、易操作、占地少、投资少、污染小以及对原料适应性强等优点。随着能源的日趋紧张，燃料价格不断提高以及人们环保意识的提高，加压成球处理法越来越受到人们的重视。

6.2.1.1 圆盘造球法

圆盘造球法是将含锰烟尘在造球设备中用水润湿以后，借助机械力的作用而滚动成球的过程。在生产过程中，湿料被连续地加入到造球机中，湿球在不断地滚动下而被压密，引起毛细管形状及尺寸的改变，从而使得过剩的毛细水被迁移到母球的表面。潮湿的母球在滚动过程中很容易黏上一层润湿程度较低的湿料，再压密，母球表面又黏上了一层湿料，反复多次后，母球不断长大。

由于各个母球获得物料的机会是基本均等的，所以生球的粒度比较均匀。在连续造球的过程中，当物料的水分增高及生球的塑性增大时，聚结长大的比例和生球的尺寸都会增加。母球长大成为符合尺寸的生球以后进入紧密阶段，在造球机的机械力作用下产生搓动力，使得生球内部颗粒被进一步压紧，从而球团强度得到提高，密度增大[1,2]。

6.2.1.2　冷固压团法

与其他球团的制造工艺相比，冷压团工艺具有投资少、流程短等优点，得到了在美国、日本和中国等的铁合金厂家的广泛应用。冷固压团又可分为球形、枕形和砖形等几种球团[3]。

为了提高球团的机械强度，压球机必须拥有足够大的压缩比及成形压力。成形压力越大，矿石颗粒之间的间隙就越小，球团内部组织就越致密。提高成形压力有利于液相黏结剂在球团内部的渗透和均匀分布，但是压力过大就会使得球团发脆，降低落下的强度。采用强力混碾机则可以使得各种原料均匀混合，获得致密而带有塑性的球团，提高球团的强度。

造球工艺通常是将干燥的烟尘和适量黏结剂与水按一定比例混合，在圆盘造球机上滚动成球后，然后进行烘干（200～300℃）处理，直接入炉冶炼。

该项技术的优点是节省资源，降低污染，且流程短。还可以生产含碳的冷固球团，实现以煤代焦，降低还原剂的成本，促进了资源综合利用。

6.2.2　湿法浸出含锰烟尘

含锰烟尘中含有大量的其他价态的锰离子，是一种具有复杂锰物相的物料，因此在浸出含锰烟尘时也采用和湿法处理软锰矿类似的手段来处理。湿法处理软锰矿的方法是将软锰矿与稀硫酸以及还原剂按照一定的比例混合，在一定的温度下搅拌反应一定的时间，使高价锰还原为二价锰，并浸出到溶液中。有学者研究了将锰烟尘、稀硫酸和添加剂混匀加热至 90℃以上时保温搅拌，酸溶浸出。在对添加剂的用量以及硫酸的浓度进行了考察后，确定了添加剂用量为理论量的 1.2 倍，硫酸浓度为理论用量的 1～1.1 倍时的浸出效果较好，并进行了半工业浸出试验研究，浸出率稳定在 80.3%～85.97% 范围内。

参 考 文 献

[1] 胡实，等. 金属热处理 [M]，北京：冶金工业出版社，1990.

[2] 吴志远. 基于径向基人工神经网络的造球盘控制 [硕士学位论文]. 鞍山：辽宁科技大学，2008

[3] 邱伟坚，黄道栋. 提高锰矿冷压团强度的影响因素 [J]. 铁合金，1987（5）：15~21.

7 电解金属锰的生产

目前，我国是全球最大的电解金属锰的生产国、消费国和出口国[1]。电解金属锰作为一种重要的冶金、化工原材料，为我国工业的快速发展做出了重要贡献。电解金属锰工业属于资源、能源消耗高，且环境污染严重的工业行业。因此，为了实现我国电解金属锰工业的持续稳定发展，认真研究和解决所面临的这些问题是冶金工作者未来的发展方向[2]。

为了满足一些工业部门（如不锈钢、部分特钢、软磁材料和铝合金）的需求，国内外锰工业生产中广泛采用了从硫酸锰溶液中电解获取高纯金属锰。

虽然锰的标准电极电位为-1.18，但由于氢在金属锰上存在超电压，锰仍然可以从中性溶液中析出到阴极上。该法是20世纪40年代才实现工业化生产，至今仍是唯一能够生产高纯金属锰的工业方法。

我国电解金属锰生产起步比欧美日等国都要晚，但发展迅速，到20世纪90年代，我国已成为全球生产、出口、消费最大国，生产能力和产量均占全球的97%以上，一直保持至今。经过不断的探索和升级改造，我国电解锰工业面貌已经发生根本性变化，无论是"节能、降耗和环境保护"均取得显著进步。

由于我国锰矿资源先天不足，绝大多数锰矿资源都是贫矿，加上各地区自然条件的差别，发展很不平衡，先进企业与一般企业之间的差别明显，即使是先进企业也仍然存在诸多问题，还需要认真加以研究解决。突出问题是产能严重过剩，产品价格低，企业效益差，行业正处于调结构、促转型发展的关键阶段。

电解金属锰生产工艺流程、工序和技术参数如下：

（1）生产工艺流程。电解金属锰生产工艺流程如图7-1所示。

（2）主要生产工序及技术参数。电解金属锰工业生产主要工序有矿粉原料制备、矿粉浸出、浸出液净化、电解、极板后续处理等五个工序。

1）矿粉原料制备。该工序是电解锰生产的原料准备部分，包括矿石原料的选择和磨细两个部分，往往被忽视，实际上是生产中很重要一个部分，因为不是所有的锰矿石都可以用于生产电解锰，如含Fe>12%、CaO+MgO>20%、$MnSiO_3$>4%、P>0.2%、F>0.1%、S>3%等矿石在通常情况下均不应选作生产电解锰的原料。

矿石到厂后应堆在原料棚中，而不应露天堆放，因为所有的磨粉设备均对矿石含水量有要求，含水量大于6%的矿石均应通过烘干后（含水量≤4%~5%）

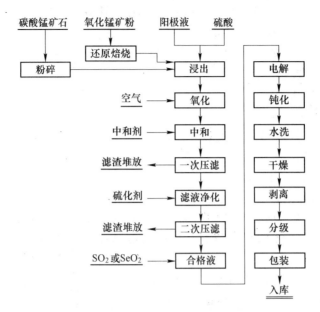

图 7-1 电解金属锰生产工艺流程图

才可进入磨粉设备。

21 世纪最初的 10 年，电解锰生产主要是采用球磨机和雷蒙机。近两年立磨机得到推广，淘汰了球磨机和雷蒙机。近两年高压辊磨机受到青睐，它具有性价比好、能耗低、能力大、环保好等一系列优点，未来肯定会在电解锰行业得到推广。

主要技术要求：矿粉粒度<80~120 目。

2）矿粉浸出与过滤。浸出的主要目的是使矿粉中的锰最大限度地转入酸溶液中，而与其他不溶于酸的元素分离，通常以锰的浸出率（%）来表示，即转入溶液中锰量和矿石中总锰量的比值，比值越大，浸出效果越好，一般应在 94%~96%，渣中不溶性含锰量应小于 1.5%。

锰的浸出率直接影响锰的回收率和生产成本，为了有利于下一工序的进行，溶液含 Mn^{2+} 应控制在 30~38g/L。

浸出主要反应式为：

$$MnCO_3 + H_2SO_4 == MnSO_4 + H_2O + CO_2 \uparrow$$

或

$$MnO + H_2SO_4 == MnSO_4 + H_2O$$

$$Fe_3O_4 + 4H_2SO_4 == FeSO_4 + Fe_2(SO_4)_3 + 4H_2O$$

$$FeO + H_2SO_4 == FeSO_4 + H_2O$$

$$CaO + H_2SO_4 == CaSO_4 + H_2O$$

$$MgO + H_2SO_4 == MgSO_4 + H_2O$$

$$CoO + H_2SO_4 = CoSO_4 + H_2O$$
$$NiO + H_2SO_4 = NiSO_4 + H_2O$$
$$ZnO + H_2SO_4 = ZnSO_4 + H_2O$$

浸出主要参数为：

液固比：8∶1~10∶1；

温度：常温或加热；

矿粉粒度：小于80~120目；

时间：2~4h；

搅拌速度：60~65r/min；

浸出终点pH值：1~1.5。

浸出设备大多采用圆形结构，外壳为水泥浇注，内衬耐酸瓷砖和环氧树脂。浸出设备有效容积250~500m³/个，小于250m³的浸出设备按"电解金属锰行业准入条件"不准采用。

过滤是将锰等金属的浸出液与不溶于酸的其他成分分离，通常采用高压隔膜压滤机实现固、液分离，压滤机的压滤面积目前已超过1000m²，电解锰生产中多采用600~800m²。

衡量过滤过程的主要指标是滤渣中含湿量要求小于24%，目前我国已能生产在压滤机上洗涤滤饼的压滤机，过滤渣不用卸渣就可以将渣中含水中的$MnSO_4$大部分加以回收，操作好的指标可以达到渣中的含水中的$MnSO_4$含量达到2g/L左右，显著地提高了锰的回收率。

7.1 湿法冶金提取锰的浸出过程

7.1.1 锰矿的预焙烧浸出

7.1.1.1 锰矿石的还原焙烧

锰矿石还原焙烧的目的有两个：一是将高价氧化锰还原成低价氧化锰，便于在锰矿石浸出过程中锰元素的溶解；二是将矿石中的弱磁性铁氧化矿还原为强磁性的磁铁矿或假象赤铁矿，再用弱选机分离锰铁，提高锰矿物的锰铁比。

在还原焙烧过程中发生的主要化学反应为：

$$MnO_2 + CO = MnO + CO_2$$
$$MnO_2 + H_2 = MnO + H_2O$$
$$3Fe_2O_3 + CO = 2Fe_3O_4 + CO_2$$
$$3Fe_2O_3 + H_2 = 2Fe_3O_4 + H_2O$$

7.1.1.2 锰矿石的中性焙烧

中性焙烧的目的是使碳酸锰矿石分解，放出二氧化碳、挥发物和结晶水，从而提高锰的品位。碳酸锰矿石的焙烧过程是一个吸热反应，由于碳酸锰矿石中还夹杂着其他的碳酸盐矿物，它们的分解压是不同的，因此所需分解温度也不尽相同，它们的分解温度见表 7-1。

为使碳酸锰矿物充分分解，其焙烧温度必须达 800~1000℃，但焙烧温度过高，耗热大，同时会引起部分矿物表面软化而黏结，造成生产障碍。

表 7-1　碳酸盐矿物分解温度

碳酸盐矿物	$MnCO_3$	$FeCO_3$	$MgCO_3$	$CaCO_3$
分解温度/℃	642	459	681	1157

7.1.1.3　预焙烧浸出

对矿物进行预焙烧后再浸取，是处理低品位矿石的常用方法之一。物料经高温焙烧后不仅能增强活化作用，而且还能除掉某些挥发性杂质，引起有效成分的相变。浸取剂加入时，由于焙烧料自身的急热急冷而在晶格中产生热应力和缺陷，在颗粒中产生裂纹，使得浸取反应变得更为可行。大量研究表明，矿石经过焙烧分解后浸取反应性能可以得到明显改善。

靳晓珠等[3]报道了利用铵盐在一定温度下焙烧，将矿物中的锰转化成可溶性锰盐，以热水浸取焙烧料，并使焙烧过程中产生的氨气及 CO_2 气体通入浸取液中，将锰沉淀后得到锰精矿，而滤液经过蒸发、浓缩、结晶后重复利用，锰的回收率达 90% 以上。该方法的特点是实现了在生产过程中原料的循环利用，无废水、废气排放；采用热水浸取法，很大程度上降低了铝、铁、钙、硅等杂质的浸出，对后续的除杂工艺也比较有利。当然该方法需处理好 NH_4Cl 分解后逸出气体对设备的腐蚀问题。Petkov I[4]将锰矿石在 500℃ 高温下焙烧 45 min，再用 SO_2 溶液与焙烧料反应，在液固比 8∶1、温度 20℃ 下锰的浸取率达 90% 以上。而所用的 SO_2 可由黄铁矿焙烧而得，也可由硫酸厂或冶炼厂的含 SO_2 废气而来，既可降低浸取成本，又能有效地利用含硫废气。总之，通过预焙烧处理，能有效地改善锰矿的质量，提高锰矿的品位，从而显著提高锰的浸取率。但该方法能耗较大、成本较高、高温工作环境较差，且在焙烧过程中会产生一些对环境有害的气体，如 SO_2 等。因此，如能有效解决能耗、污染等问题，预焙烧浸取法仍将是锰工业的主要使用方法之一。

经过还原焙烧或中性焙烧后的锰矿石多以氧化物的形态存在，其中的锰主要以 MnO 的形式存在。MnO 是相当稳定的氧化物，用 CO 还原 MnO 是非常困难的。此时，可以将这部分焙烧过的锰矿石用一定浓度的硫酸溶液浸出，焙烧矿浸出过程中的主要化学反应有：

$$MnO + H_2SO_4 =\!=\!= MnSO_4 + H_2O$$
$$Fe_3O_4 + H_2SO_4 =\!=\!= FeSO_4 + Fe_2(SO_4)_3 + 4H_2O$$
$$FeO + H_2SO_4 =\!=\!= FeSO_4 + H_2O$$

$$CuO + H_2SO_4 \Longrightarrow CuSO_4 + H_2O$$
$$CoO + H_2SO_4 \Longrightarrow CoSO_4 + H_2O$$
$$NiO + H_2SO_4 \Longrightarrow NiSO_4 + H_2O$$
$$MgO + H_2SO_4 \Longrightarrow MgSO_4 + H_2O$$

7.1.2 碳酸锰矿的直接酸浸

直接采用硫酸浸取菱锰矿，是一种传统湿法冶金技术，也是目前国内外锰企业广泛使用的生产方法。针对不同产地菱锰矿的直接酸浸取法，国内学者开展了大量的研究工作，对反应温度、反应体系液固比、搅拌速率、物料颗粒大小、浸取剂浓度等因素进行了深入的探讨。

袁明亮等[5]利用催化剂改善矿物颗粒的表面活性、增大矿石颗粒对氢离子吸附作用，提高了浸取反应速率，同时使得反应能在常温下进行，在浸取温度为5~30℃、反应时间为60min下，锰浸取率达95%，在很大程度上节约了能耗。戴恩斌[6]在2001年提出了一种集地质、采矿、选矿、冶金于一体的原地溶浸法，即直接向矿体注入溶浸液而获得浸取液，浸取率可达96%。周罗中[7]也于2004年公布了类似的专利，该工艺操作过程较其他方法简单，矿石无需研磨等预处理，减小了设备的投资，浸取过程中不需要升温和搅拌等程序，浸取效果很好，对与矿山邻近的企业能较大幅度地降低生产成本。但此法整个生产流程耗时长，对于小规模企业来讲并不合算。另外，一些学者也研究了含多种锰物相的混合矿酸浸出法[8]，结果表明：在一定的条件下对两种不同成分的锰矿进行复配浸取，可以加快浸取速率，提高锰的回收率；总锰回收率比单一锰矿浸取时有所提高，且时间更短。但有关混合矿石总锰浸取率提高的机理研究还未见报道，估计是由于矿石的组分不同引起的，即当两种不同矿石相接触时，导致了新的浸取反应活性点的产生，促进了浸取反应的进行，从而增大了单一矿石的浸取率。

国内碳酸锰矿中杂质元素含量高、且赋存状态复杂。碳酸锰矿中锰主要以碳酸锰存在，并伴生有锰的高价氧化锰和硅酸锰[9]。碳酸锰矿中铁主要以碳酸铁存在，同时还存在有硅酸铁、磁铁矿、赤铁矿、褐铁矿、黄铁矿等[10]。碳酸锰矿中的硫[11]主要以硫化物状态存在，硫化物包括低价硫化物和高价硫化物，低价硫化物以黄铁矿为主，同时还伴生有黄铜矿、闪锌矿、方铅矿、硫镍矿等。高价硫化物主要以重晶石为主。碳酸锰矿中硅[12]主要以石英、玉髓状态存在，同时还存在各类硅酸盐：蔷薇辉石（$MnO \cdot SiO_2$）、锰橄榄石（$2MnO \cdot SiO_2$）、铁橄榄石、镁橄榄石以及其他硅酸盐。碳酸锰矿中磷[13]主要以氟磷灰石$[Ca_{10}(PO_4)_6F_2]$存在，铝主要以高岭石$[2SiO_2 \cdot Al_2O_3 \cdot 2H_2O]$状态存在。

利用文献 [14] 提供的热力学数据。根据碳酸锰矿中元素的存在状态及在硫酸浸出过程中发生的化学反应，计算出各反应的 $\Delta G_{298}^{\ominus}$、$\Delta S_{298}^{\ominus}$、$pH_{298}^{\ominus}$、

$pH^{\ominus}_{363}$，并列出了各反应的平衡条件，数据及平衡表达式，见表7-2。

表7-2 碳酸锰矿中锰及杂质元素在25℃、90℃下的浸出平衡标准、pH 值及平衡条件

碳酸锰矿硫酸浸出化学反应式	$\Delta G^{\ominus}_{298}$ /kJ·mol^{-1}	$\Delta S^{\ominus}_{298}$ /kJ·mol^{-1}·K^{-1}	$pH^{\ominus}_{298}$	$pH^{\ominus}_{363}$	浸出反应平衡条件
$MnCO_3+2H^+ \Longrightarrow$ $Mn^{2+}+H_2O+CO_2(g)$	-42.89	124.25	3.76	3.67	$pH = pH^{\ominus} - 1/2$ $(\lg a_{Mn^{2+}} \cdot P_{CO_2})$
$MnSiO_3+2H^+ \Longrightarrow$ $Mn^{2+}+H_2SiO_3(aq)$	-67.00	-53.70	5.87	4.57	$pH = pH^{\ominus} - 1/2$ $(\lg a_{Mn^{2+}} \cdot a_{H_2SiO_3})$
$FeCO_3+2H^+ \Longrightarrow$ $Fe^{2+}+H_2O+CO_2(g)$	-43.72	53.05	3.83	3.39	$pH = pH^{\ominus} - 1/2$ $(\lg a_{Fe^{2+}} \cdot P_{CO_2})$
$Fe_2SiO_4+4H^+ \Longrightarrow$ $2Fe^{2+}+H_2SiO_3(aq)+H_2O$	-95.33	-241.69	4.18	2.86	$pH = pH^{\ominus} - 1/4$ $(\lg a^2_{Fe^{2+}} \cdot a_{H_2SiO_3})$
$Fe_2O_3+6H^+ \Longrightarrow 3Fe^{3+}+3H_2O$	21.41	-509.47	-0.63	-1.31	$pH = pH^{\ominus} - 1/3$ $(\lg a_{Fe^{2+}})$
$Fe_3O_4+8H^+ \Longrightarrow$ $2Fe^{3+}+4H_2O+Fe^{2+}$	-21.42	-636.26	0.47	-0.36	$pH = pH^{\ominus} - 1/8$ $(\lg a_{Fe^{2+}} \cdot a^2_{Fe^{3+}})$
$FeS_2+2H^+ \Longrightarrow H_2S+Fe^{2+}+S$	54.44	46.96	-4.77	-3.70	$pH = pH^{\ominus} - 1/2$ $(\lg a_{Fe^{2+}} \cdot P_{H_2S})$
$Al_2O_3 \cdot 3H_2O+6H^+ \Longrightarrow$ $2Al^{3+}+6H_2O$	-82.56	-360.84	2.41	1.42	$pH = pH^{\ominus} - 1/3$ $(\lg a_{Al^{3+}})$
$Al_2O_3 \cdot H_2O+6H^+ \Longrightarrow$ $2Al^{3+}+4H_2O$	-86.82	-460.62	2.54	1.36	$pH = pH^{\ominus} - 1/3$ $(\lg a_{Al^{3+}})$
$2SiO_2 \cdot Al_2O_3 \cdot 2H_2O+6H^+ \Longrightarrow$ $2Al^{3+}+3H_2O+2H_2SiO_3(aq)$	-40.49	-420.67	2.29	2.41	$pH = pH^{\ominus} - 1/3$ $(\lg a_{Al^{3+}} \cdot a_{H_2SiO_3})$
$MgCO_3+2H^+ \Longrightarrow$ $Mg^{2+}+H_2O+CO_2(g)$	-74.19	79.85	6.50	5.71	$pH = pH^{\ominus} - 1/2$ $(\lg a_{Mg^{2+}} \cdot P_{CO_2})$
$MgSiO_3+2H^+ \Longrightarrow$ $Mg^{2+}+H_2SiO_3(aq)$	-72.11	-96.84	6.32	4.73	$pH = pH^{\ominus} - 1/2$ $(\lg a_{Mg^{2+}} \cdot a_{H_2SiO_3})$
$CaCO_3+2H^++SO_4^{2-} \Longrightarrow$ $CaSO_4+H_2O+CO_2(g)$	-79.95	297.45	7.00	7.14	$pH = pH^{\ominus} - 1/2$ $(\lg P_{CO_2}/a_{SO_4^{2-}})$
$CaCO_3 \cdot MgCO_3+4H^++SO_4^{2-} \Longrightarrow$ $Mg^{2+}+CaSO_4+2H_2O+2CO_2(g)$	-131.63	360.62	5.76	5.58	$pH = pH^{\ominus} - 1/4$ $(\lg a_{Mg^{2+}} \cdot P_{CO_2}/a_{SO_4^{2-}})$
$Ca_{10}(PO_4)_6F_2+18H^++9SO_4^{2-} \Longrightarrow$ $CaSO_4+CaF_2+6H_3PO_4(aq)$	-234.79	1019.93	2.29	2.41	$pH = pH^{\ominus} - 1/4$ $(\lg a^6_{H_3PO_4}/a^9_{SO_4^{2-}})$
$NiS+2H^+ \Longrightarrow H_2S+Ni^{2+}$	0.34	23.92	-0.03	0.09	$pH = pH^{\ominus} - 1/2$ $(\lg a_{Ni^{2+}} \cdot P_{H_2S})$
$ZnS+2H^+ \Longrightarrow H_2S+Zn^{2+}$	20.67	35.69	-1.81	-1.32	$pH = pH^{\ominus} - 1/2$ $(\lg a_{Zn^{2+}} \cdot P_{H_2S})$

碳酸锰矿硫酸浸出 化学反应式	$\Delta G_{298}^{\ominus}$ /kJ·mol⁻¹	$\Delta S_{298}^{\ominus}$ /kJ·mol⁻¹·K⁻¹	$pH_{298}^{\ominus}$	$pH_{363}^{\ominus}$	浸出反应平衡条件
$PbS+2H^+ \rightleftharpoons H_2S+Pb^{2+}$	40.74	125.09	-3.57	-2.35	$pH = pH^{\ominus} - 1/2$ $(lg a_{Pb^{2+}} \cdot P_{H_2S})$
$CuS+2H^+ \rightleftharpoons H_2S+Cu^{2+}$	85.53	39.69	-7.49	-5.97	$pH = pH^{\ominus} - 1/2$ $(lg a_{Cu^{2+}} \cdot P_{H_2S})$
$CoS+2H^+ \rightleftharpoons H_2S+Co^{2+}$	-4.27	25.46	0.37	0.42	$pH = pH^{\ominus} - 1/2$ $(lg a_{Co^{2+}} \cdot P_{H_2S})$

从表 7-2 热力学计算结果可知,在浸出条件下[15],碳酸锰矿中各种存在状态的锰的稳定次序是:$MnCO_3 > MnSiO_3 > Mn_2SiO_4$。锰矿中锰除极少量高价锰外,可实现完全浸出。铁的稳定次序是:$FeS_2 > Fe_2O_3 > Fe_3O_4 > Fe_2SiO_4 > FeCO_3$,以 $FeCO_3$、Fe_2SiO_4 存在的铁可实现完全浸出,而 FeS_2、Fe_2O_3、Fe_3O_4 相对稳定,从平衡条件可知,其浸出平衡浓度相对较低。铝的稳定次序是:$Al_2O_3 \cdot H_2O > Al_2O_3 \cdot 3H_2O > 2SiO_2 \cdot Al_2O_3 \cdot 2H_2O$,高岭石($2SiO_2 \cdot Al_2O_3 \cdot 2H_2O$)可实现完全浸出。镁的稳定次序是:$MgSiO_3 > Mg_2SiO_4 > MgCO_3$,各种形态的镁能全部浸出,因此,镁全部进入浸出液。杂质钙的稳定次序是:$Ca_{10}(PO_4)_6F_2 > CaCO_3 \cdot MgCO_3 > CaCO_3$,钙的化合物虽然全部分解,但在硫酸体系中,钙大部分仍以硫酸钙形式进入固相,而只有部分溶解于液相。浸出液中 Ca^{2+} 的浓度取决于体系中硫酸钙的溶解平衡[16]。原料中杂质元素硅以石英、玉髓为主,在浸出条件下,它们基本不溶解,而以各类硅酸盐存在的硅,如 Mn、Mg、Fe、Al 等的硅酸盐在浸出条件下,可全部浸出。因此,浸出液中硅的浓度取决于原料中硅酸盐比例的大小。原料中杂质元素磷以磷灰石存在,在浸出条件下,磷可完全浸出而进入溶液。重金属主要以硫化物形态存在,其稳定次序是:$CuS > PbS > ZnS > NiS > CoS$。在浸出条件下,它们的平衡离子浓度较低,浸出较难,相比之下,镍、钴的浸出比例较大。以重晶石存在的高价硫化物,基本不被浸出。

7.1.3　软锰矿的湿法浸出

7.1.3.1　国内的研究进展与现状

A　两矿一步法

我国研究工作者[17,18]对两矿一步法反应过程的浸出机理、化学热力学和动力学特征以及过程的各种影响因素和具体操作条件,都开展了大量的试验研究工作,发表了许多研究报告[19,20]。

2004 年,贺周初等人[21]介绍了两矿法浸出低品位软锰矿的原理及工艺条件。在一定的工艺条件下,以硫铁矿作还原剂,用硫酸直接浸出 Mn 含量为 25%

左右的低品位软锰矿，浸出率达93%。该工艺具有能耗少、成本低、实用性强、锰回收率高等特点，为低品位软锰矿的利用开辟了新的途径。

对该酸浸反应，不少研究者作了很多探讨，由于反应复杂，每个反应都有其理论依据。根据文献[22]，归纳列出的反应式如下：

$$FeS_2 + MnO_2 + 4H^+ =\!=\!= Fe^{2+} + Mn^{2+} + 2H_2O + 2S$$

$$2FeS_2 + 15MnO_2 + 22H^+ =\!=\!= Fe_2O_3 + 15Mn^{2+} + 11H_2O + 4SO_4^{2-}$$

$$FeS_2 + 7MnO_2 + 14H^+ =\!=\!= Fe^{2+} + 7Mn^{2+} + 6H_2O + 2HSO_4^-$$

$$2FeS_2 + 15MnO_2 + 14H_2SO_4 =\!=\!= 15MnSO_4 + Fe_2(SO_4)_3 + 14H_2O$$

$$2FeS_2 + 3MnO_2 + 6H_2SO_4 =\!=\!= 3MnSO_4 + Fe_2(SO_4)_3 + 6H_2O + 4S$$

$$2FeS_2 + 9MnO_2 + 10H_2SO_4 =\!=\!= 9MnSO_4 + Fe_2(SO_4)_3 + 2S + 10H_2O$$

$$2FeS_2 + 15MnO_2 + 7H_2SO_4 =\!=\!= 9MnSO_4 + 2Fe(OH)_3 + 2S + 14H_2O$$

袁明亮等人[23,24]的研究指出，在该浸出过程中，浸出反应初始条件不同，反应机理及最终的产物均不同，在起始酸浓度较高的条件下，存在着黄铁矿氧化产物为S和SO_4^{2-}的竞争反应，使得浸出所需黄铁矿用量增加，同时，产物S黏附于矿石颗粒表面，由于S的强疏水性和非导电性，阻碍了浸出反应的进一步进行，这是两矿法锰浸出率低的主要原因。

王长兴[25]认为在浸出过程中，由FeS_2和MnO_2颗粒组成两个原电池，如图7-2所示。其中，MnO_2原电池反应迅速，而FeS_2的原电池由于生成的硫膜覆盖在FeS_2颗粒表面，溶解速度受阻变慢。

$$MnO_2 + 4H^+ + 2Fe^{2+} =\!=\!= Mn^{2+} + 2Fe^{3+} + 2H_2O$$

$$FeS_2 + 2Fe^{3+} =\!=\!= 3Fe^{2+} + 2S$$

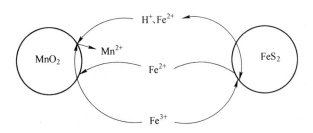

图 7-2 FeS_2和MnO_2颗粒组成两个原电池

提高浸出温度和加强搅拌，加速扩散有利于反应进行。当溶液的pH值接近3以后，Fe^{3+}沉淀为$Fe(OH)_3$或$Fe_2O_3 \cdot nH_2O$，催化作用即消失。

卢宗柳等人[26]的研究指出：浸出反应体系中Fe^{3+}氧化能力的制约因素是Fe^{3+}与Fe^{2+}的浓度比值，比值越高，则氧化能力越强。采取在浸出料浆中返回浸渣洗液（含Fe^{3+}和Fe^{2+}）可缩短反应时间。出现不同产地黄铁矿用量配比差异的主要原因可能是由于元素之间的类质同象、晶体结构畸变以及选矿药剂作用等因素造成的。

华毅超等人[27]利用 Fenton 试剂的催化氧化作用对还原阶段的后期进行了相关的改进，Fenton 试剂（$Fe^{2+}+H_2O_2$）能产生大量的羟基自由基，因而具有极强的氧化能力。由于硫铁矿的投料相对于锰是过量的，因而在反应后期，体系中有一定量 Fe^{2+} 存在。此时，引入双氧水（H_2O_2）则在体系中形成了 Fenton 试剂。剧烈的氧化作用使反应体系产生大量微泡而剧烈翻腾，强化了搅拌效果，并将矿粉颗粒进一步破碎，促使被包藏的锰进一步溶出。此外，H_2O_2 也具有将四价锰还原为二价锰的作用，还可将过量的 Fe^{2+} 氧化为 Fe^{3+}，使浸取液中的铁以 Fe^{3+} 的形式存在。这样，当加入碳酸钙（$CaCO_3$）中和过量硫酸时，杂质铁形成 $Fe(OH)_3$ 而更易于沉淀除去。Fenton 试剂的形成起到了一举多得的效果。主要反应方程式为：

$$MnO_2 + H_2O_2 + 2H^+ = Mn^{2+} + 2H_2O + O_2$$
$$H_2O_2 + 2Fe^{2+} + 2H^+ = 2Fe^{3+} + 2H_2O$$

据称，由此可使软锰矿中锰的利用率从现行工艺的 83% 提高至 91%，新增产出大大高于所增加的原料投入。

2008 年，陈蓉等人[28]以铁矿精选后的尾矿——硫精砂为还原剂，用硫酸直接浸出锰含量为 15% 左右的低品位锰矿，可得到较好技术指标的硫酸锰产品，锰的浸出率在 97% 以上，锰回收率可达 92.39%。实验得出当锰矿粉、硫铁矿和硫酸三者的质量比为 1∶0.2∶0.46、浸出时间为 10h 时，锰浸出效果较佳，且副产品酸性白土的产率为 51%~72%。

两矿一步法的优点是省去了高温焙烧工序，其还原、浸出和净化可在同一反应槽内完成，减少了设备投资，黄铁矿来源广，价格低廉，生产成本低，操作过程亦简单易行，与焙烧法相比大大改善了操作环境，还降低了酸耗，因此两矿一步浸出法在当前已是我国低品位软锰矿生产锰系产品过程中最通行的工艺路线。

两矿一步法的缺点是还原率和浸出率较低，渣量大，影响了锰的回收率，尤其在生产电解金属锰过程的工艺控制上，净化过程较难掌握，特别要求软锰矿和黄铁矿的矿源成分稳定。因此，两矿一步法虽然在硫酸锰和普通级电解二氧化锰生产中得到了广泛的应用，但是在生产电解金属锰的过程中，至今尚未得到普遍推广使用。

B SO₂直接浸出法

张昭等人[29]研究了用纯 SO_2 浸出软锰矿（含锰量 25%）的动力学，在系统研究了温度、锰矿粒度、SO_2 流量、液固比和搅拌强度对锰浸出率影响的基础上，导出了浸出过程的动力学方程：

$$1 - (1 - \alpha)^{1/3} = 2.80 \times 10^{-2} Q_{SO_2}^{1.04} \exp(-22720/8.314T)t$$

实验结果表明，浸出过程为矿粒表面化学反应所控制，浸出反应可在常温下进行。同时也研究了杂质铁的行为，证实了二价铁离子对锰浸出的催化作用。

有学者研究表明[30,31]，在 SO_2 直接浸取软锰矿过程中，连二硫酸锰的生成与所使用的浸取反应条件有很密切的关系，在室温下反应所得浸出产物中有 1/3 是连二硫酸锰，而若在 10℃ 以下生成物则全部是连二硫酸锰，且随着温度的升高，连二硫酸锰会发生分解反应：

$$MnS_2O_6 \longrightarrow MnSO_4 + SO_2$$

总的来说，与传统的还原焙烧法相比，二氧化硫浸出工艺缩短了生产流程，节省能源消耗、设备投资和场地，避免了焙烧过程废气对环境的污染。生产成本亦有所降低，因而特别适用于低品位软锰矿的有效利用[32]，在这方面，尚需要长期的生产实践来加以验证。

C 连二硫酸钙法浸出软锰矿

在浸出槽中将软锰矿粉与连二硫酸钙（CaS_2O_6）混合成矿浆，通入 SO_2 即生成硫酸锰和连二硫酸锰，所生成的硫酸锰再与连二硫酸钙作用置换转化为连二硫酸锰溶液和硫酸钙沉淀[33]：

$$MnSO_4 + CaS_2O_6 \longrightarrow MnS_2O_6 + CaSO_4 \downarrow$$

过滤浸出液，碳酸钙即与浸出渣一起被过滤分离出去。滤液中加入石灰乳，则生成 $Mn(OH)_2$ 沉淀：

$$MnS_2O_6 + Ca(OH)_2 \longrightarrow Mn(OH)_2 \downarrow + CaS_2O_6$$

再将其过滤，即得到固体 $Mn(OH)_2$ 产品，可作为锰精矿或用酸溶解后制备锰系产品，而滤液中含 CaS_2O_6 可循环使用。

D 硫酸亚铁浸出法

综合国内发表的用硫酸亚铁浸出软锰矿的试验报告[34~37]可知，其反应条件大体为：反应温度 70~95℃，初始硫酸浓度 180~210g/L，液固比 3∶1~8∶1，在搅拌下反应时间为 2~3.5h，二氧化锰浸出率可达 95% 以上。显然，硫酸亚铁浸出软锰矿的浸出液中含铁量较高，如果使用通行的 $Fe(OH)_3$ 中和沉淀法除铁将产生大量的胶体沉淀，造成过滤困难和锰的吸附损失，因此宜在浸出的同时加入硫酸钠，采用铁矾沉淀法除去大部分的铁[38]，所生成的黄钠铁矾沉淀的沉降和过滤性能良好，而且铁矾沉淀反应为产酸反应，可有利于硫酸亚铁浸出软锰矿过程的继续进行。余下未除尽的铁再以调节 pH 值生成 $Fe(OH)_3$ 沉淀的方法深度去除以达到工艺要求。

E 金属铁直接浸出法

朱道荣在研究硫酸亚铁浸出软锰矿的报告[33]中曾经指出："在此过程中添加定量的废铁屑，对锰的浸出率、液固分离、减少亚铁用量都有好处，这方面的工作有待于进一步研究"。

张东方等人[39]报道了用铁屑作还原剂，在酸性条件下浸出锰银矿中的锰，浸出反应条件为：当铁矿比 1：13，矿酸比 0.6：1，液固比 3：1，浸出时间 60min，浸出温度室温，磨矿细度为小于 0.074mm 占 80% 时，锰浸出率达到 97.60%，银则留在浸出渣中，实现了锰银分离。酸耗较大是该方法的主要缺点。

F　闪锌矿（方铅矿）催化还原法

唐尚文[40,41]介绍了在稀硫酸（或稀盐酸）溶液中，用闪锌矿（或方铅矿）精矿作还原剂，用可溶性铁盐催化剂，分解软锰矿（或大洋锰结核矿），同时制取锰盐和锌盐。该工艺具有反应快速、彻底，工艺流程简单等特点，同时省去了软锰矿的还原焙烧和锌（铅）精矿的氧化焙烧，能够大幅度提高锰、锌（铅）矿的浸出率，对原料矿的品级没有严格要求。

G　农林副产物直接浸出法

2008 年，李同庆[20]将各种农作物副产品作为软锰矿还原剂的浸出试验综合于表7-3 中。

表7-3　各种植物原料还原软锰矿浸出试验

还原剂	矿种	反应条件	锰浸出率	参考文献
植物粉料	软锰矿	软锰矿：植物原料 = 2.0：1~3.3：1，酸矿比 = 2：1~3：1（mL/g），液固比 = 3：1，90~95℃，3h	≥95%	42
植物粉料	软锰矿	软锰矿：植物原料 = 5：1，浸出液 pH = 3.0，浸取温度：95℃，1h	94.35%	43
稻草	软锰矿	软锰矿：稻草 = 100：14，硫酸理论量 105%，液固比 = 3：1，熟化温度：300℃，熟化时间：2h	≥93%	44
纤维素	软锰矿	锰矿：纤维素 = 4：1，纤维素粒度：130~97μm，0.5h	94.68%	45
酒糟	锰矿渣（MnO_2 20%~24%）	水解糖化：硫酸理论量 110%，60℃、10min，熟化：锰矿渣/酒糟 = 20：1，300℃、0.5h，浸取液固比：5：1	≥90%	46
酒糟	锰矿尾矿	酸：矿 = 4：5（mL/g），尾矿：酒糟 = 15：1~25：1，液固比 = 5：1，浸取温度：80~85℃，3~3.5h	≥96%	47
米糠	软锰矿	软锰矿：米糠 = 5：1，硫酸理论量 110%，硫酸浓度 50%，浸锰温度：250℃，75min	≥95%	48
锯木屑	软锰矿	锰矿：锯木屑 = 1：0.5，硫酸浓度：5%，浆液含固 10%，90℃，8h	≥98%	49

还原剂	矿 种	反 应 条 件	锰浸出率	参考文献
甘蔗渣	软锰矿	软锰矿：甘蔗渣＝100：25，硫酸理论量 120%，硫酸浓度 70%，辅助添加剂（矿量%）：5%铁屑或 2%甘蔗糖蜜，水解：2h，浸取：1.5h	≥95%	50
甘蔗糖蜜	软锰矿	浆液含固 100g/L，10%硫酸，软锰矿：甘蔗糖蜜＝5：1，65~82℃，2h	98%	51
甘蔗糖蜜	软锰矿	浆液含固 200g/L，1.9mol/L 硫酸，60.0g/L 甘蔗糖蜜，90 ℃，2h	97.0%（Mn），21.5%（Al），32.4%（Fe）	52

H　微生物浸取法

20 世纪 70~80 年代，我国在微生物浸取低品位锰矿方面曾经进行过不少的工作。近年来，李浩然等人[53]进行了用氧化亚铁硫杆菌加还原剂从大洋锰结核中浸出锰的研究，锰的浸出率接近 100%。杜竹玮等人[54]还进行了用嗜酸混合异养菌还原浸出废电池粉末中的二氧化锰，浸出率达 90%以上。

I　两矿加浓硫酸熟化法

滕英才等人[55]介绍了用硫铁矿、锰矿加入浓硫酸熟化法生产硫酸锰，具有锰的收率高及节约原（燃）材料的特点。首先，将锰粉、硫铁矿粉按 1：0.35 先置入搅混机内，加入 30%水调成浆状，在不断搅拌下逐渐加入 98%浓硫酸，浓硫酸加入量为锰粉的 55%左右。由于反应热和硫酸的稀释热作用，过程反应十分激烈，实测温度达 140~160℃。待硫酸加完毕，再搅拌 10~20min，趁其还是浆状排出，熟化，再较长时间放置，使其反应彻底进行。

然后，将熟化后的物料，用第 2 次压滤出的洗涤水按 1：2.5 左右进行浸取。开始时浸出液的 pH 值已达 2.5~3，通入蒸汽加热到 90℃左右，再用富锰渣粉（其主要成分为 $MnSiO_3$）调节 pH 值，用离心机分离出的母液调节浆液浓度，使浆状溶液的浓度在 42°Be（波美度），pH＝4.8~5.2 后排出。

J　加压酸浸法

2013 年，谢红艳[56]报道了低品位锰矿加压酸浸工艺，由正交实验和单因素实验的试验研究得到优化浸出工艺条件为：低品位氧化锰矿粉 100g，初始硫酸浓度 120g/L，浸出反应温度 120℃，硫铁矿量 50g，液固比 5：1，浸出时间 100min，浸出压力 0.7MPa，搅拌转速 350r/min。该工艺具有良好的稳定性，在优化浸出条件下，锰的浸出率为 96%，而铝和铁的浸出率分别为 38.7%和 7.12%，渣率为 85%左右，浸出液中锰、铁和铝的浓度分别为 19.87g/L、2.34g/L 和 0.74g/L，实现了锰选择性高效溶出，锰和铁、铝等杂质的分离效果良好。本方法锰的浸出率高，浸出时间短，同时为后续净化除杂降低了难度。

7.1.3.2　国外的研究进展与现状

A　两矿加酸浸出法

将软锰矿、黄铁矿及硫酸按一定的配比，在一定的温度下进行反应，使得高价态锰被还原成低价态锰。Nayak 等[57]的研究指出，在此过程中主要产生以下的氧化-还原反应：

$$MnO_2 + 2Fe^{2+} + 4H^+ = Mn^{2+} + 2Fe^{3+} + 2H_2O$$

$$FeS_2 + 14Fe^{3+} + 8H_2O = 15Fe^{2+} + 16H^+ + 2SO_4^{2-}$$

$$FeS_2 + 2Fe^{3+} = 3Fe^{2+} + 2S$$

Fe^{2+} 由硫铁矿浸出产生，MnO_2 主要被 Fe^{2+} 还原成可溶性的 Mn^{2+}，这样两个反应循环往复的进行，软锰矿就被不断地浸出，一般认为总反应式为：

$$2FeS_2 + 15MnO_2 + 14H_2SO_4 = 15MnSO_4 + Fe_2(SO_4)_3 + 14H_2O$$

第一个反应是快速反应，第二个反应的速度较慢，是整个浸出反应的控制步骤，因此维持 Fe^{2+} 离子的浓度远低于 Fe^{3+} 离子浓度即可促进 MnO_2 的反应速率。

B　SO_2 还原浸出法

Miller J D，Wan R Y[58]研究指出，用 SO_2 作还原剂直接浸出软锰矿制备硫酸锰的试验原理是：

$$SO_2 + H_2O = H_2SO_3$$

$$MnO_2 + H_2SO_3 = MnSO_4 + H_2O$$

同时发生副反应：

$$MnO_2 + 2H_2SO_3 = MnS_2O_6 + 2H_2O$$

MnS_2O_6 的生成量随搅拌速度增大而降低，随 pH 值的减小而下降[59]。当温度升高，发生反应：

$$MnS_2O_6 = MnSO_4 + SO_2$$

美国矿务局 A. Back 等[60]发表的研究报告表明，在 pH = 0.75 时，仅有 3% 的 SO_2 被氧化成 $S_2O_6^-$，而在 pH = 1.90 时，就有 8% 的 SO_2 被氧化成 $S_2O_6^-$。

日本大阪市立大学 Asai 等人的研究[61]也同样证实了提高酸度有利于抑制 $S_2O_6^-$ 的生成，浸取液的温度越高、酸度越高和浆液搅拌强度越大，以及 SO_2 不过量，则反应生成的连二硫酸锰越少。

澳大利亚 HiTec 公司 2004 年申请的专利声称[62]，通过控制浸出液的电位、酸度、反应温度和反应时间，可有效地抑制副反应的进行，使浸出液中 MnS_2O_6 的含量低于 1~5g/L。其主要工艺参数为：

（1）浸出温度 95℃以上，浸出液 pH 值低于 1.5。

（2）浸出液中可溶性铁以 $Fe_2(SO_4)_3$ 的形式存在，其初始浓度大于 4g/L，亚铁离子浓度保持在 0.5g/L 以下。

（3）在整个浸出过程中，监控铁离子与亚铁离子的比例，确保氧化还原电位（ORP）大于或等于 550mV（相对 Ag/AgCl 参比电极）。

（4）在浸出过程中通入 SO_2 的时间不少于 10h，整个浸出时间为 10~15h。

（5）浸出液中 MnS_2O_6 含量低于 5g/L 或低于 1g/L。

HiTec 进一步研究采用溶剂萃取法净化浸出液工艺，并于 2005 年申请了 SO_2 直接浸取软锰矿的第 2 个专利[63]，在溶剂萃取法净化浸出液的过程中，MnS_2O_6 不会被有机溶剂萃取而留在水相之中，从而与被萃取到有机相的硫酸锰分离开来[75]。因此，在不必考虑生成 MnS_2O_6 副反应的情况下，SO_2 浸取软锰矿过程的反应条件发生了重大的变化，即：浸出液的 pH 从低于 1.5 改变为可低于 5 或低于 3；浸出温度从 95℃ 以上改变为可低于 60℃；反应时间从不少于 10~15h 改变为可在 2h 以内使其中 95% 以上的锰被浸出，从而大大放宽了浸出过程的反应条件，即采用较低的温度和酸度，容许生成少部分 MnS_2O_6。

C 硫酸亚铁浸出法

低品位软锰矿与硫酸亚铁之间可能产生以下 3 种反应[64]：

（1）在中性硫酸亚铁溶液中：

$$MnO_2 + 2FeSO_4 + 2H_2O = MnSO_4 + Fe(OH)SO_4 + Fe(OH)_3$$

（2）在微酸性硫酸亚铁溶液中：

$$MnO_2 + 2FeSO_4 + H_2SO_4 = MnSO_4 + 2Fe(OH)SO_4$$

（3）在有过量酸存在的硫酸亚铁溶液中：

$$MnO_2 + 2FeSO_4 + 2H_2SO_4 = MnSO_4 + Fe_2(SO_4)_3 + 2H_2O$$

钢厂酸洗废液和硫酸法钛白粉生产均有大量的副产绿矾（$FeSO_4 \cdot 7H_2O$），可在酸性溶液中浸出软锰矿中作为还原剂，使软锰矿中的四价锰还原成硫酸锰，用于生产硫酸锰或其他锰系产品[65]。

D 铁屑浸出法

最近国外的研究[66]表明，在酸性软锰矿浆中，直接加入海绵铁，能够使软锰矿中的四价锰迅速地还原成二价锰，比用硫酸亚铁更加有效。其反应条件为：物料（锰矿和海绵铁）粒度为 $-250 + 150\mu m$，H_2SO_4/MnO_2 摩尔比为 3，Fe/MnO_2 摩尔比为 0.8，室温（20℃）下反应 10min 后锰浸出率即达到 98%，反应 15min 后浸出率达到 100%。若将反应温度从 20℃ 提高到 60℃，则反应时间可从 10min 减少到 3min，即可使软锰矿完全被浸出。

在与前列同样条件下，若使用硫酸亚铁作为还原剂，并且把 Fe/MnO_2 摩尔比由 0.8 提高到反应 10min 后，锰浸出率仅为 80%，反应 30min 后也仅为 93%，可见直接加金属铁现场形成的硫酸亚铁对还原浸出的过程起了很有利的促进作用。

实际上，铁屑在酸性溶液中很快就与酸反应生成硫酸亚铁，起还原作用的还是硫酸亚铁中的亚铁离子，因此金属铁直接浸出法的机理是与硫酸亚铁浸出法相同的，实际上是一种改良的硫酸亚铁浸出法，这是由于初生态的亚铁离子可能具有更强的还原能力。

E　煤炭直接还原法

在酸性条件下，煤可与软锰矿反应，使其中的 MnO_2 还原成 MnO 而进入溶液：

$$2MnO_2 + 4H^+ + C \longrightarrow CO_2 + 2Mn^{2+} + 2H_2O \quad \Delta G_0 = -394kJ$$

由此可知，该反应的热力学的反应推动力较大，Hancock 等研究了使用烟煤和褐煤在酸性溶液中分别浸出 Amapa 锰矿粉（含锰 33.1%）、软锰矿（估计含锰 63%）、深海锰结核（含锰 33.9%）和化学二氧化锰（估计含锰 63%）的过程，指出浸出还原反应适率与温度和酸度成正比，煤/矿比为 2:1，浸出液可用硫酸、盐酸或腐殖酸，酸浓度为 1~10mol/L，浸出液含固浓度 100~300g/L，在 95℃以上进行反应约 2~4h，锰浸出率可达 95%以上。试验表明，褐煤还原二氧化锰的能力大于烟煤，同等反应条件下以上 4 种类含锰的物料中软锰矿的浸出率相对较低，而盐酸溶液中的浸出反应速率和浸出率明显大于硫酸溶液[67,68]。

F　草酸直接浸出法

Sahoo[69] 等报道了用草酸作为还原剂浸出印度 Joda 软锰矿（含 24.7%Mn 和 28.4%Fe，粒度为 −150+105μm）的试验，在 85℃的含草酸 30.6g/L 和硫酸浓度为 0.534mol/L 的溶液中可浸出锰矿粉中 98.4%的锰，而只有 8.7%的铁被浸出。

在酸性介质中草酸可与二氧化锰产生以下还原反应：

$$MnO_2 + HOOC\text{-}COOH + 2H^+ \longrightarrow Mn^{2+} + 2CO_2 + 2H_2O$$

G　甲醇直接浸出法

F. Momade 等[70] 研究了在硫酸介质中甲醇直接还原加钠贫软锰矿（含 27.6%~32.0% Mn 和 8.6%~6.1% Fe）的浸出过程，其反应式为：

$$MnO_2 + CH_3OH + 2H^+ \longrightarrow Mn^{2+} + HCHO + 2H_2O$$

试验结果表明，在 160℃的高温下，含硫酸 0.3mol/L 的 40%（体积比）甲醇溶液与软锰矿反应 2h 后，锰的浸出率可达 98%。试验结果还指出，在此过程中甲醇浓度对锰矿中铁的浸出率具有很大的影响，在 120℃和 0.16mol/L 硫酸的反应条件下，当溶液中的甲醇浓度从 0 增加到 50%（体积比）时，铁的浸出率则从 58%降低到 3.5%，而在 160℃、0.092mol/L 硫酸和 40%（体积比）甲醇的反应条件下，铁的浸出率仅有 0.4%。

H　电解还原浸出法

Elsherief[71] 研究了埃及低品位软锰矿在硫酸溶液中的矿浆电解浸出过程，指出其反应为：

$$MnO_2 + 4H^+ + 2e^- \longrightarrow Mn^{2+} + 2H_2O$$

$$MnO_2 + H^+ + e^- \longrightarrow MnOOH$$
$$MnOOH + 3H^+ + e^- \longrightarrow Mn^{2+} + 2H_2O$$

当有足够的 $MnOOH$ 聚集在 MnO_2 表面时，就产生进一步的还原反应，在电解液中形成 Mn^{2+}：

$$MnOOH + H^+ + e^- \longrightarrow Mn(OH)_2$$

酸度、温度和所施加的电位对浸出率都有很大的影响，Fe^{2+} 和 Mn^{2+} 的存在将大大增加反应的速度，最佳的电解浸出反应条件是在 70℃ 的 50g/L 硫酸溶液中，液固比为 1∶100，施加电位 0mV（相对 $Hg/HgSO_4/ K_2SO_4$ 参比电极），反应 45min 后锰即可被完全浸出，而铁的浸出率仅 56%。在此反应条件下，锰的浸出率要比未施加电位时的化学溶解过程高出 5 倍。

I 苯胺还原浸出法

刘建本等[72]报道了日本的赤羽工厂采用苯胺作还原剂直接浸出锰的生产技术，其苯胺加入量较小，利用率高，浸出渣量少，因而过滤设备的面积也小。采用低温浸出，浸出温度控制在 10～20℃，为了维持浸出温度，浸出槽中设有蛇形管，通过循环冷却水冷却，既节约了能源，又保持了良好的作业环境。

J 苯醇还原浸出法

YAHUI ZHANG 等[73]报道了以苯醇为还原剂，在硫酸气氛下浸出锰，使四价锰还原为二价锰，苯醇被氧化为对苯醌。

K 葡萄糖还原浸出法

F. Pagnanelli 等[74]介绍了用葡萄糖作还原剂，在硝酸环境下浸出低品位锰矿。所用锰矿中的锰以复杂氧化物 $Mn_7O_{13}(6MnO_2 \cdot MnO)$ 的形式存在，并伴随有铝硅酸盐。该研究考察了温度、粒度、葡萄糖和硝酸浓度对浸出结果的影响，并与以前的硫酸环境下的反应进行了对比。其最佳工艺条件为：温度 90℃，化学计量的硝酸浓度，20% 以下化学计量的葡萄糖，颗粒大小为 295～417μm。试剂的浓度是通过下式进行化学计量的（矿中所有锰元素均认为是四价锰）：

$$C_6H_{12}O_6 + 12MnO_2 + 24HNO_3 \Longrightarrow 6CO_2 + 12Mn(NO_3)_2 + 18H_2O$$

L FeS_2-MnO_2-O_2-H_2O 体系高温加压浸出法

Rajko. Z. Vracar 等[75]报道了在加压釜内高温条件下，在 FeS_2-MnO_2-O_2-H_2O 体系中浸出锰的研究。此文表述了：（1）在加压釜内高温下，硫铁矿在水溶液中被氧气氧化的结果；（2）硫铁矿氧化产物 $FeSO_4$ 和 H_2SO_4 与软锰矿同时反应，并浸出软锰矿中 Mn^{4+} 的结果。此文说明了黄铁矿氧化和锰的高效浸出两个过程几乎能够顺利完成。

浸出过程中可能发生的反应如下：

$$2FeS_2 + 7O_2 + 2H_2O \Longrightarrow 2FeSO_4 + 2H_2SO_4$$

$$FeS_2 + 2O_2 \Longrightarrow FeSO_4 + S$$

$$2S + 3O_2 + 2H_2O \Longrightarrow 2H_2SO_4$$

$$2FeSO_4 + 1/2O_2 + H_2SO_4 \Longrightarrow Fe_2(SO_4)_3 + H_2O$$

$$Fe_2(SO_4)_3 + 3H_2O \Longrightarrow Fe_2O_3 + 3H_2SO_4$$

$$Fe_2(SO_4)_3 + nH_2O \Longrightarrow Fe_2O_3(n-3)H_2O + 3H_2SO_4$$

$$3Fe_2(SO_4)_3 + 12H_2O \Longrightarrow 2Fe_3(SO_4)(OH)_5 2H_2O + 5H_2SO_4$$

总反应式为:

$$MnO_2 + 2H_2SO_4 + 2FeSO_4 \Longrightarrow MnSO_4 + Fe_2(SO_4)_3 + 2H_2O$$

7.1.4 富锰渣及废锰渣的浸出

富锰渣法是一种火法选矿方法,其基本原理是选择性还原,即在高炉或电炉内进行还原,在保证铁、磷等元素充分还原进入生铁前提下,同时将锰的高价氧化物还原为低价氧化物,并抑制 MnO 进一步还原为金属锰,从而达到锰的富集。其生产工艺流程为:将合格的炉料(锰矿和焦炭)从炉顶装入炉内,热风从下部风口鼓入炉内,燃烧焦炭,生成煤气上升,并放出大量热,使炉料发生一系列物理化学变化,矿石中的铁、磷还原生产生铁,而锰的高价氧化物还原为低价氧化物,再与矿石中 SiO_2 生产 Mn_2SiO_4 而进入炉渣中。富锰渣中锰含量高,不含水分,重金属含量低,易溶于酸,毋须焙烧。

广西桂林大锰锰业利用矿石的性质"互补性"和配矿"稀释"原理,进行混合料(碳酸锰矿与富锰渣)浸出实验。改变料浆反应液成分,降低料浆中的硅酸、$Al(OH)_3$ 等胶体存在比例,易于工艺控制,保证液固分离完全。

在实验中,经多次改变富锰渣粉的配比量、投料顺序,并进行浸出过程温度监测,得出结论:富锰渣在矿量中的比例为 20% 以内时,对液固分离影响不大;同时富锰渣易溶于酸,反应速度快,反应热释放集中,可通过改变投入顺序,实现提高或延长反应过程温度,有利于提高锰浸出率。

在生产中,根据高炉和电炉法生产的富锰渣的性质差异和试验结果,确定了投料顺序:高炉法生产的富锰渣粉投料顺序位于碳酸锰粉后,利用其易溶于酸的性质和投入时硫酸浓度低的条件,减少二氧化硅和三氧化二铝溶出量,可起到延长反应过程高温区效果。电炉法生产的富有锰渣投料顺序位于碳酸锰矿粉前,利用其易溶于酸和杂质少的性能,提高反应过程前期温度,有利于锰的浸出。在配比计划中,要充分考虑配矿结构中二氧化硅、三氧化二铝、铁等浸出后的料浆成分对压滤的影响。经过多次试验和生产验证:控制溶液中铝的量为可溶硅质量的 2.8%~7.6% 时,可使浸出胶体凝聚速度快,易于过滤。

富锰渣已成功在该公司电解锰生产中广泛使用,与单独碳酸锰矿粉浸出相比,浸出率提高 2%~3%,对硫酸锰浸出液的质量指标有明显的改善作用,有利于电解过程中锰的析出[76]。

富锰渣是含有高硅（$SiO_2 > 20\%$）和高铝（$Al_2O_3 > 9\%$）的，如果按传统制备硫酸锰或氯化锰溶液的方法，势必造成大量凝胶状，锰浸出率低，渣量大，难以过滤。为了提高锰第1次浸出率、减少渣量，采用定时分次加酸法，即把所需要量的富锰渣料粉与一定量水分先放置于浸出槽内搅拌均匀，并加热到一定温度时，定时分次加入所需要量的盐酸，防止生成大量凝胶状，提高锰第1次浸出率，减少渣量。

对于含高硅及高铝的富锰渣料粉，用工业盐酸进行浸出时，可以采用定时分次加酸法，提高第1次锰浸出率，减少渣量，并能成功地制备出适用于电解金属锰的氯化锰—氯化铵电解液[77]。

1997年，王瑞京等介绍了用高锰酸钾生产过程中产生的废锰渣为原料制备硫酸锰的方法[78]。根据废锰渣中 MnO_2 含量低的特点，选择了用废锰渣、硫铁矿和硫酸湿法一步浸取制硫酸锰的工艺。根据废锰渣中耗酸物（KOH、K_2CO_3、$CaCO_3$、Al_2O_3、Fe_2O_3、MgO 等）含量高，Mg 和 K 含量高的特点，采取用硫酸超前处理废锰渣的工艺。具体的工艺路线如图 7-3 所示。

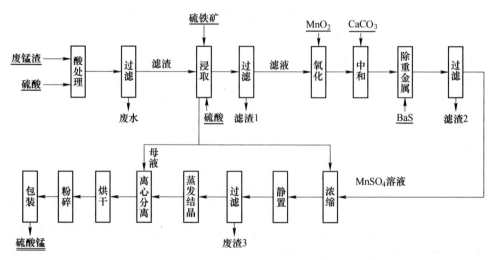

图 7-3　硫酸锰生产工艺流程示意图

本工艺的初始工序是废锰渣的酸处理过程，先用硫酸和废锰渣充分反应，则废锰渣中的 K、Mg、Al、Fe、Cu、Ni 等杂质均转变为可溶性离子而进入溶液，经过滤分离出去；同时，废锰渣中的 Ca 可转化为 $CaSO_4$ 沉淀留在废锰渣中。经过硫酸处理，可大大提高产品质量，产品中基本不含 K、Mg 等杂质。

本工艺的第二道工序是湿法浸取制硫酸锰溶液。经硫酸处理过的废锰渣、硫铁矿和硫酸按一定配比，在加热、搅拌条件下，起氧化还原反应。我们认为比较合理的反应机理是，在 H_2SO_4 存在条件下，MnO_2 和 FeS_2 直接发生氧化还原反应，反应式如下：

$$11MnO_2 + 2FeS_2 + 14H_2SO_4 = 11MnSO_4 + Fe_2(SO_4)_3 + 4SO_2 + 14H_2O$$

反应生成的新生态的 SO_2 可能只是一个中间体，其活性较高，大部分瞬间和 MnO_2 发生反应，小部分来不及反应而扩散到液面上，反应式如下：

$$MnO_2 + SO_2 = MnSO_4$$

反应生成的 $Fe_2(SO_4)_3$ 在体系中 H_2SO_4 量不足的情况下，可部分发生水解，反应式如下：

$$Fe_2(SO_4)_3 + 6H_2O = 2Fe(OH)_3 \downarrow + 3H_2SO_4$$

浸取反应完毕，体系中存在较多杂质，所以本工艺第三步工序是硫酸锰溶液的精制。

硫酸锰浸出液中含少量 Fe^{2+}、大量 Fe^{3+}、少量 Al^{3+}。先用经硫酸处理过废锰渣将 Fe^{2+} 氧化为 Fe^{3+}、然后加入中和剂轻质碳酸钙，控制 pH 值 5.2～5.5 之间，使 Fe^{3+}、Al^{3+} 水解生成 $Fe(OH)_3$、$Al(OH)_3$ 沉淀。反应式如下：

$$2Fe^{2+} + MnO_2 + 4H^+ = 2Fe^{3+} + Mn^{2+} + 2H_2O$$

$$Fe^{3+} + 3H_2O = Fe(OH)_3 \downarrow + 3H^+$$

$$Al^{3+} + 3H_2O = Al(OH)_3 + 3H^+$$

$$CaCO_3 + H_2SO_4 = CaSO_4 \downarrow + CO_2 \uparrow + H_2O$$

由于硫铁矿中含 Cu、Ni、Cd 等，所以硫酸锰浸出液中也会相应含有这些重金属离子。加入 BaS 溶液，这些重金属离子均形成相应的硫化物沉淀，反应式如下：

$$Me^{2+} + S^{2-} = MeS \downarrow$$

式中，Me 为 Cu、Ni、Cd 等金属。

Mn^{2+} 也会形成 MnS 沉淀，但由于 MnS 溶解度较大，所以只要控制好 BaS 用量、反应时间、加热搅拌等因素，MnS 沉淀可转化为重金属离子硫化物沉淀。经 H_2SO_4 处理过的废锰渣含大量的 $CaSO_4$，所以硫酸锰溶液也是一个饱和的 $CaSO_4$ 溶液。同时，硫酸锰浸出液中也仍含少量 $MgSO_4$，以及一些未沉降下来的 H_2SiO_3 胶体，小颗粒的 $Fe(OH)_3$ 和 $Al(OH)_3$ 等。将硫酸锰浸出液蒸发浓缩至 $MnSO_4$ 饱和，再静置一定时间。由于同离子效应，$CaSO_4$、$MgSO_4$ 溶解度大为降低，大部分 $CaSO_4$ 和部分 $MgSO_4$ 可沉淀出来；同时由于长时间煮沸，破坏了 H_2SiO_3 胶体结构和 $Fe(OH)_3$、$Al(OH)_3$ 胶体结构，所以 H_2SiO_3、$Al(OH)_3$、$Fe(OH)_3$ 会聚沉下来。实验表明：经浓缩静置，产品中 $MnSO_4 \cdot H_2O$ 含量可提高 1%～3%。

2007 年，欧阳玉祝等考察了助剂作用下超声辅助浸取法从电解锰渣中提取锰的工艺条件。实验结果表明：用 1%（质量分数）柠檬酸作浸取助剂，在固液比（g/mL）为 1:4、酸矿比（mL/g）为 0.3:1、浸取温度为 70℃ 的条件下，超声浸取 15min，锰浸出率平均可达 57.28%，是加热酸浸法锰浸出率的 2.72 倍，是无助剂超声辅助浸取法锰浸出率的 1.52 倍。超声波具有强烈的搅拌作用、空化效应和局部高温高压效应，可破坏锰的聚集状态，增加锰离子的溶解与扩散。超声波的强烈搅拌作用和微扰效应可显著改善传质效果。采用助剂作用下的电解锰渣的超声辅助浸取方法可大幅度缩短锰的浸取时间，提高锰的浸出率[79]。

2005 年，原金海针对湖南某公司生产的富锰渣研究了以富锰渣为原料制备硫酸锰和 4A 分子筛的工艺过程和条件，以探索富锰渣利用的新途径。

以硫酸为浸取介质，研究了硫酸用量、硫酸浓度、浸取温度、搅拌强度、过滤洗涤、加料方式等因素对锰浸出率的影响，确定了适宜的酸浸条件为：富锰渣与浓硫酸的比例 100（g）：60（mL），酸浓度 10%，反应时间 2h，反应温度 90℃，此时锰的溶出率达到 97.85%。

在硫酸锰制备过程，探索了中和除杂方法和条件，确定了 $Ca(OH)_2$ 作为中和除杂剂的可行性及相应条件，提出了用富锰渣粉末先中和部分剩余酸的方法；研究了酸浸液浓缩结晶条件和母液的浓度等对产品纯度及产率的影响，以及产品干燥条件，得到了合格的硫酸锰产品。

在用酸浸渣制备 4A 分子筛的过程中，分别选择常压法、煅烧法、微波法和水热法进行了对比研究，确定了水热法为适宜的制备方法，并进一步研究了碱种类，反应物的用料配比，煅烧温度，浸取方式，液相硅、铝、钠、水的比例，凝胶陈化时间、陈化温度与结晶速率等工艺条件，得到了合格的 4A 分子筛产品[80]。

7.1.5 深海锰结核的湿法浸出

由于锰结核的含水量高，品位低，采用物理方法难以富集，如果全部物料进行干燥、焙烧或熔炼，能量消耗很大。直接湿法冶金通常在低温下进行，可以处理湿的结核，冶炼能耗低，十分适合锰结核原料特征，成为深海锰结核冶炼的一类重要方法。按工艺性质可归纳为如图 7-4 所示的诸种方法。

7.1.5.1 硫酸浸出

A 还原硫酸浸出

由于锰结核中的钴、镍、铜等有价金属赋存在铁锰矿物中，在常温常压条件下，用硫酸浸出锰结核时，浸出速度慢，浸出率低。提高浸出速度的重要途径是破坏结核的矿物结构，让束缚于锰矿物基体中的钴、镍、铜等的氧化物裸露或游离出来，降低钴、镍、铜的浸出反应活化能。添加还原剂进行还原浸出是有效的方法。常用的还原活化剂有：金属硫化物（如黄铁矿、硫化氢、冰铜等）、亚硫酸及其盐（如 H_2SO_3，SO_2，Na_2SO_3，$(NH_4)_2SO_3$ 等）、H_2O_2、Fe^{2+} 盐以及有机

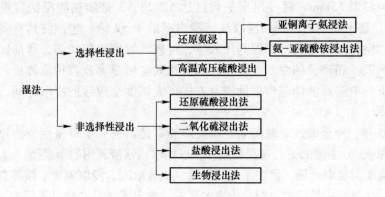

图 7-4 锰结核湿法冶炼方法分类

药剂等。电势-pH 值图如图 7-5 所示[81]，控制浸出体系的电势和 pH 值，可实现选择浸出。控制溶液的电位、pH 值条件在 A 区，理论上可选择浸出钴、镍、铜，而将锰和铁留在渣中，实际上由于锰结核的矿物结构特殊性，控制锰不被浸出是困难的。在 B 区，镍、钴、铜和锰同时浸出，铁留在渣中。如果继续降低溶液 pH 值，则 5 种金属全被浸出。

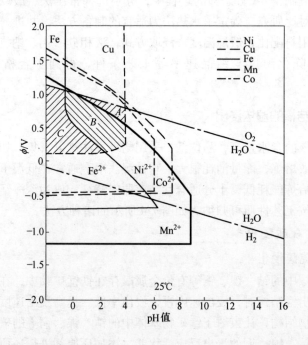

图 7-5 Fe-H_2O, Mn-H_2O, Cu-H_2O, Ni-H_2O 和 Co-H_2O 的电势-pH 值图

　　二氧化硫浸出是人们所熟悉的一种成功处理锰矿物的方法。由于锰结核中的二氧化锰是一种强氧化剂，而二氧化硫是一种强还原剂，因此，浸出易进行。二氧化硫可由黄铁矿焙烧或燃硫获得，也可利用含硫烟气，一般废气中含二氧化硫不低于 0.5% 即可利用。用二氧化硫水溶液直接浸出锰结核的研究很多，研究表明[82,83]：金属浸出率取决于二氧化硫用量，与二氧化硫浓度无关（如图 7-6 所示）；浸出过程通入空气，可提高浸出率。

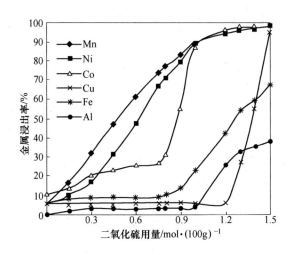

图 7-6　二氧化硫用量对金属浸出率的影响

　　北京矿冶研究总院[84~86]采用 SO_2（或 H_2SO_3、亚硫酸盐）与 H_2SO_4 混合溶液在常温常压下浸出锰结核，其工艺流程如图 7-7 所示。浸出过程的主要化学反应如下：

$$MnO_2 + SO_2 \longrightarrow MnSO_4$$
$$Co_2O_3 + SO_2 + H_2SO_4 \longrightarrow 2CoSO_4 + H_2O$$
$$NiO + H_2SO_4 \longrightarrow NiSO_4 + H_2O$$
$$CuO + H_2SO_4 \longrightarrow CuSO_4 + H_2O$$

　　浸出后的矿浆通空气氧化，用黄钾铁矾法除铁，然后过滤，用 LIX984 选择性萃取铜，含铜负载相用电解废液反萃、电积得到阴极铜。萃余液用硫化物沉淀镍和钴，得到的镍钴混合硫化物再进行加压氧硫酸浸出，再用 P204 萃取除杂，Cyanex272 萃取分离，分别得到镍和钴溶液，再电解沉积生产金属镍，用草酸沉钴后生产氧化钴。

　　北京矿冶研究总院[87]针对硫酸浸出的除铁后液的金属分离，提出了全溶剂萃取法分离工艺，如图 7-8 所示。

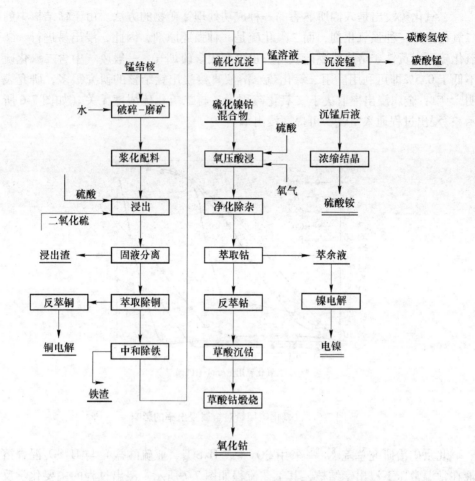

图 7-7 二氧化硫还原硫酸浸出锰结核的工艺流程图

B 加压硫酸浸出

高温高压硫酸处理锰结核类似于古巴毛阿湾（MoaBay）处理红土矿的高温高压硫酸浸出工艺，锰结核经破碎、细磨、浆化、预热后进入高压釜，在温度230℃左右、压力 3.5MPa 条件下用硫酸浸出，绝大部分铜、镍和钴溶解，而铁、锰很少进入溶液。Han 和 Fuerstenau[88]研究在温度200℃、压力 3.1MPa、氧分压1MPa、pH = 1.63 条件下浸出 1h，主要金属浸出率分别为：Ni80%，Cu90%，Co30%，Mn5%，Fe2%。

从溶液中回收金属的方法类似于其他工艺从硫酸溶液中的金属回收。图7-9[89]是基于溶剂萃取-电解沉积步骤的加压酸浸工艺流程。浸出矿浆经 6 级逆流倾析系统洗涤，浸出液用氨中和至 pH 值为 2 之后，采用 LIX64N 萃取剂选择性萃取铜，用酸液和废电解液由负载有机相反萃铜；萃取铜后的萃余液继续用氨中和至

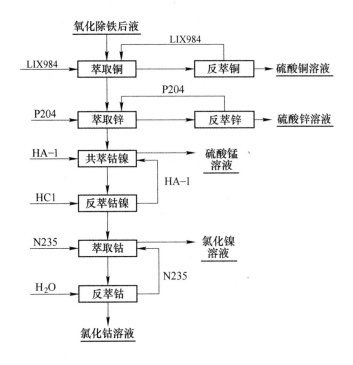

图 7-8 全溶剂萃取法从酸性溶液中分离金属

pH 值为 6，接着用 LIX64N 萃取剂共萃镍和钴，选择性反萃钴镍，分别从镍钴铜的反萃液中电解回收金属。

7.1.5.2 盐酸浸出

该法由深海探险公司[90]开发，其工艺流程如图 7-10 所示。

经破碎磨细后的锰结核，常温常压下用盐酸直接浸出，镍、钴、铜、锰、铁等均以可溶性氯化物的形式溶解出来，浸出矿浆固液分离，采用溶剂萃取法从浸出液中萃取除铁，再从反萃液中回收 Fe_2O_3 和 HCl。除铁后液用金属锰置换沉淀镍、钴、铜，置换产出的镍钴铜混合料用氨-碳酸铵水溶液浸出，再用溶剂萃取-电解沉积法从氨性浸出液中回收铜和镍，钴从氨性萃余液中沉淀析出。锰置换沉淀后的含 $MnCl_2$ 水溶液浓缩析出 $MnCl_2$，然后将 $MnCl_2$ 在 1000℃下熔融，用金属铝置换产出金属锰。

该法是一个典型的非选择性浸出法，镍、钴、铜、锰、铁的浸出率均较高，在 95% 以上，且浸出过程中，有 50% 以上的盐酸被消耗于锰结核中 MnO_2 的还原，HCl 则被氧化成 Cl_2，其反应为：

$$MnO_2 + 4HCl \longrightarrow MnCl_2 + 2H_2O + Cl_2 \uparrow$$

所生成的氯气若要转化为盐酸并返回浸出系统循环使用，则必须另建一套氢

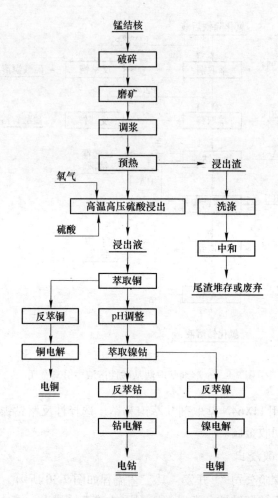

图 7-9 高温高压硫酸浸出法工艺流程图

气生产装置和 HCl 合成装置。

7.1.5.3 还原氨浸

还原氨浸法是指在氨性体系中，利用各种还原剂，如亚硫酸铵、硫酸亚铁、硫代硫酸盐、一氧化碳、亚锰离子、有机物等，进行直接还原浸出。还原氨浸法中最有影响的是亚铜离子氨浸工艺，该法是由美国肯尼科特（Kennecott）公司[91]提出的全湿法流程。

A 亚铜离子氨浸原理

锰结核亚铜离子氨浸工艺是在 NH_3-CO_2-H_2O 体系中，用一氧化碳（CO）气体作还原剂、亚铜离子（Cu^+）作催化剂，在常压和 323K 温度下浸出。浸出体系中，同时存在一氧化碳和亚铜离子两种还原剂，从标准电极电位分析，二者均

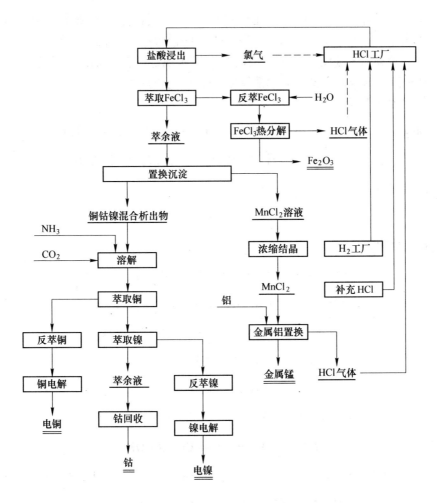

图 7-10 盐酸浸出法工艺流程

属强还原剂。

$$[Cu(NH_3)_4]^{2+} + e^- \rightleftharpoons [Cu(NH_3)_2]^+ + 2NH_3 \qquad \varphi_{25}^{\ominus} = -0.01V$$

$$CO_2 + 2H^+ + 2e^- \rightleftharpoons CO + H_2O \qquad \varphi_{25}^{\ominus} = -0.12V$$

$$MnO_2 + 4H^+ + 2e^- \rightleftharpoons Mn^{2+} + 2H_2O \qquad \varphi_{25}^{\ominus} = -1.23V$$

但在低温水溶液条件下，一氧化碳由于受溶解度和扩散速度的限制，直接还原 MnO_2 的可能性极小，而 $[Cu(NH_3)_2]^+$ 的扩散速度快，易渗透到固体表面，参与氧化还原反应，+4 价锰被还原为 Mn^{2+}，并与溶液中的 CO_3^{2-} 迅速结合成碳酸锰沉淀留在浸出渣中，从而破坏结核的矿物结构，镍、钴、铜等从铁锰矿物中解离并与氨-碳铵作用形成相应的氨配合物进入溶液。由一氧化碳将溶液中的二价铜离子还原再生成为亚铜离子。锰结核中的铁均以 Fe^{3+} 形式存在，在该条件下 Fe^{3+} 还原成 2+ 的机会很少。因此，铁难以进入溶液。同还原焙烧-氨浸一样，该法同样可以实现镍、钴、铜的选择性浸出。

亚铜离子氨浸的主要反应包括氧化-还原反应和氨浸出反应。

氧化-还原反应：

$$MnO_2 + 2Cu(NH_3)_2^+ + 2NH_3 + (NH_4)_2CO_3 \longrightarrow MnCO_3 + 2Cu(NH_3)_4^{2+} + 2OH^-$$

$$2Cu(NH_3)_4^{2+} + CO + 2OH^- \longrightarrow 2Cu(NH_3)_4^{2+} + 2NH_3 + (NH_4)_2CO_3$$

总反应为：

$$MnO_2 + CO \longrightarrow MnCO_3$$

浸出反应：

$$NiO + 2NH_3 + 2NH_4^+ \longrightarrow Ni(NH_3)_4^{2+} + H_2O$$

$$CoO + 4NH_3 + 2NH_4^+ \longrightarrow Co(NH_3)_6^{2+} + H_2O$$

$$CuO + 2NH_3 + 2NH_4^+ \longrightarrow Cu(NH_3)_4^{2+} + H_2O$$

一氧化碳还原 Cu^{2+}，再生 Cu^+ 的机理如下：

$$CO(g) \Longrightarrow CO(1)$$

$$CO(L) + Cu(NH_3)_2^+ \Longrightarrow Cu(CO)^+ + 2NH_3$$

$$Cu(CO)^+ + OH^- \Longrightarrow Cu(CO)OH$$

$$Cu(CO)OH + Cu(NH_3)_4^{2+} + H_2O \Longrightarrow Cu(NH_3)_2^+ + CuH^+ + (NH_4)_2CO_3$$

$$CuH^+ + Cu(NH_3)_4^{2+} + OH^- \Longrightarrow Cu(NH_3)_2^+ + H_2O$$

总反应：

$$2Cu(NH_3)_4^{2+} + CO + 2OH^- \Longrightarrow Cu(NH_3)_2^+ + 2NH_3 + (NH_4)_2CO_3$$

即 CO 由气相向液相扩散，由于 Cu^+ 对 CO 具有强亲合力，特别是在氨性介质中，Cu^+ 与 CO 结合形成一种 $Cu(CO)^+$ 的羰基络合物，该过程的反应速度快。$Cu(CO)^+$ 与 OH^- 反应，形成一种具有较强活性的 $Cu(CO)OH$ 化合物，后者与 Cu^{2+} 接触时，Cu^{2+} 迅速获得一个 H^-（一个氢原子和一个过剩电子）形成 CuH^+，$Cu(CO)OH$ 失去一个 H^- 后形成 [$CuCOO$]$^+$，后者迅速分解成 CO_2 和 Cu^+，而 CuH^+ 则与另一个 Cu^{2+} 反应，生成 Cu^+ 和 H^+。

B 亚铜离子氨浸工艺

Kennecott 提出的亚铜离子氨浸工艺流程如图 7-11 所示。

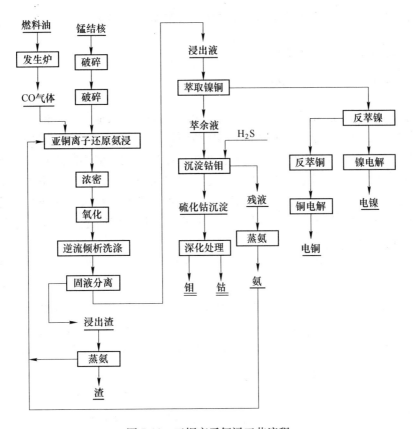

图 7-11 亚铜离子氨浸工艺流程

锰结核经破碎、磨细到 -0.25mm 后，在串联的 6 个反应槽中用含有适量亚铜离子的氨-碳酸铵溶液浸出，以一氧化碳作还原剂。浸出好的矿浆在浓密机中浓缩至含固体 40%，溢流返回浸出槽循环，底流进入浆化槽通空气氧化，使 Cu^+ 氧化成 Cu^{2+}，然后进逆流倾析洗涤系统洗涤和固液分离。浸出渣用蒸汽加热蒸馏回收 NH_3 和 CO_2，含镍、钴、铜浸出液经溶剂萃取共萃 Cu、Ni，再用稀硫酸选择反萃 Ni，然后用强酸反萃 Cu，并分别以电解沉积法得到纯金属。用硫化氢或硫化铵从萃余液中沉 Co 和 Mo，采用化学处理法分别回收。98% 的锰被还原，铜、镍浸出率为 90%，钴浸出率仅有 50%。

北京矿冶研究总院（BGRIMM）[92] 对亚铜离子氨浸工艺也进行了较长时间的研究，以提高钴回收率和综合回收锰为目的，在 Kennecott 流程基础上进行改进，提出两段浸出工艺以提高钴的回收率，并综合回收锰。其中，第一段为亚铜离子还原氨浸提取镍、钴和铜，第二段为用硫酸铵浸出锰和深度提钴。第一段的浸出液经萃取回收铜和镍后，硫化沉淀钴；第二段的浸出液硫化沉钴并除杂后，采用碳酸盐沉锰并再生硫酸铵返回再用，而硫化钴沉淀与第一段的硫化钴混合后用常规方法回收。金属浸出率分别为：Ni97%，Co93%，Cu90%。

7.2　浸出过程的理论基础

7.2.1　锰矿浸出过程的热力学

为了预测冶金过程的结果，冶金工作者首先要考虑反应的方向问题，即冶金反应在给定的条件下能否自发地向预期的方向进行，然后找出较优的工艺条件，使生成所需产物的反应趋势增大，而使得生成杂质的副反应不能进行或者反应趋势很小。此外，还要考虑反应的限度问题，即考虑反应的理论转化率的大小，希望在合适的条件下，反应达到平衡时的主反应的平衡常数最大，从而提高反应物的转化率和产品的产出率[93]。最终，考虑的方向和限度问题就构成了通称的热力学分析[94]。

在锰矿的浸出过程中，各组分的稳定范围、什么组分可以优先溶出、反应的平衡条件及条件变化所引起的平衡移动的方向和限度，这些都是需要研究的主要问题。计算出浸出反应过程中可能发生的化学反应的标准吉布斯自由能 $\Delta G^{\ominus}$、设定条件下反应的吉布斯自由能变化 ΔG 以及反应的平衡常数 K 等，是解决这些问题的最主要的方法。同时，运用热力学数据计算并绘制出相应体系的电位-pH 值图，这些图是研究浸出反应过程的有效工具[95]。

7.2.1.1　浸出反应中标准吉布斯自由能与平衡常数的计算

浸出反应的标准吉布斯自由能变化值 $\Delta_r G_T^{\ominus}$，是判断在标准状态下化学反应能否自动进行的标志，同时也是计算在给定条件下的吉布斯自由能变化值（$\Delta_r G_T^{\ominus}$）和浸出反应的平衡常数 K 的重要数据。为了求得任意温度下的 $\Delta_r G_T^{\ominus}$ 值，通常是根据反应物和生成物的热力学参数，运用热力学原理进行计算的。设浸出时被浸物料 A 与溶解在液相中的浸出剂 B 反应生成 C 和 D：

$$aA(s) + bB(aq) \rightleftharpoons cC(s) + dD(aq) \tag{7-1}$$

式中，B、D 为可知化合物或离子。则 $\Delta_r G_T^{\ominus}$ 的计算方法有：

（1）当已知反应物和生成物的标准摩尔吉布斯自由能或其标准摩尔生成吉布斯自由能时，则：

$$\Delta_r G_T^{\ominus} = cG_{m(C)T}^{\ominus} + d\overline{G_{m(D)T}^{\ominus}} - aG_{m(A)T}^{\ominus} - b\overline{G_{m(B)T}^{\ominus}} \tag{7-2}$$

或　　$$\Delta_r G_T^{\ominus} = c\Delta_f G_{m(C)T}^{\ominus} + d\overline{\Delta_f G_{m(D)T}^{\ominus}} - a\Delta_f G_{m(A)T}^{\ominus} - b\overline{\Delta_f G_{m(B)T}^{\ominus}} \tag{7-3}$$

式中　$G_{m(A)T}^{\ominus}$，$G_{m(C)T}^{\ominus}$——分别为 A、C 物质在 $T(K)$ 时的标准摩尔吉布斯自由能，kJ/mol；

　　　$\Delta_f G_{m(A)T}^{\ominus}$，$\Delta_f G_{m(C)T}^{\ominus}$——分别为 A、C 物质在 $T(K)$ 时的标准摩尔生成吉布斯自由能，kJ/mol；

$\overline{G^{\ominus}_{m(B)T}}$，$\overline{G^{\ominus}_{m(D)T}}$——分别为处于水溶液状态时的 B(aq)、D(aq) 的标准摩尔吉布斯自由能，kJ/mol；

$\Delta_f \overline{G^{\ominus}_{m(B)T}}$，$\Delta_f \overline{G^{\ominus}_{m(D)T}}$——分别为处于水溶液状态时的 B(aq)、D(aq) 的标准摩尔生成吉布斯自由能，kJ/mol。

对于水溶液状态下的物质而言，一般以假想的 1mol/kg 的理想溶液为标准状态，其中 $\overline{G^{\ominus}_m}$、$\Delta_f \overline{G^{\ominus}_m}$ 值均采用该标准下的数值。$\overline{G^{\ominus}_m}$ 实际上是该标准状态下该物质的偏摩尔吉布斯自由能值。

（2）当已知反应物及生成物在 298K 时的标准摩尔生成焓（$\Delta_f H^{\ominus}_{m298}$）或标准摩尔焓（$H^{\ominus}_{m298}$）、标准熵变化（$S^{\ominus}_{m298}$）以及标准摩尔热容（$C^{\ominus}_{pm}$）与温度的关系热力学数据时，根据这些热力学数据，可以首先按照热力学的方法计算出 298K 时反应的标准焓变化 $\Delta_r H^{\ominus}_{298}$、标准熵变化 $\Delta_r S^{\ominus}_{298}$、标准吉布斯自由能变化 $\Delta_r G^{\ominus}_{298}$ 以及反应的标准摩尔热容变化 $\Delta_r C^{\ominus}_P$ 与温度的关系，可按下式求 $\Delta_r G^{\ominus}_T$。

$$\Delta_r G^{\ominus}_T = \Delta_r H^{\ominus}_{298} + \int_{298}^T \Delta_r C^{\ominus}_P dT - T\Delta_r S^{\ominus}_{298} - T\int_{298}^T \frac{\Delta_r C^{\ominus}_P}{T}dT \tag{7-4}$$

$$\Delta_r G^{\ominus}_T = \Delta_r G^{\ominus}_{298} - (T - 298)\Delta_r S^{\ominus}_{298} + \int_{298}^T \Delta_r C^{\ominus}_P dT - T\int_{298}^T \frac{\Delta_r C^{\ominus}_P}{T}dT \tag{7-5}$$

应当指出，对于处在溶液状态的反应物和生成物来说，其标准摩尔焓、标准摩尔熵和标准摩尔热容均应采用其对应于水溶液标准状态下的值，或者说用其水溶液的标准偏摩尔值。

同时应当指出的是，式（7-2）和式（7-3）仅仅适用于在 $298 \sim T$(K) 的温度范围内反应物和生成物均无相变的情况下，否则应当考虑相变的热效应及相变带来的 $\Delta_r C^{\ominus}_P$ 的改变。

计算 $\Delta_r G^{\ominus}_T$ 所需的原始数据可以从相关热力学手册中查得，然而对于许多离子的 $\overline{C^{\ominus}_{pm}}$ 值与温度的关系研究的较少。因此，对某些离子参与的浸出反应按式（7-2）和式（7-3）计算就有一定的困难。但在温度变化范围不是很大的情况下，物质的标准摩尔热容可近似视为常数，等于其在 298K~T(K) 之间标准摩尔热容的平均值 $C^{\ominus}_{pm}|^T_{298}$，则式（7-4）可化为：

$$\Delta_r G^{\ominus}_T = \Delta_r G^{\ominus}_{298} - (T - 298)\Delta_r S^{\ominus}_{298} + (T - 298)\Delta_r C^{\ominus}_{pm}|^T_{298} - T\ln\left(\frac{T}{298}\right) C^{\ominus}_{pm}|^T_{298} \tag{7-6}$$

式中，$C^{\ominus}_{pm}|^T_{298}$ 为生成物在 298(K)~T(K) 之间的平均摩尔热容与反应物在 298(K)~T(K) 之间的平均摩尔热容之差（J/(mol·K)）。对于许多元素和化合物而言，

其 $C_{pm}^{\ominus}$ 值与温度的关系为已知，故容易导出 $C_{pm}^{\ominus}\big|_{298}^{T}$ 值，对于离子而言，根据离子熵对应原理可按下式计算：

$$C_{pm(i)}^{\ominus}\Big|_{298}^{T} = \alpha_T + \beta_T \overline{S_{m(i)298(绝对)}^{\ominus}} \tag{7-7}$$

式中，$C_{pm(i)}^{\ominus}\big|_{298}^{T}$ 为 i 离子在 298K ~ T(K) 之间的标准偏摩尔热容的平均值(J/(mol·K))；$\overline{S_{m(i)298(绝对)}^{\ominus}}$ 为 i 离子在 298K 时的标准偏摩尔绝对熵，简称 i 离子在 298K 时的绝对熵(J/(mol·K))。

其数值可按下式计算：

$$\overline{S_{m(i)298(绝对)}^{\ominus}} = \overline{S_{m(i)298(相对)}^{\ominus}} + \overline{S_{m(H^+)298(绝对)}^{\ominus}} \times (Z_+ \text{ 或 } Z_-) \tag{7-8}$$

式中，$\overline{S_{m(i)298(相对)}^{\ominus}}$ 为 i 离子在 298K 时的相对熵，一般可在手册中查得；$\overline{S_{m(H^+)298(绝对)}^{\ominus}}$ 为 H^+ 在 298K 时的绝对熵，为 -20.9J/K；Z_+、Z_- 为 i 离子的价态数，阳离子取正号，阴离子取负号；α_T、β_T 是根据离子熵对应原理求出的常数，与温度 T 及离子的种类有关。

为了简化离子标准偏摩尔热容值的计算，D. F. 泰勒将离子对应原理的原始数据进一步处理后，得到近似公式为：

$$\overline{C_{pm(i)T}^{\ominus}} = \big[a_2 + b_2 \overline{S_{m(i)298(绝对)}^{\ominus}}\big]T \tag{7-9}$$

式中　$\overline{C_{pm(i)T}^{\ominus}}$——$i$ 离子在 T(K) 时的标准摩尔热容，J/(mol·K)；

a_2，b_2——对应于不同离子的常数。

化学反应的吉布斯自由能的变化决定着溶剂与有价矿物之间作用的可能性。若反应体系中吉布斯自由能减少（即反应的吉布斯自由能为负值），此反应可以自动进行，并且负值量越大反应越容易进行，反应进行得越完全。若反应时体系的吉布斯自由能增大（即反应的吉布斯自由能是正值），该反应就不能自动进行，则有价成分不能被溶剂溶解[96,97]。对于大多数化学反应而言，当 $\Delta G^{\ominus}$ 的绝对值很大时，$\Delta G^{\ominus}$ 的正负就能够决定 ΔG 的正负，通常以 40kJ/mol 为界限。若 $|\Delta G^{\ominus}|>$40kJ/mol 时，$\Delta G^{\ominus}$ 的正负基本上决定了 ΔG 的符号，即可判断化学反应的方向[98]。

由热力学原理可知，化学反应平衡常数 K 与温度 T 有关，与系统中物质的浓度无关。K 值的大小能反映该反应进行的可能性的大小和限度，可用于计算产物的产量和反应物的转化率，K 值越大则反应进行的可能性越大，反应越能进行的彻底，产物的产量则越多。根据等温方程 $\Delta G_T^{\ominus} = -RT\ln K$，只要能计算出浸出反应的标准吉布斯自由能变化 $\Delta G_T^{\ominus}$ 值，然后根据等温方程可直接计算出温度 T(K) 时的平衡常数 K 值。

复杂低品位锰矿和烟尘的加压浸出工艺的目的在于加压浸出过程中尽可能多

的溶出锰，使其进入浸出液中，铁、铝、镁和硅等尽量不被浸出而留在浸出渣中，从而达到锰与杂质元素的分离，使锰离子得到富集。由于本课题所研究的复杂低品位锰矿和锰烟尘的化学成分复杂，大部分锰元素以高价氧化锰和高价锰化合物的形态存在，根据锰的性质可知高价锰氧化物不能直接溶于酸，二价锰才能溶于酸，因此必须在有还原剂的条件下才能溶解于硫酸。本试验采用硫铁矿作为还原剂，硫酸溶液作为浸出剂，空气作为加压气体。表 7-4 中列出了在复杂低品位锰矿和烟尘的加压浸出过程中可能发生的化学反应，并根据上述热力学计算方法，计算了发生这些化学反应的标准吉布斯自由能变化值 $\Delta G_T^{\ominus}$ 和平衡常数 K 值。所用热力学数据来源于杨显万等[99]编著的《高温水溶液热力学数据计算手册》。

表 7-4　加压浸出过程中的化学反应及其标准吉布斯自由能值 $\Delta G_T^{\ominus}$ 和平衡常数 K

化学反应方程式	$\Delta G_{298K}^{\ominus}$ /kJ·mol^{-1}	$\Delta G_{373K}^{\ominus}$ /kJ·mol^{-1}	K_{373}
$MnCO_3+H_2SO_4 = MnSO_4+H_2O+CO_2$	−82.147	−93.548	$10^{13.096}$
$MnO+H_2SO_4 = MnSO_4+H_2O$	−141.565	−138.911	$10^{19.447}$
$2Mn_3O_4+6H_2SO_4 = 6MnSO_4+6H_2O+O_2$	−460.313	−463.390	$10^{64.872}$
$3Mn_2O_3+5H_2SO_4+S = 6MnSO_4+5H_2O$	−842.612	−832.893	$10^{116.6}$
$4MnO_2+MnS+4H_2SO_4 = 5MnSO_4+4H_2O$	−896.127	−890.113	$10^{124.6}$
$4MnO_2+FeS_2+4H_2SO_4 = 4MnSO_4+FeSO_4+S+4H_2O$	−823.363	−822.396	$10^{115.1}$
$7MnO_2+FeS_2+6H_2SO_4 = 7MnSO_4+FeSO_4+6H_2O$	−1394.113	−1390.866	$10^{194.714}$
$15MnO_2+2FeS_2+14H_2SO_4 = 15MnSO_4+Fe_2(SO_4)_3+14H_2O$	−2987.74	−2977.376	10^{308}
$3MnO_2+2FeS_2+6H_2SO_4 = 3MnSO_4+Fe_2(SO_4)_3+6H_2O+4S$	−704.74	−703.496	$10^{98.486}$
$3MnO_2+S+2H_2SO_4 = 3MnSO_4+2H_2O$	−570.75	−568.47	$10^{79.583}$
$MnO_2+2FeSO_4+2H_2SO_4 = MnSO_4+Fe_2(SO_4)_3+2H_2O$	−199.515	−195.644	$10^{27.389}$
$2Mn_3O_4+2FeS_2+7/2O_2+7H_2SO_4 = 6MnSO_4+Fe_2(SO_4)_3+7H_2O+2S$	−1952.63	−1899.85	$10^{265.97}$
$Fe_2(SO_4)_3+FeS_2 = 3FeSO_4+2S$	−53.098	−58.282	$10^{8.159}$
$Fe_2(SO_4)_3+H_2S = 2FeSO_4+H_2SO_4+S$	−43.628	−38.023	$10^{5.323}$
$2FeS_2+7O_2+2H_2O = 2FeSO_4+2H_2SO_4$	−1118.84	−1076.66	$10^{150.73}$
$FeS_2+2O_2 = FeSO_4+S$	−666.062	−642.849	$10^{89.995}$
$2S+3O_2+2H_2O = 2H_2SO_4$	−452.78	−433.81	$10^{60.731}$
$2FeSO_4+1/2O_2+H_2SO_4 = Fe_2(SO_4)_3+H_2O$	−320.38	−301.514	$10^{42.21}$
$Mn_2SiO_4+2H_2SO_4 = 2MnSO_4+H_4SiO_4$	−412.936	−396.927	$10^{55.58}$
$2FeOOH+3H_2SO_4 = Fe_2(SO_4)_3+4H_2O$	−39.2	−76.8	$10^{10.7}$
$CaCO_3+H_2SO_4 = CaSO_4+H_2O+CO_2$	−138.646	−149.169	$10^{20.883}$
$CaMg(CO_3)_2+2H_2SO_4 = CaSO_4+MgSO_4+2H_2O+2CO_2$	−219.271	−241.369	$10^{33.79}$
$H_4SiO_4 = SiO_2+2H_2O$	−19.4	−37.3	$10^{5.3}$
$MnO_2+FeS_2+3/2H_2SO_4 = MnSO_4+FeSO_4+3/2H_2S$	−173.273	−187.66	$10^{26.271}$

从表 7-4 可知，复杂低品位锰矿和烟尘加压浸出过程中的化学反应在 373K 下的 $\Delta G_{373K}^{\ominus}$ 值均为负值，且其绝对值均较大，平衡常数值也均很大，说明反应在 373K 温度下可自发进行。$\Delta G^{\ominus}$ 值越负，即 K 值越大的化学反应进行的越快，反之，反应将进行的越慢或很难进行。由表 7-4 数据可知，浸出过程中的主反应为：$15MnO_2 + 2FeS_2 + 14H_2SO_4 = 15MnSO_4 + Fe_2(SO_4)_3 + 14H_2O$。

7.2.1.2 浸出反应的电势分析

在查阅大量相关资料并进行计算的基础上得到复杂低品位锰矿和烟尘加压浸出过程中相关反应的标准吉布斯自由能变化值和平衡常数 K 值，可以判断出化学反应的可行性。同理，在对复杂低品位锰矿和烟尘中元素的电动势进行测定的基础上，通过电化学原理计算，也可以得到相关反应的标准吉布斯自由能变化值，从而判断出化学反应的可行性。由于目前对高温浸出反应状态下的热力学数据研究较少，而考察锰元素的电池电动势相对较容易，可以更方便地获得有关锰化合物的热力学性质以及相关平衡信息。

在已知的电池反应标准电极电动势 $E^{\ominus}$ 的基础上，可以根据能斯特关系式得到其相应吉布斯自由能的变化量。因此，根据锰元素的标准电极电势可以计算出反应的标准吉布斯自由能。

$$\Delta_r G_m^{\ominus} = - nFE^{\ominus} \tag{7-10}$$

式中　n——电池反应中转移的电子摩尔量，mol；

　　　F——法拉第常数（$F = 96485 C/mol$）。

对相关文献 [99，100] 进行查阅，将 298K 时酸性水溶液中锰的 $E^{\ominus}$ 情况列于表 7-5。

表 7-5　298K 下酸性水溶液中锰的标准电势

反　应　式	$E^{\ominus}/V$
$Mn^{2+}(aq) + 2e^- = Mn(s)$	-1.185
$Mn^{3+}(aq) + 3e^- = Mn(s)$	-0.283
$Mn^{3+}(aq) + e^- = Mn^{2+}(aq)$	1.50
$MnO_2 + 4H^+ + 4e^- = Mn(s) + 2H_2O$	0.024
$MnO_2 + 4H^+ + 2e^- = Mn^{2+}(aq) + 2H_2O$	1.239
$MnO_4^{2-} + 4H^+ + 2e^- = MnO_2(s) + 2H_2O$	2.26
$MnO_4^{2-} + 8H^+ + 4e^- = Mn^{2+}(aq) + 4H_2O$	1.742
$MnO_4^- + 4H^+ + 3e^- = MnO_2(s) + 2H_2O$	1.69
$MnO_4^- + 8H^+ + 5e^- = Mn^{2+}(aq) + 4H_2O$	1.507

将表 7-5 提供的 $E^{\ominus}$ 代入式（7-10）中计算出相应的 ΔG，并绘制出电位-氧化态-ΔG 图。

由图 7-12 可知，在酸性溶液的锰的电位-氧化态-ΔG 图中 Mn^{2+} 位于曲线的最低点，其自由焓变最小，Mn^{2+} 也是最稳定的氧化态，其他价态的锰离子都会自发地向 Mn^{2+} 转化。因此，在酸性溶液中，本试验研究所用的复杂低品位锰矿及烟尘中的主要成分高价氧化锰，在有还原剂存在的情况下很容易浸出生成硫酸锰。图 7-12 表明，在酸性溶液中，Mn^{3+} 易发生歧化反应，生成 Mn^{2+} 和 MnO_2，并且反应的平衡常数较大；MnO_4^{2-} 也有类似的情况，在酸性溶液中不能稳定存在，将歧化为 MnO_4^- 和 MnO_2 沉淀；反之，MnO_4^- 能与 Mn^{2+} 发生氧化还原反应，产物为 MnO_2。

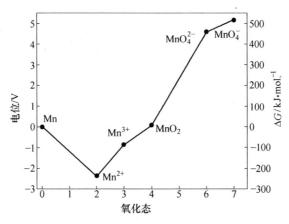

图 7-12 298K 酸性水溶液中锰的电位-氧化态-ΔG 图

7.2.1.3 浸出反应的电位-pH 值图分析

在水溶液中，各种金属离子的稳定性与金属离子的 pH 值、电势、温度、离子活度和压力等有关[101~103]，故现代湿法冶金广泛采用电位-pH 值图来分析浸出过程的热力学条件。电位-pH 值图是将水溶液中的基本反应的电位与离子活度、pH 值的函数关系，在指定的温度和压力条件下，将电位与 pH 值的变化关系在图中表示出来[104~110]。

在电位-pH 值图上，不仅可以看出各反应的平衡条件和各组分的稳定范围，还可以判断条件变化时平衡移动的方向和限度。因此，对锰矿加压酸浸过程所做的热力学分析包括：锰矿浸出时固液相间多项反应的吉布斯自由能变化和平衡式，及 φ-pH 值图的绘制与解析。

所有湿法冶金的化学反应都可以用下列通式表示：

$$aA + nH^+ + ze^- \Longrightarrow bB + cH_2O \tag{7-11}$$

反应具有如下三种类型：

（1）有电子（e）迁移而无 H^+ 参与反应的氧化-还原反应：

$$aA + ze^- \Longrightarrow bB \tag{7-12}$$

其反应的自由能变化为：

$$\Delta G = \Delta G^{\ominus} + RT\ln\alpha_B^b/\alpha_A^a \tag{7-13}$$

$$\Delta G = -zF\varphi \tag{7-14}$$

$$\Delta G^{\ominus} = -zF\varphi^{\ominus} \tag{7-15}$$

当自由能变化转变为对外所作的最大有用功时，则

$$-zF\varphi = -zF\varphi^{\ominus} + RT\ln\alpha_B^b/\alpha_A^a \tag{7-16}$$

$$\varphi = \varphi^{\ominus} - \frac{2.303RT}{zF}\lg\frac{\alpha_B^b}{\alpha_A^a} \tag{7-17}$$

当温度为常温 298K 下：

$$\varphi = \varphi^{\ominus} - \frac{2.303 \times 1.987 \times 298}{z \cdot 23060}\lg\frac{\alpha_B^b}{\alpha_A^a} \tag{7-18}$$

$$\varphi = \varphi^{\ominus} - \frac{0.0591}{z}\lg\frac{\alpha_B^b(还原态)}{\alpha_A^a(氧化态)} \tag{7-19}$$

或 $$\varphi = \varphi^{\ominus} + \frac{0.0591}{z}\lg\frac{\alpha_B^b(氧化态)}{\alpha_A^a(还原态)} \tag{7-20}$$

式中 φ——电极电势；

$\varphi^{\ominus}$——标准电极电势（温度为 25℃，$\alpha_{Me^{n+}} = 1$ 时的 φ）；

z——电子迁移数；

α_A，α_B——金属离子的活度。

$\varphi^{\ominus}$ 值可查表得到，也可由反应标准自由能变化 $\Delta G^{\ominus}$ 求出，即：

$$\varphi^{\ominus} = \frac{-\Delta G^{\ominus}}{zF} = \frac{-\Delta G^{\ominus}}{23060z} \tag{7-21}$$

（2）无电子迁移，而离子活度只与 pH 值有关的反应：

$$aA + nH^+ = bB + cH_2O \tag{7-22}$$

反应平衡的自由能变化为零，即：

$$\Delta G = \Delta G^{\ominus} + RT\ln\frac{\alpha_B^b}{\alpha_A^a \cdot \alpha_{H^+}^n} = 0 \tag{7-23}$$

$$\Delta G^{\ominus} = -RT\ln\frac{\alpha_B^b}{\alpha_A^a \cdot \alpha_{H^+}^n} \tag{7-24}$$

当温度为 25℃，$\alpha_B = \alpha_A = 1$ 时，

$$\Delta G^{\ominus} = -1.987 \times 298 \times 2.303 n\text{pH}^{\ominus} = -1364\text{pH}^{\ominus} \tag{7-25}$$

式中，$\text{pH}^{\ominus}$ 称为标准 pH 值。$\text{pH}^{\ominus}$ 数值为：

$$\text{pH}^{\ominus} = -\frac{\Delta G^{\ominus}}{1364n} \tag{7-26}$$

反应的平衡条件是：

$$pH = pH^{\ominus} - \frac{1}{n}lg\frac{\alpha_B^b}{\alpha_A^a} \tag{7-27}$$

$Me(OH)_n$ 的 $pH^{\ominus}$ 也可用溶度积进行计算，即：

$$pH^{\ominus} = \frac{1}{n}lgK_{sp} - lgK_w \tag{7-28}$$

式中 n——H^+ 数；

   K_{sp}——$Me(OH)_n$ 的溶度积；

   K_w——水的离子积。

（3）有电子迁移，φ 与 pH 有关的氧化-还原反应：

$$aA + nH^+ + ze^- \rightleftharpoons bB + cH_2O \tag{7-29}$$

反应的电极电势为：

$$\varphi = \varphi^{\ominus} - \frac{n}{z} \cdot \frac{2.303RT}{F}pH + \frac{2.303RT}{zF}lg\frac{\alpha_A^a}{\alpha_B^b} \tag{7-30}$$

25℃时，

$$\varphi = \varphi^{\ominus} - 0.0591\frac{n}{z}pH + \frac{0.0591}{z}lg\frac{\alpha_A^a(氧化态)}{\alpha_B^b(还原态)} \tag{7-31}$$

$$\varphi^{\ominus} = \frac{-\Delta G^{\ominus}}{23060z} \tag{7-32}$$

$\alpha = 1$，$n = z$ 时，电势-pH 方程式为：

$$\varphi = \varphi^{\ominus} - 0.0591pH \tag{7-33}$$

众所周知，水仅仅是在一定电势和 pH 值条件下才是稳定的，水稳定的上限是析出氧，其稳定程度由下式确定：

$$O_2 + 4H^+ + 4e^- \rightleftharpoons 2H_2O \tag{7-34}$$

$$\varphi_{O_2/H_2O} = 1.229 - 0.0591pH \quad (p_{O_2} = 101kPa \text{ 时}) \tag{7-35}$$

水稳定的下限是析出氢，其稳定程度由下式确定：

$$2H^+ + 2e^- \rightleftharpoons H_2 \tag{7-36}$$

$$\varphi_{H^+/H_2} = -0.0591pH \quad (p_{H_2} = 101kPa \text{ 时}) \tag{7-37}$$

本课题研究的浸出部分是加压浸出过程，需要绘制高温条件下的 E_T-pH_T 图。高温条件下标准 $E_T^{\ominus}$ 和 $pH_T^{\ominus}$ 的计算推导过程如下。

如果把温度从 298.15K 变化到 $T(K)$ 范围内的热容看作恒定平均值 $C_p^{\ominus}\big|_{298}^T$，那么任何一个反应体系的标准自由能变化可表示为：

$$\Delta G_T^{\ominus} = \Delta G_{298}^{\ominus} - \overline{\Delta S_{298}^{\ominus}}(T - 298) + \overline{\Delta C_p^{\ominus}}\left[(T - 298) - T\ln\frac{T}{298}\right] \tag{7-38}$$

氧化-还原反应体系的高温电位为：

$$E_T^{\ominus} = E_{298}^{\ominus} + \frac{(T-298)}{F} \cdot \frac{\overline{\Delta S_{298}^{\ominus}}}{z} - \frac{(T-298) - T\ln\dfrac{T}{298}}{F} \cdot \frac{\overline{\Delta C_p^{\ominus}}}{z} \qquad (7\text{-}39)$$

式中，F 为法拉第常数，z 为电子迁移数。如果取 H^+ 的熵值 $S_{H^+}^{\ominus} = -5$，则

$$\frac{\overline{\Delta S_{298}^{\ominus}}}{z} = \frac{\Delta S_{298}^{\ominus}}{z} + 5 \qquad (7\text{-}40)$$

式中，$\overline{\Delta S_{298}^{\ominus}}$ 为绝对熵变化，$\Delta S_{298}^{\ominus}$ 为相对熵变化。

对于溶解-沉淀反应体系，高温 $pH_T^{\ominus}$ 为：

$$pH_T^{\ominus} = \frac{298}{T} \cdot pH_{298}^{\ominus} + \frac{T-298}{2.303RT} \cdot \frac{\Delta S_{298}^{\ominus}}{n} - \frac{(T-298) - T\ln\dfrac{T}{298}}{2.303} \cdot \frac{\overline{\Delta C_p^{\ominus}}}{n}$$

$$(7\text{-}41)$$

式中，n 为参与反应的 H^+ 数。

根据式 7-42 和式 7-43 可以计算出 100℃时的 $E_T^{\ominus}$ 和 $pH_T^{\ominus}$ 的标准公式。

$$E_T^{\ominus} = E_{298}^{\ominus} + 0.003253\left(\frac{\Delta S_{298}^{\ominus}}{z} + 5\right) + 0.0003795 \frac{\overline{\Delta C_p^{\ominus}}}{z} \qquad (7\text{-}42)$$

$$pH_T^{\ominus} = 0.7989pH_{298}^{\ominus} + 0.04394 \frac{\Delta S_{298}^{\ominus}}{n} + 0.005126 \frac{\overline{\Delta C_p^{\ominus}}}{n} \qquad (7\text{-}43)$$

通过查阅热力学数据手册[99,111]，可以得到上述方程式中所需的热力学数据。在电位-pH 值图中，第一类反应的平衡线是与横坐标（pH 值坐标）平行的一条水平线；第二类反应的平衡线是与纵坐标（φ 坐标）平行的一条垂直线；第三类反应的平衡线是一条斜线。图中各个区域代表着某种组分的稳定区，以氧线和氢线为界以内的区域为水的热力学稳定区，当反应的电位与 pH 值高于氧线时，水会分解析出氧气，当反应的电位与 pH 值低于氢线时，则水分解析出氢气。

A $Mn\text{-}H_2O$ 系 φ-pH 值图

根据 298K 和 373K 下的 $Mn\text{-}H_2O$ 系中的热力学数据可以计算出标准状态下各反应的平衡式及 φ-pH 关系式，见表 7-6。图 7-13 和图 7-14 分别为 298K 和 373K 下的 $Mn\text{-}H_2O$ 系 φ-pH 值图。

由表 7-6 所列平衡反应式，假设条件为：$p = 1.0MPa$，$[Mn^{2+}] = 10^{-2}mol/L$，$[Mn^{3+}] = [MnO_4^-] = [MnO_4^{2-}] = 10^{-3}mol/L$，可绘制出 298K 和 373K 时的 $Mn\text{-}H_2O$ 系 φ-pH 值图。

表 7-6　Mn-H_2O 系中可能发生的平衡反应式及 φ-pH 关系式

平衡反应式	φ_{298}-pH 关系式	φ_{373}-pH 关系式
$Mn^{2+}+2e^-\!\!=\!\!=\!\!Mn$	$\varphi=-1.181+0.02958\lg[Mn^{2+}]$	$\varphi=-0.8674+0.037\lg[Mn^{2+}]$
$Mn(OH)_2+2H^+\!\!=\!\!=\!\!Mn^{2+}+2H_2O$	$pH=8.938-0.5\lg[Mn^{2+}]$	$pH=8.5268-0.5\lg[Mn^{2+}]$
$Mn(OH)_2+2H^++2e^-\!\!=\!\!=\!\!Mn+2H_2O$	$\varphi=-0.6524-0.05916pH$	$\varphi=-0.363-0.074pH$
$Mn_3O_4+2H^++2e^-\!\!=\!\!=\!\!3MnO+H_2O$	$\varphi=0.2232-0.05916pH$	$\varphi=0.533-0.074pH$
$Mn_3O_4+8H^++2e^-\!\!=\!\!=\!\!3Mn^{2+}+4H_2O$	$\varphi=1.810-0.2366pH-0.08874$ $\lg[Mn^{2+}]$	$\varphi=2.046-0.2961pH-0.037$ $\lg[Mn^{2+}]$
$Mn_2O_3+6H^++2e^-\!\!=\!\!=\!\!2Mn^{2+}+3H_2O$	$\varphi=1.484-0.1775pH-0.05916$ $\lg[Mn^{2+}]$	$\varphi=1.739-0.2221pH-0.037$ $\lg[Mn^{2+}]$
$MnO_2+4H^++2e^-\!\!=\!\!=\!\!Mn^{2+}+2H_2O$	$\varphi=1.229-0.1183pH-0.02958$ $\lg[Mn^{2+}]$	$\varphi=1.507-0.1480pH-0.037$ $\lg[Mn^{2+}]$
$3Mn_2O_3+2H^++2e^-\!\!=\!\!=\!\!2Mn_3O_4+H_2O$	$\varphi=0.8318-0.05916pH$	$\varphi=1.125-0.074pH$
$2MnO_2+2H^++2e^-\!\!=\!\!=\!\!Mn_2O_3+H_2O$	$\varphi=0.9734-0.05916pH$	$\varphi=1.2757-0.074pH$
$MnO_4^-+4H^++3e^-\!\!=\!\!=\!\!MnO_2+2H_2O$	$\varphi=1.704-0.07888pH+$ $0.01972\lg[MnO_4^-]$	$\varphi=1.978-0.0987pH+0.0247$ $\lg[MnO_4^-]$
$MnO_4^{2-}+4H^++2e^-\!\!=\!\!=\!\!MnO_2+2H_2O$	—	$\varphi=2.610-0.148pH+0.037$ $\lg[MnO_4^{2-}]$
$MnO_4^-+e^-\!\!=\!\!=\!\!MnO_4^{2-}$	—	$\varphi=0.715+0.074\lg[MnO_4^-]-$ $0.074\lg[MnO_4^{2-}]$
$2H^++2e^-\!\!=\!\!=\!\!H_2$	$\varphi=-0.05916pH$	$\varphi=0.323-0.074pH$
$1/2O_2+2H^++2e^-\!\!=\!\!=\!\!H_2O$	$\varphi=1.2292-0.05916pH$	$\varphi=1.4899-0.074pH$

由复杂低品位锰矿及烟尘的物相分析结果可知，锰主要以高价氧化锰的形态存在。从图 7-13 和图 7-14 可以看出，对于高价氧化锰 MnO_2、Mn_2O_3 和 Mn_3O_4 的酸溶反应必须在有还原剂存在的条件下降低氧化还原电位才能完成。当 pH<3时，降低氧化还原电位，就能实现 MnO_2 的酸溶反应。温度在 298K 时，Mn^{2+} 在pH<7.5 的范围内是稳定的。温度在 373K 时，Mn^{2+} 在 pH<5.8 的范围内是稳定存在的。从图 7-14 可以看出，随着温度的升高，Mn^{2+}、Mn、MnO_2 和 Mn_2O_3 的稳定区域缩小，而 MnO_4^-、Mn_3O_4 和 $Mn(OH)_2$ 的稳定区域有所扩大。图中各区域的位置整体向 pH 值减小的方向移动。随着温度的升高，在图 7-14 的右侧还出现了一个新的区域即 MnO_4^{2-}，说明随着温度的升高，在强碱性条件下，MnO_2 易被氧化为 MnO_4^{2-}。

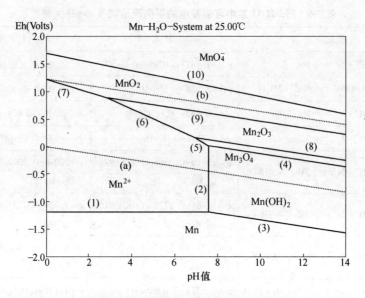

图 7-13 298K 时 Mn-H₂O 系 φ-pH 值图

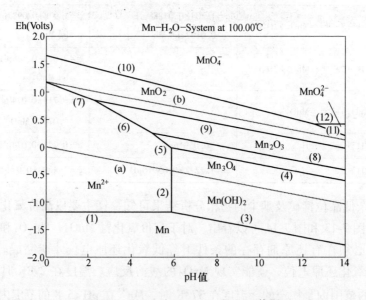

图 7-14 373K 时 Mn-H₂O 系 φ-pH 值图

B Fe-S-H₂O 系与 Mn-H₂O 系 φ-pH 值图

为了从理论上阐明硫铁矿还原浸出复杂低品位锰矿及烟尘的可行性，本文采用有关公式对 Fe-S-H₂O 系与 Mn-H₂O 系进行了热力学计算，绘制了 Fe-S-H₂O 系与 Mn-H₂O 系的 φ-pH 值图（如图 7-15 所示）。

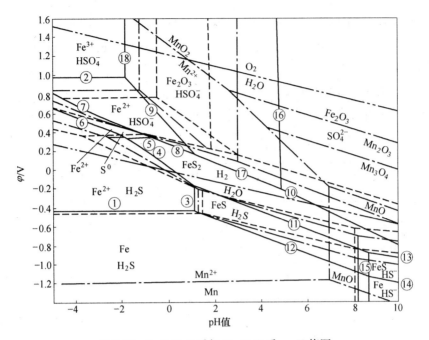

图 7-15 Fe-S-H_2O 系与 Mn-H_2O 系 φ-pH 值图

————Fe-S-H_2O 系，100℃ ；————Fe-S-H_2O 系，25℃ ；——·——Mn-H_2O 系，100℃（$a=1$）

由图 7-15 可得出如下结论[112]：

（1）元素硫的稳定区随温度的升高而缩小，即温度的升高有利于 FeS_2 中的硫转化成 SO_4^{2-} 或 HSO_4^-，降低酸耗[113]。

（2）Fe^{2+} 的稳定区也随温度的升高而缩小，相反赤铁矿（Fe_2O_3）的稳定区则扩大，因此高温下进行 FeS_2 溶出有利于其中的铁以赤铁矿（Fe_2O_3）的形式留在渣中，从而降低铁的含量。

（3）无论是在常温还是高温条件下，理论上硫铁矿还原浸出高价氧化锰矿都是可行的。采用较高的温度进行加压浸出主要是出于动力学的需要，同时有利于硫铁矿中的硫和铁分别转变为 SO_4^{2-} 或 H_2SO_4 和 Fe_2O_3，从而达到浸出速度快、酸耗低、铁溶出率低的效果。

（4）不同的酸度条件下，硫铁矿可分别按下列反应氧化溶出：

$$FeS_2 + MnO_2 + 4H^+ = Fe^{2+} + Mn^{2+} + 2H_2O + 2S \tag{7-44}$$

$$FeS_2 + 7MnO_2 + 14H^+ = Fe^{2+} + 7Mn^{2+} + 6H_2O + 2HSO_4^- \tag{7-45}$$

$$FeS_2 + 7MnO_2 + 12H^+ = Fe^{2+} + 7Mn^{2+} + 6H_2O + 2SO_4^{2-} \tag{7-46}$$

$$2FeS_2 + 15MnO_2 + 28H^+ = 2Fe^{2+} + 15Mn^{2+} + 14H_2O + 2SO_4^{2-}$$

$$\tag{7-47}$$

当温度较高时，如 100℃ 以上，反应（7-46）不发生，而以如下反应进行：

$$2FeS_2 + 15MnO_2 + 26H^+ \rightleftharpoons Fe_2O_3 + 15Mn^{2+} + 11H_2O + 4HSO_4^- \quad (7\text{-}48)$$

（5）反应式（7-44）产出的元素 $S°$ 可以进一步氧化生成 HSO_4^- 或 SO_4^{2-}，从而降低了酸耗。

C S-H_2O 系 φ-pH 值图

S-H_2O 系中平衡反应式及 φ-pH 关系式见表 7-7。

表 7-7 S-H_2O 系中平衡反应式及 φ-pH 关系式

平衡反应式	φ_{298}-pH 关系式	φ_{373}-pH 关系式
$2H^+ + 2e^- \rightleftharpoons H_2$	$\varphi = -0.0591\text{pH}$	$\varphi = 0.0403 - 0.074\text{pH}$
$O_2 + 4H^+ + 4e^- \rightleftharpoons 2H_2O$	$\varphi = 1.229 - 0.0591\text{pH}$	$\varphi = 1.212 - 0.074\text{pH}$
$H_2S \rightleftharpoons H^+ + HS^-$	$\text{pH} = 7.0016 + \lg[HS^-] - \lg[H_2S]$	$\text{pH} = 6.5434 + \lg[HS^-] - \lg[H_2S]$
$HS^- \rightleftharpoons H^+ + S^{2-}$	$\text{pH} = 13.9997 - \lg[HS^-] + \lg[S^{2-}]$	$\text{pH} = 12.129 - \lg[HS^-] + \lg[S^{2-}]$
$SO_4^{2-} + H^+ \rightleftharpoons HSO_4^-$	$\varphi = 1.9051 + \lg[SO_4^{2-}] - \lg[HSO_4^-]$	$\varphi = 3.017 + \lg[SO_4^{2-}] - \lg[HSO_4^-]$
$HSO_4^- + 9H^+ + 8e^- \rightleftharpoons H_2S + 4H_2O$	$\varphi = 0.289 - 0.0665\text{pH} + 0.00739\lg[HSO_4^-] - 0.00739\lg[H_2S]$	$\varphi = 0.315 - 0.0833\text{pH} + 0.00925\lg[HSO_4^-] - 0.00925\lg[H_2S]$
$SO_4^{2-} + 10H^+ + 8e^- \rightleftharpoons H_2S + 4H_2O$	$\varphi = 0.3033 - 0.0739\text{pH} - 0.00739\lg[H_2S] + 0.00739\lg[SO_4^{2-}]$	$\varphi = 0.3429 - 0.0925\text{pH} - 0.00925\lg[H_2S] + 0.00925\lg[SO_4^{2-}]$
$SO_4^{2-} + 9H^+ + 8e^- \rightleftharpoons HS^- + 4H_2O$	$\varphi = 0.2515 - 0.0665\text{pH} - 0.00739\lg[HS^-] + 0.00739\lg[SO_4^{2-}]$	$\varphi = 0.2824 - 0.0833\text{pH} - 0.00925\lg[HS^-] + 0.00925\lg[SO_4^{2-}]$
$SO_4^{2-} + 8H^+ + 8e^- \rightleftharpoons S^{2-} + 4H_2O$	$\varphi = 0.148 - 0.0591\text{pH} - 0.00739\lg[S^{2-}] + 0.00739\lg[SO_4^{2-}]$	$\varphi = 0.1699 - 0.074\text{pH} - 0.00925\lg[S^{2-}] + 0.00925\lg[SO_4^{2-}]$
$S + 2H^+ + 2e^- \rightleftharpoons H_2S$	$\varphi = 0.1418 - 0.0591\text{pH} - 0.0296\lg[H_2S]$	$\varphi = 0.1793 - 0.074\text{pH} - 0.037\lg[H_2S]$
$S + H^+ + 2e^- \rightleftharpoons HS^-$	$\varphi = -0.0652 - 0.0296\text{pH} - 0.0296\lg[HS^-]$	$\varphi = -0.0628 - 0.037\text{pH} - 0.037\lg[HS^-]$
$HSO_4^- + 7H^+ + 6e^- \rightleftharpoons S + 4H_2O$	$\varphi = 0.3383 - 0.0689\text{pH} + 0.0098\lg[HSO_4^-]$	$\varphi = 0.3602 - 0.0863\text{pH} + 0.0123\lg[HSO_4^-]$
$SO_4^{2-} + 8H^+ + 6e^- \rightleftharpoons S + 4H_2O$	$\varphi = 0.357 - 0.0788\text{pH} + 0.0098\lg[SO_4^{2-}]$	$\varphi = 0.3974 - 0.0987\text{pH} + 0.0123\lg[SO_4^{2-}]$
$S_2O_8^{2-} + 2H^+ + 6e^- \rightleftharpoons 2HSO_4^-$	$\varphi = 2.0537 - 0.0591\text{pH} - 0.0591\lg[HSO_4^-] + 0.0296\lg[S_2O_8^{2-}]$	$\varphi = 2.0537 - 0.0591\text{pH} - 0.0591\lg[HSO_4^-] + 0.0296\lg[S_2O_8^{2-}]$
$S_2O_8^{2-} + 2e^- \rightleftharpoons 2SO_4^{2-}$	$\varphi = 1.9411 + 0.0296\lg[S_2O_8^{2-}] - 0.0591\lg[SO_4^{2-}]$	$\varphi = 1.8902 + 0.037\lg[S_2O_8^{2-}] - 0.074\lg[SO_4^{2-}]$

欲了解硫化物在浸出时的热力学规律性，需要通过 S-H$_2$O 系 φ-pH 值图了解硫的行为，然后结合硫化物的热力学性质来了解整个硫化物的行为。在硫化物加压酸浸反应过程中，溶液中存在着含硫化合物之间的平衡[114]。较稳定的含硫化合物有 H$_2$S、HS$^-$、S^{2-}、SO$_4^{2-}$、HSO$_4^-$ 以及元素 S。S-H$_2$O 系中存在的化学反应列于表 7-7 中。假设条件为：$[H_2S]=[HS^-]=[S^{2-}]=[HSO_4^-]=10^{-2}$ mol/L，$P=$ 1.0MPa，$[SO_4^{2-}]=1$ mol/L，可绘制 298K 和 373K 时的 S-H$_2$O 系 φ-pH 值图，如图 7-16 所示。

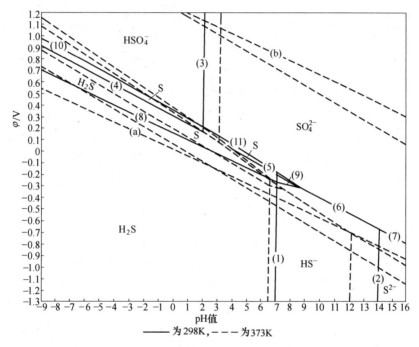

图 7-16　298K 和 373K 时 S-H$_2$O 系 φ-pH 值图

在图 7-16 中，存在元素硫的稳定区，随着氧化还原电势的提高和 pH 值的变化，硫被氧化成 HSO$_4^-$ 或 SO$_4^{2-}$；随着氧化还原电势的降低，硫会被还原成 H$_2$S 或 HS$^-$。在较高 pH 值范围内，HS$^-$ 将直接氧化成 SO$_4^{2-}$。由图 7-16 还可看出，随着温度的升高，元素硫以及 H$_2$S 和 HS$^-$ 的稳定区逐渐缩小，而 S^{2-} 和 HSO$_4^-$ 的稳定区域有所扩大，并且随着温度的升高图中各区域的位置整体向着 pH 值减小的方向移动。

7.2.1.4　水在不同压力下的沸点

由于本课题对复杂低品位锰矿及烟尘的加压浸出处理涉及高温下水溶液的反应，因此有必要对水在不同压力、温度下的性质进行了解。本试验所用的加压气体为外部输入的压缩空气，并非在密闭环境下的水蒸气压。在确定加压浸出工艺条件时，所选择的浸出温度不应该超过工艺所选择的压力条件下水的沸点温度。水在不同的压力条件下的沸点温度列于表7-8中。

表7-8 水在不同的压力条件下的沸点

压力/Pa	沸点/℃	压力/Pa	沸点/℃
101.325×10³	100.0	810.600×10³	169.6
202.650×10³	119.6	911.925×10³	174.5
303.975×10³	132.9	1013.250×10³	179.0
405.300×10³	142.9	1114.575×10³	183.2
506.625×10³	151.1	1215.900×10³	187.1
607.950×10³	158.1	1317.225×10³	190.7
709.275×10³	164.2	1418.550×10³	194.1

由于在实际的加压浸出体系中的化学成分比较复杂，除了水外还有大量的硫酸、硫酸锰及其他的无机物等，因此实际的浸出矿浆在各个压力下的沸点温度要比表7-8所列的沸点温度偏低。加压浸出体系中压力数值的确定以加压釜上配套安装的压力表的读数为准，其读数为加压釜内压力值与当地大气压的压力差值。其关系式为：压力表读数=釜内压力（实际压力）-当地大气压力，因此，釜内压力（实际压力）=压力表读数+当地大气压力。

表7-8所列的压力值指的是加压釜内的实际压力，并非加压釜所配套的压力表的读数，但是为了论述方便，后面的章节中所指的压力值均为压力表显示数值。

7.2.1.5 加压浸出锰矿的反应原理

由以上的讨论可知，加压釜中进行的酸浸锰矿试验，反应过程很复杂。当有效成分为二氧化锰时，使用硫铁矿作为还原剂，在浸出过程中可能发生的化学反应如下[115]：

$$2H_2SO_4 + 2FeS_2 + O_2 = 2FeSO_4 + 2H_2O + 2S \tag{7-49}$$

上式反应是吸热反应，升高温度对生成$FeSO_4$有利。在酸性溶液中能发生下列反应：

$$MnO_2 + 2FeSO_4 + 2H_2SO_4 = MnSO_4 + Fe_2(SO_4)_3 + 2H_2O \tag{7-50}$$

除黄铁矿的影响因素外，酸度也是重要的影响因素。

在酸性条件下，Fe^{3+}能加快反应速率，起到催化剂作用[116]。

$$Fe_2(SO_4)_3 + FeS_2 = 3FeSO_4 + 2S \tag{7-51}$$

$$Fe_2(SO_4)_3 + H_2S = 2FeSO_4 + H_2SO_4 + S \tag{7-52}$$

一般来说，当pH值小于2时容易得到元素硫，反应如下：

$$FeS_2 + MnO_2 + 2H_2SO_4 = MnSO_4 + FeSO_4 + 2H_2O + 2S \tag{7-53}$$

$$2FeS_2 + 9MnO_2 + 10H_2SO_4 \Longrightarrow 9MnSO_4 + Fe_2(SO_4)_3 + 10H_2O + 2S$$
(7-54)

$$2FeS_2 + 3MnO_2 + 6H_2SO_4 \Longrightarrow 3MnSO_4 + Fe_2(SO_4)_3 + 6H_2O + 4S$$
(7-55)

而当 pH 值大于 2 时容易生成 HSO_4^- 或 SO_4^{2-}，反应如下：

$$FeS_2 + 7MnO_2 + 14H_2SO_4 \Longrightarrow Fe(HSO_4)_2 + 7MnSO_4 + 6H_2O$$
(7-56)

$$2FeS_2 + 15MnO_2 + 14H_2SO_4 \Longrightarrow 15MnSO_4 + Fe_2(SO_4)_3 + 14H_2O$$
(7-57)

同时，料液中生成的硫也可能与 MnO_2 发生氧化还原反应：

$$3MnO_2 + 2H_2SO_4 + S \Longrightarrow 3MnSO_4 + 2H_2O$$
(7-58)

在有 MnO_2 存在的情况下，S 和 HSO_3^- 或 SO_3^{2-} 会迅速被氧化为 SO_4^{2-}，中间产物 HSO_3^- 和 SO_3^{2-} 难以积累到较大的浓度，也就是说不会生成 SO_2。而且随着浸出反应的进行，溶液的 pH 逐步升高，也有利于反应向生成 SO_4^{2-} 的方向发展。其实 MnO_2 不仅可以使硫从 -1 价氧化成元素硫，而且可以进一步将硫氧化为 +2 价、+4 价，一直到 +6 价，至于反应产物究竟是什么，则和反应动力学条件有着极大的关系，如反应温度、初始酸浓度、两矿比等等。因此，对这些反应动力学条件的选择，是本次试验的考察重点[117,118]。

通过上述分析可以看出，锰矿被浸出的原理是：有效成分 MnO_2 被硫铁矿还原为 Mn^{2+}，同时将 Fe^{2+} 氧化成 Fe^{3+} 以及将 $[S_2]^{2-}$ 氧化成 S 或 SO_4^{2-}，Mn^{2+} 在溶液中与 SO_4^{2-} 结合生成 $MnSO_4$。

7.2.2 锰矿浸出过程的动力学

由于湿法浸出过程的温度与火法相比要低很多，因此，其化学反应速率及扩散速度都不及火法明显，达到平衡状态的时间也要比火法时间长很多。所以，热力学数据的好坏，只能作为反应方向的参考，而真正决定生产过程最终结果的往往是动力学条件。本章主要探讨低品位锰矿加压酸浸过程的反应速率，阐明反应机理，找出反应速率的限制环节，进而推导出动力学方程。这对强化浸出过程、改进实际操作和提高生产效率等都具有重要意义[119]。

7.2.2.1 矿物浸出反应动力学基础

加压酸浸工艺中的反应是气相（O_2）、液相（稀 H_2SO_4）和固相（锰矿及硫铁矿）都参与的三相反应。在整个反应体系中反应是在相界面上发生的。反应过程包括：在相界面上发生的结晶化学反应过程、溶剂向相界面迁移和反应产物由相界面向外扩散的过程[120~124]。

（1）简单溶解反应的动力学方程。简单溶液由扩散过程决定，溶解速度遵循如下过程：

$$\frac{\mathrm{d}C}{\mathrm{d}\tau} = K_D(C_S - C_\tau) \tag{7-59}$$

$$K_D = \frac{D}{\delta}, \ \text{其中} \ D = \frac{1}{3\pi\mu d} \cdot \frac{RT}{N}; \ \delta = \frac{K}{V^n}$$

式中　$\dfrac{\mathrm{d}C}{\mathrm{d}\tau}$——某一瞬时的浸出速率；

$\quad\quad K_D$——浸出扩散速率常数；

$\quad\quad C_S$——化合物在试验条件下水中的溶解度；

$\quad\quad C_\tau$——化合物在溶液中瞬时 τ 的浓度；

$\quad\quad D$——扩散系数；

$\quad\quad \delta$——扩散层厚度；

$\quad\quad \mu$——黏度系数；

$\quad\quad d$——质点直径；

$\quad\quad N$——阿伏伽德罗常数；

$\quad\quad T$——绝对温度；

$\quad\quad K$——常数；

$\quad\quad V$——搅拌速率；

$\quad\quad n$——指数。

由式（7-59）可知，浸出反应速率与扩散速率常数 K_D 成正比关系。K_D 又和扩散系数 D 成正比关系，与扩散层厚度 δ 成反比关系。扩散系数 D 又由浸出反应的绝对温度 T 和溶液黏度系数 μ 及矿物的粒度（质点直径 d）三个因素共同决定。扩散层厚度 δ 由溶液搅拌速度 V 所决定。

当 $\tau=0$，$C_\tau=0$ 时对式（7-59）进行积分，得到：

$$\int_0^{C_\tau}\frac{\mathrm{d}C}{\mathrm{d}\tau} = K_D\int_0^\tau\mathrm{d}\tau \tag{7-60}$$

整理得：

$$2.303\lg\frac{C_S}{C_S - C_\tau} = K_D\tau \tag{7-61}$$

式（7-61）就是简单溶解反应的动力学方程。

（2）化学溶解反应的动力学方程。浸出过程是一种固液反应过程[125,126]，本文中锰矿物的加压酸浸过程虽然是有空气参与的，但实际上空气主要起到保压和强化搅拌的作用，只有很少量的氧溶解于料液中参与反应。因此，其实质上是一个固液反应过程，一般的固液反应有以下三种类型：

第一种类型是：反应物为固相和液相，生成物可溶于水，固体颗粒的外形尺寸随反应的进行逐渐减少直至完全消失。该类型称之为未反应核收缩模型。这类反应一般可表示为：

$$aA(aq) + bB(s) \longrightarrow cC(aq) + dD(aq) \tag{7-62}$$

第二种类型是：生成物为固相并附着在未反应核上以及固体反应物中，只有某一组分被选择性地浸出的模型。此类反应一般可表示为：

$$aA(aq) + bB(s) \longrightarrow cC(aq) + dD(s) \tag{7-63}$$

如式（7-63）所示，反应物分别为固相和液相，生成物也是固相和液相两种相态，固相生成物附着在反应物上，阻止了反应物进一步反应。

第三种类型是：固态反应物分散嵌布在惰性脉石基体中，由于脉石基体一般都有孔隙和裂缝，因而，液相反应物可以通过这些孔隙和裂纹扩散到矿石内部，致使浸出反应在矿石表面和内部同时发生。

有些矿物的品位较低，不适合进行搅拌浸出，只能通过就地浸出或者堆浸的方法。这些矿物的固相反应物 B(s) 分散嵌布在不反应的脉石基体中，块矿浸出就属于这一类型。在此过程中，液相反应物由脉石基体的裂缝和孔穴扩散到块矿表面与内部同时进行反应，如上图所示。

7.2.2.2 浸出动力学分析

在复杂低品位锰矿加压酸浸试验过程中，其他价态锰离子被转化为二价锰离子，形成硫酸锰可溶性盐全部进入液相中。对照以上模型分析可知，该反应过程应属于未反应核收缩模型，反应可以由式（7-62）表示。

此类反应由以下步骤组成：（1）液态反应物 A（离子或分子）由溶液主体通过液相边界层扩散到固态反应物 B 表面；（2）界面化学反应，包括：A 在固体 B 表面上的吸附，被吸附的 A 与固体 B 在表面上发生反应生成产物 C 和 D，产物在固体表面上的吸附和脱附；（3）C 和 D 从固体 B 的表面扩散到溶液主体。这些步骤可以看成是一个串联过程，当过程处于稳态时，其中每一步骤的速率都应该相等[127~140]。浸出过程的速率方程讨论如下：

（1）液态反应物 A 通过液相边界层的传质速率为：

$$-\frac{dn_A}{dt} = k_d S(C_A - C_{AS}) \tag{7-64}$$

式中　n_A——体系中反应物 A 的摩尔数；

　　　k_d——液相传质系数；

C_A，C_{AS}——分别为反应物 A 在溶液主体和固体 B 表面的摩尔浓度。

（2）假设界面化学反应为一级不可逆反应，则速率方程可以表示为：

$$-\frac{dn_A}{dt} = k_r S C_{AS} \tag{7-65}$$

式中 k_r——界面化学反应速率常数。

（3）假设产物 C 和 D 的扩散速率足够快，则总的浸出速率主要决定于 A 的扩散速率和界面化学反应速率。如果过程处于稳态，则由式（7-64）和式（7-65）可得：

$$C_{AS} = \frac{k_d}{k_d + k_r} C_A \tag{7-66}$$

将式（7-66）代入式（7-65），有：

$$-\frac{dn_A}{dt} = \frac{k_d k_r}{k_d + k_r} S C_A = \frac{1}{1/k_r + 1/k_d} S C_A \tag{7-67}$$

令：

$$\frac{1}{k} = \frac{1}{k_r} + \frac{1}{k_d} \tag{7-68}$$

则式（7-67）变为：

$$-\frac{dn_A}{dt} = kS C_A \tag{7-69}$$

式中，k 为表观速率常数。式（7-69）就是受外扩散和化学反应混合控制时浸出过程的速率方程。若 $k_d \ll k_r$，则 $k \approx k_d$，过程的速率限制步骤为外扩散；若 $k_d \gg k_r$，则 $k \approx k_r$，过程的速率限制步骤为界面化学反应。

一般情况下要对速率方程式（7-69）进行求解，需要同时考虑反应物浓度 C_A 和反应面积 S 随时间的变化。在本动力学试验研究过程中，反应物的浓度在反应过程中基本保持恒定（即 $C_A \equiv C_{A0}$），则反应的速率将随固相反应面积而发生变化。由于本试验所用原料为球形颗粒，设固体颗粒 B 的摩尔密度为 ρ_B，初始半径为 r_0，则：

$$-\frac{1}{a} \times \frac{dn_A}{dt} = -\frac{1}{b} \times \frac{dn_B}{dt} = -\frac{1}{b} \times \frac{d\left(\frac{4}{3}\pi r^3 \rho_B\right)}{dr} \times \frac{dr}{dt} = -\frac{4\pi r^2 \rho_B}{b} \times \frac{dr}{dt} \tag{7-70}$$

将其代入式（7-69）得：

$$-\frac{a\rho_B}{b} \times \frac{dr}{dt} = kC_{A0} \tag{7-71}$$

对上式积分并整理得：

$$1 - (1-x)^{1/3} = \frac{bkC_{A0}}{a\rho_B r_0} t \tag{7-72}$$

式中 x——固态反应物的转化率或浸出率；

a——液体反应物 A 的计量系数；

b——固体反应物 B 的计量系数；

C_{A0}——反应物 A 的浓度，mol/cm^3；

r_0——反应物 B 球形颗粒的初始半径，cm；

k——表观速率常数，cm/min；

ρ_B——固体反应物 B 的摩尔密度，mol/cm^3；

t——反应时间，min。

式（7-72）即为在液相反应物浓度保持恒定时，球形颗粒在浸出过程中的动力学方程。对于没有固体产物层的浸出反应，无论过程是处于扩散控制还是处于界面化学反应控制，速率方程式（7-72）均可适用。通常以 $1-(1-x)^{1/3}$ 对反应时间 t 作图的方法来研究这类反应的共同特征。可以根据搅拌强度和温度对反应速率的影响程度来进行判断，从而确定过程的速率限制性环节。当过程受界面化学反应控制时，温度对反应速率有显著的影响，而搅拌强度则几乎没有影响；当过程受扩散控制时，搅拌强度对反应速率的影响十分显著，而温度的影响并不明显。

另外，在一般情况下对于界面化学反应不是一级不可逆的反应而言，式（7-72）可表示为：

$$1 - (1 - x)^{1/3} = \frac{bkC_{A0}^n}{a\rho_B r_0}t \tag{7-73}$$

对于反应中有其他添加剂的反应过程，以及将空气作为加压气体的单一颗粒的加压浸出过程而言，实际上是两种或者两种以上的溶解物种与固体颗粒发生了化学反应。则式（7-73）可表示为：

$$1-(1-x)^{1/3} = \frac{bk\prod C_{i0}^{ni}}{a\rho_B r_0}t \tag{7-74}$$

式中 $\prod$——表示连乘；

C_i——每种水溶物种反应物的浓度，mol/L；

ni——每种水溶物种反应物的反应级数。

对于低品位锰矿的加压浸出过程，式（7-74）可具体化为：

$$1 - (1 - x)^{1/3} = \frac{bkC_{A0}^{n1}[\text{Air(aq)}]^{n2}[\text{FeS}_2]^{n3}}{a\rho_B r_0}t \tag{7-75}$$

式中 C_{A0}——水溶液中硫酸的浓度，mol/L；

$[\text{Air(aq)}]$——溶液中空气可溶性成分的浓度，mol/L；

$[\text{FeS}_2]$——硫铁矿在矿粉中的百分含量，%。

根据亨利定律，空气的溶解度与体系中空气的分压成正比，即：

$$\left[\,\mathrm{Air}(\mathrm{aq})\,\right] = \frac{P_{\mathrm{Air}}}{H_{\mathrm{Air}}} \tag{7-76}$$

式中 P_{Air}——空气压力，Pa；

H_{Air}——亨利系数，$(\mathrm{Pa \cdot L})/\mathrm{mol}$。

式（7-75）可表示为：

$$1 - (1 - x)^{1/3} = \frac{bkC_{\mathrm{A0}}^{n1}P_{\mathrm{Air}}^{n2}\left[\,\mathrm{FeS_2}\,\right]^{n3}}{aH_{\mathrm{Air}}^{n2}\rho_{\mathrm{B}}r_0}t \tag{7-77}$$

目前对于加压酸浸锰矿物的动力学研究很少，仅有少数学者[141]提出该浸出过程是属于化学反应控制。对于化学反应控制而言，提高温度可以有效提升锰的浸出率。在加压酸浸过程中，温度升高时化学反应速率常数会随之增大。1889年，阿累尼乌斯（S. Arrhenius）提出了反应速率常数 K 与绝对温度 T 的关系式为：

$$K = A \cdot \mathrm{e}^{-\frac{E}{RT}} \tag{7-78}$$

式中 K——反应速率常数；

A——频率因子，分子间碰撞的有关常数；

E——反应活化能，$R = 8.314\mathrm{J}/(\mathrm{K \cdot mol})$；

T——绝对温度，K。

反应活化能 E 大都在 $29000 \sim 83000\mathrm{J}/\mathrm{mol}$ 之间，反应活化能越大，反应速率随温度增加的幅度也越大。通常反应温度每升高 $10\,^\circ\!\mathrm{C}$，反应速率可增加 $2 \sim 4$ 倍，其经验关系式可表示为：

$$\gamma = \frac{K_{t+10}}{K_t} \tag{7-79}$$

式中 γ——反应速率温度系数；

K_{t+10}——温度在 $(t+10)\,^\circ\!\mathrm{C}$ 时的速率常数；

K_t——温度在 $t\,^\circ\!\mathrm{C}$ 时的速率常数。

分子和离子在介质中的扩散系数 D 与温度的关系可表示为：

$$D = A' \cdot \mathrm{e}^{-\frac{E}{RT}} \tag{7-80}$$

式中 E——扩散活化能，即离子或分子在介质空隙间扩散时系统能量变化，J/mol；

A'——比例常数。

离子或分子的扩散过程和化学反应过程都能受到温度的影响，但是离子或分子的扩散活化能要比化学反应活化能小，当温度升高 1K 时扩散速率提高 $1\% \sim 3\%$，而化学反应速率却提高 10%。因此，温度对受化学反应控制的浸出过程更加有效。

在加压酸浸锰矿物的过程中，既有简单的溶解反应也有复杂的化学反应，在还原剂和浸出剂的共同作用下转化为可溶性化合物，在溶剂分子的极性作用下生成的化合物被解离或者水合。因此，影响锰矿物浸出的因素除了温度以外，还有其他的因素，如：两矿比、初始酸浓度、反应压力、液固比等，这些因素将是本试验研究重点考察的对象。

7.2.2.3　浸出动力学试验

A　试验原料

低品位锰矿加压酸浸动力学试验所用原料即是浸出试验所用的复杂低品位锰矿和硫铁矿，化学成分见表7-9和表7-10。试验矿粉筛分为不同粒级的颗粒以备试验所用。

表7-9　低品位锰矿的化学成分

成　分	Mn	Fe	Al$_2$O$_3$	MgO	CaO	Pb	SiO$_2$	Cu	Co	Sn
含量(质量分数)/%	17.64	4.06	3.15	1.40	27.21	0.034	8.14	0.007	0.019	0.054

表7-10　硫铁矿的化学成分分析　　　　　（质量分数，%）

成　分	Fe	S	Si	Zn	Ba	Al	Sb	Pb	Mn	Cu	Ag
含量(质量分数)/%	42.8	35.3	10.0	3.00	3.00	1.00	0.10	0.50	0.10	0.03	0.003

B　试验设备和试验方法

加压浸出动力学试验在2L衬钛立式加压釜中进行。温度由PID控制仪控制，同时操纵着外部加热的输出功率和内部冷却管的流量。矿浆搅拌是通过变速驱动的四叶轮搅拌器完成的。温度、压力和搅拌速度的设定值通过PID控制仪读取。

首先，将低品位锰矿与硫铁矿按一定的比例混合，再将混合矿与硫酸溶液按照一定的液固比调浆后放入钛胆中，将钛胆放入加压釜中加盖密封，升温至设定温度时开始通入空气并计时。在浸出过程中保持搅拌转速恒定，浸出结束后通水冷却并卸压启釜，将浸出渣送样分析，锰和铁等金属浸出率计算均按渣计。在确保达到较好浸出效果的前提下，适当增大动力学实验过程中的液固比以保证浸出过程中硫酸浓度基本不变，试验选取液固比为10∶1。鉴于每次浸出实验的矿浆量小，故未采用中途定时取样方式，以消除因釜内矿浆减少而导致的对加压浸出反应的影响。为保证各试验点间具有可比性，控制每次试验时高压釜升温速率及降温速率相同[142]。

C　试验结果与讨论

（1）搅拌速度对锰浸出率的影响。固定实验条件：m(锰矿)∶m(硫铁矿)=1∶0.5，硫酸浓度60g/L，液固比10∶1，温度120℃，压力0.5MPa，矿粉粒径0.037mm。考察搅拌速度为350r/min、500r/min、750r/min和900r/min时对锰浸出率的影响，并以锰浸出率α对时间t作图，如图7-17所示。由图7-17可见，在所考察的搅拌速度范围内（350~900r/min），加压浸出低品位锰矿的浸出曲线基本重合，表明搅拌强度对反应过程已基本无影响，并已消除扩散对浸出过程的限制作用。

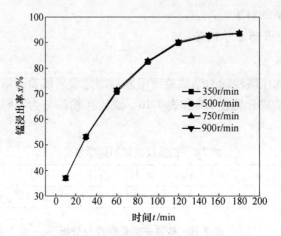

图 7-17   搅拌速度对锰浸出率的影响

用收缩核反应模型处理，可得 $1-(1-x)^{1/3}$ 与时间 t 呈线性关系，且不同搅拌速度下的 $1-(1-x)^{1/3} \sim t$ 关系曲线重合（如图 7-18 所示），即搅拌速度对反应速度常数无影响。考虑到浸出率及能耗问题，采用 350r/min 为最佳搅拌速度。

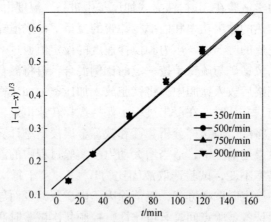

图 7-18   不同搅拌速度下 $1-(1-x)^{1/3} \sim t$ 的关系

（2）矿粉粒径对锰浸出率的影响。为了考察矿粉粒径对锰浸出率的影响，固定实验条件为：$m(锰矿):m(硫铁矿)=1:0.5$，硫酸浓度 60g/L，液固比10:1，温度 120℃，压力 0.5MPa，搅拌转速 350r/min。试验结果如图 7-19 所示。

锰的浸出率随着矿粉粒径的增加而降低（如图 7-19（a）所示）。说明矿粉

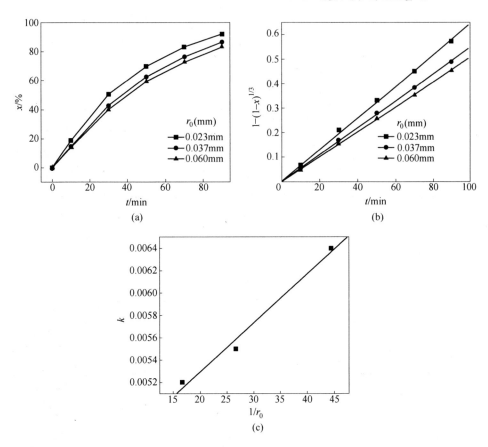

图 7-19 不同矿粉粒径下锰的浸出动力学数据

粒径越小锰的提取率越高，这是由于矿粉粒径小的矿物的比表面积大，且产物层较薄。此外，产物层的形态和结构对锰的浸出效果也有一定的影响。

不同矿粉粒径下的 $1-(1-x)^{1/3}$ 与 t 的关系如图 7-19（b）所示，拟合直线方程各参数列于表 7-11，3 条直线的相关系数 R 均在 0.98 以上。将图 7-19（b）中不同初始平均半径下所得的各直线的斜率 k 与 $1/r_0$ 作图（如图 7-19（c）所示），并得动力学方程式（7-81），呈直线关系，相关系数 R 为 0.99。从式（7-81）还可以看出，减小矿粉颗粒的初始平均半径 r_0，表观速率常数 k 增加，从而导致了锰的浸出速率随着初始平均粒径的下降而增大。

表 7-11 不同矿粉粒径下 $1-(1-x)^{1/3}$ 与 t 之间的线性回归方程

颗粒粒径/mm	线性回归方程	相关系数 R	表观速率常数 K
0.023	$y = 0.0064t$（$0 \leqslant t \leqslant 90$）	0.999	0.0064
0.037	$y = 0.0055t$（$0 \leqslant t \leqslant 90$）	0.999	0.0055
0.06	$y = 0.0051t$（$0 \leqslant t \leqslant 90$）	0.999	0.0051

$$k = 4.41 \times 10^{-3} + 4.4077 \times 10^{-5} \frac{1}{r_0}, \quad R = 0.9927 \tag{7-81}$$

（3）温度对锰浸出率的影响。固定实验条件为：m（锰矿）：m（硫铁矿）= 1 : 0.5，硫酸浓度 60g/L，液固比 10 : 1，压力 0.5MPa，矿粉粒径 0.037mm。

研究了 6 个不同温度下低品位锰矿的浸出动力学，得到了相应的浸出动力学数据。图 7-20（a）是不同温度下锰浸出率与时间的关系。用式（7-72）处理得到的锰浸出动力学数据均为直线关系（如图 7-20（b）所示），线性拟合方程各参数列于表 7-12。说明加压酸浸低品位锰矿的过程为界面化学反应控制。由于随着温度的提高，组分的扩散速率和化学反应速率均加快，所以锰的浸出速率随着温度的增加而增加。

将由图 7-20（b）得到的 120~150℃ 温度下浸出反应的表观速率常数 k 代入阿仑尼乌斯方程的对数形式中，即：

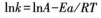

$$\ln k = \ln A - Ea/RT$$

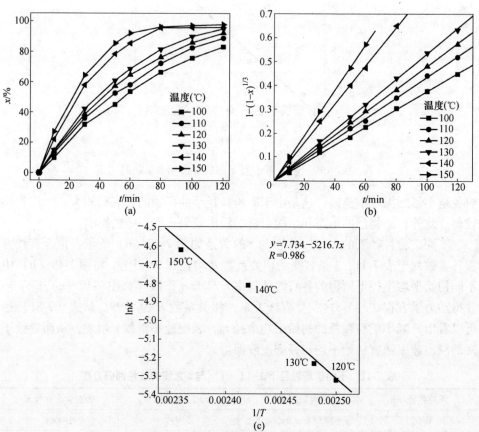

图 7-20　不同温度下锰的浸出动力学数据

表 7-12　不同浸出温度下 $1-(1-x)^{1/3}$ 与 t 之间的线性回归方程

温度/℃	线性回归方程	相关系数 R	表观速率常数 k
100	$y=0.00375t(0 \leqslant t \leqslant 120)$	0.999	0.00375
110	$y=0.00434t(0 \leqslant t \leqslant 120)$	0.999	0.00434
120	$y=0.00480t(0 \leqslant t \leqslant 120)$	0.999	0.00480
130	$y=0.00533t(0 \leqslant t \leqslant 120)$	0.999	0.00533
140	$y=0.00805t(0 \leqslant t \leqslant 80)$	0.999	0.00805
150	$y=0.00952t(0 \leqslant t \leqslant 80)$	0.999	0.00952

用 $\ln k$ 与 T^{-1} 作图，结果见图 7-20（c），拟合图 7-20（c）的数据可得：

$$\ln k = 7.734 - 5216.7 \frac{1}{T}, \quad R = 0.986 \tag{7-82}$$

可见，$\ln k$ 与 T^{-1} 之间呈现良好的线性关系（$R=0.99$），所得直线斜率为 -5216.7。根据阿仑尼乌斯（Arrhenius）公式，求解反应的表观活化能为：$Ea = -(-5216.7)R = 5216.7 \times 8.314 = 43.4kJ/mol$（此式中的 R 为气体常数，8.314J/（K·mol））。活化能值处于 $40 \sim 300kJ/mol$ 范围内，可见在低品位锰矿加压酸浸过程中锰浸出受界面化学反应控制。

（4）初始硫酸浓度对锰浸出率的影响。固定实验条件为：m（锰矿）∶m（硫铁矿）$=1 \colon 0.5$，温度 120℃，液固比 10∶1，压力 0.5MPa，矿粉粒径 0.037mm。用不同浓度的硫酸浸出低品位锰矿，锰的浸出率与时间的关系如图 7-21（a），图 7-21（b）是用式（7-72）处理的图 7-21（a）数据的结果。

从图 7-21 可以看出，锰的浸出速率随硫酸初始浓度的增加而增加，5 个不同硫酸初始浓度下的 $1-(1-x)^{1/3}$ 与 t 呈直线关系，相关系数 R 都大于 0.98，拟合直线的相关参数列于表 7-13。说明不同硫酸浓度下低品位锰矿的加压酸浸过程可用界面化学反应控制的收缩核模型描述。

由图 7-21（b）可求得不同硫酸浓度下浸出过程的表观速率常数 k，假设表观速率常数与硫酸浓度的幂函数呈正比，即：

$$\ln k = B + n_1 \ln C$$

用上式拟合 $\ln k$ 和 $\ln C$ 数据得（如图 7-21（c）所示）：

$$\ln k = -12 + 1.428 \ln C, \quad R = 0.996 \tag{7-83}$$

可得硫酸的表观反应级数 n_1 为 1.428。

（5）压力对锰浸出率的影响。在实验条件下获得稀硫酸溶液的蒸气压为 0.2MPa。因此，总压与空气分压的关系式为：$P = P_{Air} + 0.2$。固定实验条件为：m（锰矿）∶m（硫铁矿）$=1 \colon 0.5$，硫酸浓度 60g/L，液固比 10∶1，温度 120℃，矿粉粒径 0.037mm。

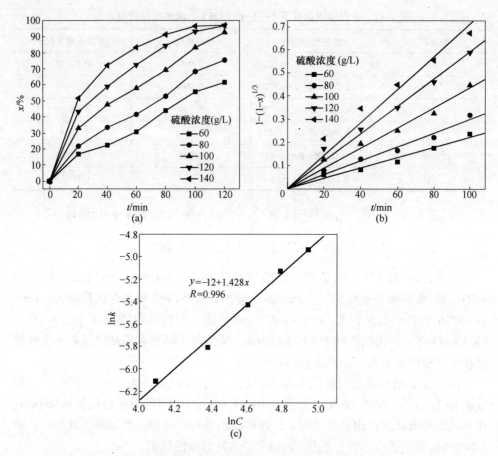

图 7-21 不同硫酸浓度下锰的浸出动力学数据

表 7-13 不同硫酸浓度下 $1-(1-x)^{1/3}$ 与 t 之间的线性回归方程

硫酸浓度/g·L^{-1}	线性回归方程	相关系数 R	表观速率常数 k
60	$y = 0.00223t\,(0 \leqslant t \leqslant 100)$	0.98	0.00223
80	$y = 0.003t\,(0 \leqslant t \leqslant 100)$	0.982	0.003
100	$y = 0.00437t\,(0 \leqslant t \leqslant 100)$	0.988	0.00437
120	$y = 0.00593t\,(0 \leqslant t \leqslant 100)$	0.996	0.00593
140	$y = 0.00713t\,(0 \leqslant t \leqslant 80)$	0.999	0.00713

在总压为 0.3~0.7MPa 范围内，对于压力对锰、铁浸出率的影响进行了研究，结果如图 7-22 所示。图中直线为一定浸出时间范围内锰和铁浸出率对应浸出时间的拟合直线，所得拟合直线方程详见表 7-12。由图 7-22 可知，当浸出时间同为 50min 时，随着压力由 0.3MPa 升高至 0.7MPa，锰的浸出率由 53.4%增

加至 82.1%，说明压力的提高有助于锰的浸出。当压力为 0.3MPa 时，浸出时间在 110min 后继续延长浸出时间锰的浸出率变化不明显；压力为 0.5MPa 时，浸出 90min 时锰的浸出率即达平衡；压力为 0.7MPa 时，锰浸出达到平衡的时间缩短至 60min。由此可见，随着压力的提高，锰浸出达到平衡的时间缩短，锰的浸出率加快。在浸出后期，由于铁的水解沉淀导致铁的浸出率明显降低，且铁开始出现明显的水解沉淀的时间随着压力的升高而提前[128]。

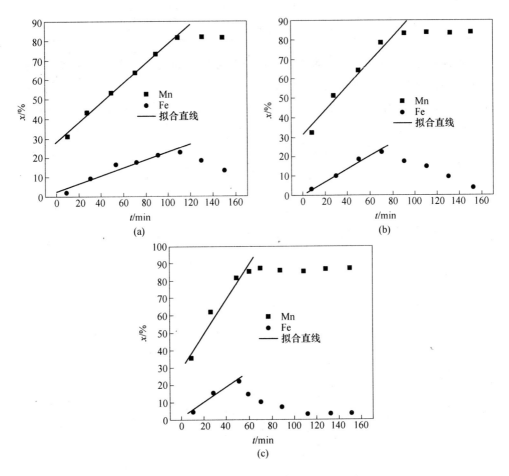

图 7-22　不同氧分压时金属浸出率与时间的关系
（a）总压在 0.3MPa；（b）总压在 0.5MPa；（c）总压在 0.7MPa

　　由表 7-14 可知，在锰浸出达到平衡及铁明显水解沉淀前，锰和铁的浸出率与浸出时间之间呈良好的直线关系，相关系数 $R \geqslant 0.97$。锰和铁浸出直线的斜率反映了它们的浸出速率，经比较两者浸出直线斜率可知，随着空气压力的提高，锰和铁浸出速率都相应增大，锰的浸出速率始终高于铁。

表 7-14   锰、铁浸出率与浸出时间之间的直线关系（$T = 120℃$）

总压/MPa	线性回归方程	相关系数 R	表观速率常数 k
0.3	Mn：$x(\%) = 27.67 + 0.506t\,(10 \leqslant t \leqslant 110)$	0.998	0.506
	Fe：$x(\%) = 2.26 + 0.203t\,(10 \leqslant t \leqslant 110)$	0.97	0.203
0.5	Mn：$x(\%) = 29.25 + 0.653t\,(10 \leqslant t \leqslant 90)$	0.98	0.653
	Fe：$x(\%) = -0.666 + 0.329t\,(10 \leqslant t \leqslant 70)$	0.99	0.329
0.7	Mn：$x(\%) = 27.36 + 1.04t\,(10 \leqslant t \leqslant 60)$	0.988	1.04
	Fe：$x(\%) = 0.938 + 0.435t\,(10 \leqslant t \leqslant 50)$	0.986	0.435

在加压浸出条件下，由于搅拌在气泡的作用下被强化，所以浸出速率可不受液体边界层扩散控制。将不同浸出条件下所得的锰浸出率（x）代入界面化学反应控制方程（7-72），所得的动力学曲线具有良好的线性回归关系（如图 7-23（a）所示），相关系数 R 都大于 0.99，线性拟合方程各参数列于表 7-15。这表明，在低品位锰矿加压酸浸过程中，锰的浸出遵循界面化学反应控制的未反应核收缩模型。

为了估算 n_2 值，将 $\ln k \sim \ln P$ 作图，所得拟合直线如图 7-23（b）所示。拟合方程为：

$$\ln k = -4.515 + 0.864\ln P, \quad R = 0.978 \tag{7-84}$$

因此，压力的表观反应级数 n_2 为 0.864。

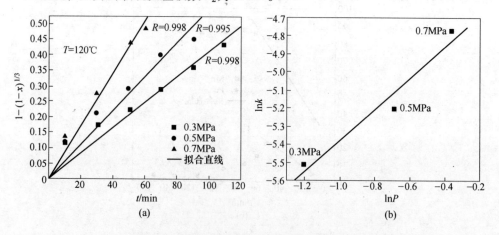

图 7-23   不同压力条件下锰的浸出动力学曲线

表 7-15   不同压力条件下 $1-(1-x)^{1/3}$ 与 t 之间的线性回归方程

总压/MPa	线性回归方程	相关系数 R	表观速率常数 k
0.3	$y = 0.004t\,(0 \leqslant t \leqslant 110)$	0.998	0.004
0.5	$y = 0.0055t\,(0 \leqslant t \leqslant 110)$	0.995	0.0055
0.7	$y = 0.0085t\,(0 \leqslant t \leqslant 110)$	0.998	0.0085

（6）硫铁矿在矿粉中的百分含量对锰浸出率的影响。硫铁矿作为锰矿浸出反应的还原剂，在浸出过程中也是重要的影响因素。固定实验条件为：初始平均半径为 0.037mm 的低品位锰矿粉 100g，硫酸初始浓度为 60g/L，温度 120℃，液固比 10:1，压力 0.5MPa。改变矿粉中硫铁矿的百分含量进行实验，所得结果如图 7-24 所示。图 7-24（a）表明锰的浸出率随硫铁矿在矿粉中百分含量的增加而增加，用式（7-72）处理图 7-24（a）数据，得 5 条直线如图 7-24（b）所示，拟合直线的相关参数列于表 7-16。由图 7-24（b）可得不同硫铁矿百分含量下加压酸浸低品位锰矿的表观速率常数 k（即各直线的斜率）。对所得表观速率常数的自然对数与硫铁矿在矿粉中的百分含量 $w[FeS_2]$ 的自然对数作图可得（如图7-24（c）所示）：

$$\ln k = -13.708 + 2.58\ln w[FeS_2], \quad R = 0.9885 \tag{7-85}$$

因此，硫铁矿量的表观反应级数 n_3 为 2.58。

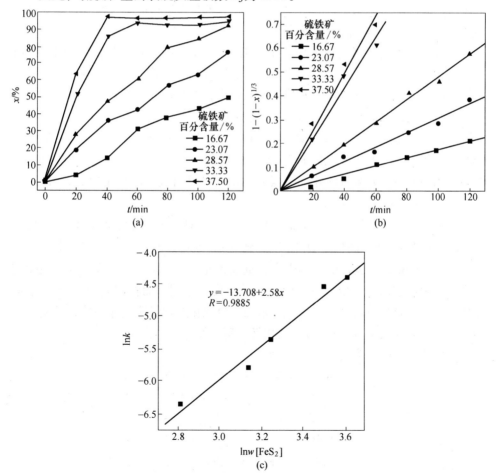

图 7-24　不同硫铁矿量下锰的浸出动力学数据

表 7-16　不同硫铁矿量下 $1-(1-x)^{1/3}$ 与 t 之间的线性回归方程

硫铁矿百分含量/%	线性回归方程	相关系数 R	表观速率常数 k
16.67	$y=0.00174t(0\leq t\leq 120)$	0.99	0.00174
23.07	$y=0.00305t(0\leq t\leq 120)$	0.99	0.00305
28.57	$y=0.00477t(0\leq t\leq 120)$	0.995	0.00477
33.33	$y=0.01081t(0\leq t\leq 60)$	0.981	0.01081
37.50	$y=0.00123t(0\leq t\leq 60)$	0.994	0.00123

7.3　浸出液的净化

锰矿粉在酸溶液中浸出时，矿石中的铁以及重金属杂质（Cu、Co、Ni、Zn、Cd 等）也浸出到溶液中，它们对锰的电解过程负面影响很大，降低了锰的电流效率，同时影响了产品质量。因此，必须在电解过程进行前将这些有害杂质从溶液中清理干净，通常称之为溶液净化。

溶液净化是电解锰生产工序中最重要的一个工序，电解时能否得到好的指标，溶液净化是否达到了要求至关重要，溶液净化除杂质不彻底，电解过程控制最好也不可能得到好的指标，尤其是电流效率会大幅降低。因此，生产锰盐产品和电解金属锰产品的关键步骤即为浸出液的净化[143~147]。

溶液净化第一步是除 Fe，除 Fe 是在浸出设备中进行，浸出达到终点时，先鼓空气、将溶液中 Fe^{2+} 氧化成 Fe^{3+} 然后调 pH 值至 6.5~6.8，Fe^{3+} 生成 $Fe(OH)_3$ 沉淀，而与矿渣一起被过滤除去，氢氧化铁与矿浸出渣一同过滤比 $Fe(OH)_3$ 单纯过滤要容易。

工业生产中采用鼓空气或加入氧化剂（MnO_2 等）使溶液中 Fe^{2+} 氧化成 Fe^{3+}，时间为 1~2h，调整溶液的 pH 达到 6.8，铁可全部生成 $Fe(OH)_3$ 沉淀。

除铁后的矿浆过滤后的溶液中含有重金属等有害杂质，通常采用加入硫化剂的方法，利用它们易于生成硫化物，并且溶度各不同，而将它们与 $MnSO_4$ 溶液分离。当重金属含量高且多品种，应采用混合硫化剂才能达到好的硫化效果，常用的硫化剂有福美钠（S.D.D）、硫化铵、硫化钡等。

主要化学反应式为（RS 为硫化剂）：

$$CuSO_4 + RS == RSO_4 + CuS$$
$$CoSO_4 + RS == RSO_4 + CoS$$
$$ZnSO_4 + RS == RSO_4 + ZnS$$
$$NiSO_4 + RS == RSO_4 + NiS$$
$$CuSO_4 + RS == RSO_4 + CuS$$

主要技术参数：

温度：40~60℃；

时间：2~3h；

硫化剂用量：按溶液中杂质含量计算，过量10%~15%即可，硫化剂不可过多加入，有些硫化剂在溶液中容易产生游离的硫离子，对电解过程中有负面影响，降低了电流效率。

净化后溶液中杂质含量要求达到：Co、Cu < 0.5mg/L，Ni < 1mg/L，Zn < 3mg/L。

7.3.1 浸出液中各组分浓度的测定及电解锰新液成分

将加压浸出试验所得的硫酸锰浸出液及洗水进行合并，混合并搅拌均匀后，取适量的混合液分析不同组分的浓度，结果见表7-17。

可以首先判定加压浸出液中有无 Fe^{2+} 的存在：取加压浸出混合液5mL，用铁氰化钾试剂对浸出液进行滴定，如果在滴定的过程中没有发现有深蓝色的沉淀生成，则可以判定加压浸出混合液中无 Fe^{2+} 的存在。

表 7-17　加压浸出混合液中各组分的含量

组　分	Mn	Fe	Fe^{2+}	Al	Ca	Mg	Co	Ni	Cu	Zn	H_2SO_4
含量/g · L^{-1}	18.22	3.90	2.04	0.69	0.24	1.35	0.0038	0.0014	0.016	0.008	27.44

表7-17所列的各组分含量中，Fe、Al是加压浸出混合液中的主要杂质元素，重金属杂质元素主要有Co、Ni、Cu和Zn，Ca和Mg属于比较难除的杂质元素。

送往锰电解的新液是净化除杂后的纯溶液，一般要求 Mn^{2+}：34~38g/L，$(NH_4)_2SO_4$：100~120g/L，pH值为6.5~7。为了保持较高的阴极电流效率[148]，要求电解锰新液中的杂质含量见表7-18。

表 7-18　电解锰新液杂质成分含量

组　分	Fe	Co	Ni	Cu	Zn	As
含量/mg · L^{-1}	<20	<0.5	<1	<8	<20	<8

7.3.2 Fe^{2+}氧化为Fe^{3+}的试验

对于原矿中伴生或浸出过程中生成的 Fe^{2+}，必须将其氧化为 Fe^{3+} 后才能水解除去。在加压浸出过程中可作为还原剂被 MnO_2 和加压气体空气中的 O_2 氧化为 Fe^{3+}。以 MnO_2 含量为63.74%的软锰矿粉作为 Fe^{2+} 的氧化剂，取加压浸出混合液400mL，在温度为95℃的水浴锅中进行反应，考察不同氧化剂用量和不同反应时间对 Fe^{2+} 氧化率的影响。试验结果如图7-25所示。

由图7-25可知，在不同的氧化时间下，随着氧化剂软锰矿用量的增加，Fe^{2+}

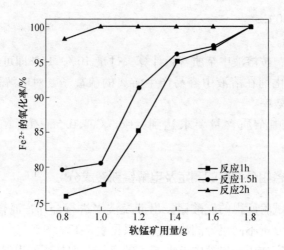

图 7-25   在不同的反应时间下软锰矿用量对 Fe^{2+} 氧化率的影响

的氧化率也随之增加，尤其在氧化时间为 1h 和 1.5h 时，随着软锰矿用量从 0.8g 增加至 1.8g，Fe^{2+} 的氧化率增加趋势明显。在氧化时间为 2h 的条件下，氧化剂用量从 0.8g 增加至 1.8g 的 Fe^{2+} 的氧化率基本上为 100%。由图 7-25 还可以看出，当软锰矿的用量相同时，随着氧化反应时间从 1h 延长至 2h，Fe^{2+} 的氧化率也随之增加。在后续的试验中采用氧化剂软锰矿的用量为 1.0g，氧化时间为 2h，Fe^{2+} 被氧化为 Fe^{3+} 的氧化率为 100%。

7.3.3   加压浸出液中 Fe 和 Al 的脱除

一般通过调整溶液的 pH 值来实现加压浸出液中铁和铝的脱除[149,150]。有效的除铁方法主要有磁铁矿法、针铁矿法、赤铁矿法和黄钾铁矾法[151]，这些方法可以使过滤工序易于进行，但是需要在高温条件下进行，并且反应时间较长。加压浸出液中铁和铝的脱除采用水解法是比较简单易行的工艺，由于除铁的 pH 值参数范围在 3.0~7.0 之间，在一定的 pH 值、温度、溶剂和反应物浓度等条件下，会有 $Fe(OH)_3$ 和 $Al(OH)_3$ 溶胶生成，吸附并夹带一定量的锰离子，使得锰的回收率降低。本研究选择采用水解法除铁和铝，因此还需要通过试验研究来避免溶胶的产生。

金属离子水解反应按下式进行：

$$Me^{n+} + nOH^- \rightleftharpoons Me(OH)_n \tag{7-86}$$

而 OH^- 离子来源于水的离解，即：

$$nH^+ + nOH^- \rightleftharpoons nH_2O \tag{7-87}$$

式（7-87）减式（7-86）便得到：

$$Me(OH)_n + nH^+ \rightleftharpoons Me^{n+} + nH_2O \tag{7-88}$$

反应式（7-88）的标准自由焓变化为：

$$\Delta G^{\ominus} = G^{\ominus}_{Me^{n+}} + nG^{\ominus}_{H_2O} - G^{\ominus}_{Me(OH)_n} - nG^{\ominus}_{H^+}$$

$$\lg K = \lg \frac{\alpha_{Me^{n+}}}{\alpha^n_{H^+}}$$

25℃时，

$$-\frac{\Delta G^{\ominus}}{1364} = \lg\alpha_{Me^{n+}} + n\mathrm{pH}$$

$$\mathrm{pH} \doteq -\frac{\Delta G^{\ominus}}{n1364} - \frac{1}{n}\lg\alpha_{Me^{n+}} \tag{7-89}$$

$$\mathrm{pH} = \mathrm{pH}^{\ominus} - \frac{1}{n}\lg\alpha_{Me^{n+}} \tag{7-90}$$

由式（7-90）可以看出，当水溶液介质的 pH 值大于 $\mathrm{pH}^{\ominus}$ 值时，$\alpha_{Me^{n+}}$ 就小于1，金属离子便水解沉淀。相反，当水溶液介质的 pH 值小于 $\mathrm{pH}^{\ominus}$ 值时，$\alpha_{Me^{n+}}$ 就大于1，$Me(OH)_n$ 便遇酸溶解。

所以，pH 值是标志着金属离子 Me^{n+} 水解程度的一个重要数值。为了确定锰、铁和铝的水解 pH 值，计算了锰、铁和铝金属按反应式（7-88）的 $\Delta G^{\ominus}_{25}$、溶度积常数和 $\mathrm{pH}^{\ominus}_{25}$，见表7-19。

表 7-19 温度为 25℃ 和 $a=1$ 时 $Me(OH)_n$ 的生成平衡 $\Delta G^{\ominus}_{25}$、K_{sp} 和 $\mathrm{pH}^{\ominus}_{25}$ 值

$Me(OH)_n + nH^+ \Longrightarrow Me^{n+} + nH_2O$	$\Delta G^{\ominus}_{25}/\mathrm{J}$	K_{sp}	$\mathrm{pH}^{\ominus}_{25}$
$Mn(OH)_2 + 2H^+ \Longrightarrow Mn^{2+} + 2H_2O$	-87405	1.9×10^{-13}	7.655
$Fe(OH)_3 + 3H^+ \Longrightarrow Fe^{3+} + 3H_2O$	-27616	4.0×10^{-38}	1.617
$Al(OH)_3 + 3H^+ \Longrightarrow Al^{3+} + 3H_2O$	-55149	1.9×10^{-33}	3.22

根据溶度积原理，氢氧化物从溶液中析出时，氢氧化物的生成 pH 值越低者越容易析出。因此在加压浸出混合液中，析出生成氢氧化物的先后顺序为 $Fe(OH)_3 \rightarrow Al(OH)_3 \rightarrow Mn(OH)_2$。铁离子以 $Fe(OH)_3$ 形式完全沉淀的条件为 pH 值大于6，铝离子以 $Al(OH)_3$ 形式完全沉淀的条件为 pH>5，锰离子以 $Mn(OH)_2$ 形式完全沉淀的条件为 pH>8。加压浸出混合液的 pH 值一般在 2.0~3.0 范围，此时铁和铝离子已经部分沉淀，因此，需要添加少量的中和剂使余下的铁和铝离子以 $Fe(OH)_3$ 和 $Al(OH)_3$ 沉淀的形式脱除。

7.3.3.1 加压浸出液中 Fe^{3+} 脱除温度试验

取经过氧化后的加压浸出混合液 3 份，每份 100mL。将氧化钙配制成浓度为5%的溶液，将浸出液的 pH 值缓慢的调至 5.5~6.0 之间，进行 Fe^{3+} 和 Al^{3+} 离子的脱除温度试验。试验结果见表7-20。

表 7-20 Fe^{3+}离子脱除温度试验结果

温度/℃	金属浓度	净化后浓度/g·L^{-1}	除铁率/%	锰回收率/%
25	Fe 浓度	$0.325×10^{-3}$	99.99	—
	Mn 浓度	16.18	—	95.71
50	Fe 浓度	$0.298×10^{-3}$	99.99	—
	Mn 浓度	17.04	—	95.88
70	Fe 浓度	$0.338×10^{-3}$	99.97	—
	Mn 浓度	15.96	—	94.65

由表 7-20 可以看出，在 25℃、50℃和 70℃条件下的除铁率和锰回收率变化不大，并且净化后所得的溶液中铁的浓度已经达到了后续电解的要求（铁的浓度小于 1mg/L），因此，在 25℃的条件下进行除铁即可。

7.3.3.2 加压浸出液中 Fe^{3+}脱除 pH 值试验

取经过氧化后的加压浸出混合液 4 份，每份 100mL。然后将氧化钙配制成浓度为 5%的溶液，将 4 份浸出液的 pH 值缓慢的分别调至 5.0~5.5、5.5~6.0、6.0~6.5 和 6.5~7.0 范围内，在 25℃的条件下搅拌反应 30min，进行不同 pH 值条件下的 Fe^{3+}离子的脱除试验，结果见表 7-21。

表 7-21 Fe^{3+}离子脱除 pH 值试验结果

pH 值	金属浓度	净化后浓度/g·L^{-1}	除铁率/%	锰回收率/%
5.0~5.5	Fe 浓度	$1.087×10^{-3}$	99.93	—
	Mn 浓度	16.83	—	94.83
5.5~6.0	Fe 浓度	$0.346×10^{-3}$	99.99	—
	Mn 浓度	17.02	—	95.35
6.0~6.5	Fe 浓度	$0.379×10^{-3}$	99.99	—
	Mn 浓度	16.69	—	95.44
6.5~7.0	Fe 浓度	$0.293×10^{-3}$	99.99	—
	Mn 浓度	15.74	—	94.21

从表 7-21 数据可以看出：溶液 pH 值在 5.0~7.0 范围内的除铁率均大于99.90%。当 pH>5.5 时，除铁后的溶液中 Fe 浓度均小于 1mg/L，达到了后续电解的标准。另外，pH 值在 5.5~6.0 和 6.0~6.5 范围时，锰的回收率较高且接近。因此，加压浸出混合液的中和 pH 值在 5.5~6.0 范围内即可。

加压浸出混合液除铁和铝后所得中和液中杂质的含量见表 7-22。

由表 7-22 数据可知，所得中和液中的 Fe、Al、Cu 和 Zn 的浓度已达到了电解液中杂质含量的标准，但还需要进一步除去中和液中 Co 和 Ni 等重金属离子。

表 7-22 中和液中杂质的含量

金　属	Fe	Al	Co	Ni	Cu	Zn
含量/mg·L⁻¹	<0.4	<0.18	3.64	13.8	0.27	0.082

7.3.4 加压浸出液中重金属离子的脱除

将脱除了 Fe^{3+}、Al^{3+} 后的加压浸出液送往除重金属工序。利用硫化剂即福美钠（S.D.D）、硫化氢、多硫化钙、硫化铵和硫化钠等来沉淀分离重金属离子的硫化沉淀法是基于各种硫化物具有不同的溶度积。各种硫化物的溶度积数据见表 7-23。

表 7-23 加压浸出液中各种重金属硫化物的溶度积（298K）

化　合　物	溶度积 K_{sp}
NiS	$2.0\times10^{-26} \sim 3.2\times10^{-19}$
CuS	6.3×10^{-36}
CoS	$2.0\times10^{-25} \sim 4.0\times10^{-21}$
ZnS	1.9×10^{-33}
MnS	$2.5\times10^{-13} \sim 2.5\times10^{-10}$

硫化物在水溶液中电离溶解按下式进行：

$$Me_2S_n \Longrightarrow 2Me^{n+} + nS^{2-}$$

其溶度积为：

$$K_{sp} = [Me^{n+}]^2 [S^{2-}]^n \tag{7-91}$$

而溶液中硫离子浓度 $[S^{2-}]$ 由下列两段平衡式计算（25℃）：

$$H_2S(g) \Longrightarrow H^+ + HS^- \qquad K_1 = 10^{-8}$$

$$HS^- \Longrightarrow H^+ + S^{2-} \qquad K_2 = 10^{-8}$$

$$H_2S(g) \Longrightarrow 2H^+ + S^{2-}$$

$$K = K_1 \cdot K_2 = 10^{-20.9} = \frac{[H^+]^2[S^{2-}]}{P_{H_2S}} \tag{7-92}$$

当取 $p_{H_2S} = 10.1\times10^4 Pa$ 时，式（7-92）可化为：

$$[H^+]^2[S^{2-}] = 10^{-11} \tag{7-93}$$

由式（7-91）和式（7-93）可以导出：

对于一价金属硫化物 Me_2S，平衡 pH 值为：

$$pH = 10.45 + \frac{1}{2}lgK_{sp(Me_2S)} - lg[Me^+] \tag{7-94}$$

对于二价金属硫化物 MeS，平衡 pH 值为：

$$pH = 10.45 + \frac{1}{2}\lg K_{sp(MeS)} - \frac{1}{2}\lg[Me^{2+}] \qquad (7\text{-}95)$$

对于三价金属硫化物 Me_2S_3，平衡 pH 值为：

$$pH = 10.45 + \frac{1}{6}\lg K_{sp(Me_2S_3)} - \frac{1}{3}\lg[Me^{3+}] \qquad (7\text{-}96)$$

由式（7-94）、式（7-95）和式（7-96）可知，生成硫化物沉淀的平衡 pH 值，与硫化物的溶度积、金属离子的浓度和价态数有关。

加压浸出试验所得的浸出中和液中的$[Mn^{2+}] \approx 17g/L = 0.31mol/L$，将其代入式（7-95），计算可得 MnS 的 pH 值为：

$$pH = 10.45 + \frac{1}{2}\lg K_{sp(MeS)} - \frac{1}{2}\lg[Me^{2+}] \approx 6.0 \qquad (7\text{-}97)$$

由于 Fe^{3+} 和 Al^{3+} 脱除后的中和液的 pH 值约为 5.5~6.0 之间，需要控制脱除重金属离子的 pH<6.0，才能在除去重金属离子的同时不生成 MnS 沉淀。

本试验采用硫化铵$[(NH_4)_2S]$作为重金属离子的沉淀剂，使浸出除铁、铝后的过滤液中残存的重金属离子 Cu^{2+}、Cd^{2+}、Co^{2+}、Ni^{2+} 和 Zn^{2+} 等杂质生成的硫化物沉淀除去，使得加压浸出混合液净化达到合格液的质量要求。

主要化学反应式为：

$$CuSO_4 + (NH_4)_2S \Longrightarrow (NH_4)_2SO_4 + CuS \downarrow \qquad (7\text{-}98)$$

$$CdSO_4 + (NH_4)_2S \Longrightarrow (NH_4)_2SO_4 + CdS \downarrow \qquad (7\text{-}99)$$

$$NiSO_4 + (NH_4)_2S \Longrightarrow (NH_4)_2SO_4 + NiS \downarrow \qquad (7\text{-}100)$$

$$CoSO_4 + (NH_4)_2S \Longrightarrow (NH_4)_2SO_4 + CoS \downarrow \qquad (7\text{-}101)$$

$$ZnSO_4 + (NH_4)_2S \Longrightarrow (NH_4)_2SO_4 + ZnS \downarrow \qquad (7\text{-}102)$$

主要技术条件为：反应温度 50~60℃，反应时间 1h，硫化剂用量为每千克锰用硫化浆液 3g，重金属定性合格以后进行液固分离，过滤液进行静置。

静置时间的长短关系到后序电解金属锰产品质量的好坏，静置过程能够使硫化过程的过滤液中残存的有害杂质如重金属硫化物、SiO_2 和 Al_2O_3 等进一步絮凝沉降，一些胶状物质也能够随过饱和的 $MgSO_4$ 和 $CaSO_4$ 等结晶吸附除去，一般静置时间为 24~48h。

取 Fe^{3+} 和 Al^{3+} 脱除后的中和液 100mL，进行重金属离子脱除试验。重金属离子脱除前后的结果见表 7-24。

表 7-24   重金属离子脱除前后的结果

重金属离子	Co	Ni	Cu	Mn
脱除前浓度/mg·L^{-1}	3.64	13.8	0.27	17.02×10^3
脱除后浓度/mg·L^{-1}	0.253	0.637	0.071	16.89×10^3

由表 7-24 显示的结果可知，在加入硫化铵进行重金属离子脱除前后，溶液中的 Co^{2+}、Ni^{2+} 和 Cu^{2+} 的浓度由 3.64mg/L、13.8mg/L 和 0.27mg/L 分别降至 0.253mg/L、0.637mg/L 和 0.071mg/L，Co^{2+}、Ni^{2+} 和 Cu^{2+} 的浓度均达到了后续电解工序所要求的电解液标准。重金属离子脱除前后锰离子浓度变化不大，锰的作业回收率可达 99.24%。

7.3.5 加压浸出液中 Ca^{2+} 和 Mg^{2+} 的去除

Ca^{2+} 和 Mg^{2+} 的去除是结晶工序或者电解工序前最为关键的一步。由于 $CaSO_4$ 是一种胶体状的物质，通过一般的过滤不能除净，而 $MgSO_4$ 的溶解度相对于 $CaSO_4$ 的要大，需要很高的 pH 值才能水解，因此在前期的净化步骤中难以将其除去。

在生产过程中，可以通过静置高浓度的硫酸锰溶液除去 Ca^{2+}。由于本试验研究所用锰矿原料的品位较低，因此试验浸出所得硫酸锰溶液中锰离子浓度也较低，应首先将其预浓缩，再进行静置处理效果更好。由于同离子效应使 $CaSO_4$ 得以析出，但 Mg^{2+} 的去除相当困难。可以利用硫酸锰和硫酸镁在不同温度下的溶解度差异来实现 $MnSO_4$ 和 $MgSO_4$ 的高温结晶分离[27]。

采用浓缩静置法去除 Ca^{2+} 和 Mg^{2+} 离子是一种有效且简便的方法。其原理是随着浸出母液中 Mn^{2+} 浓度的增大，硫酸钙和硫酸镁的溶解度显著降低，然后通过静置的方式将其沉淀析出，最终从母液中分离出来。将硫化除杂所得的过滤液采用浓缩静置的方法进行处理，浓缩静置前后 Ca^{2+}、Mg^{2+} 及其他金属离子浓度的变化结果见表 7-25。

表 7-25　浓缩静置前后金属离子浓度的变化结果

金属离子	Ca^{2+}	Mg^{2+}	Mn^{2+}
浓缩静置前/g·L^{-1}	0.13	0.82	17.04
浓缩静置后/g·L^{-1}	0.08	0.36	16.91
脱除率/%	85.63	83.22	0.38

由表 7-25 可知，大部分的 Ca^{2+} 和 Mg^{2+} 离子采用浓缩静置法可以脱除，脱除率分别为 85.63% 和 83.22%，浓缩静置后的溶液中 Ca^{2+} 和 Mg^{2+} 离子的浓度均达到了电解液的要求，经过浓缩静置后的过滤液中的锰离子浓度为 16.91g/L，其回收率为 99.62%。

7.3.6 净化除杂流程

通过对硫酸锰加压浸出混合液净化除杂过程的研究，得出如下净化流程（如图 7-26 所示）。

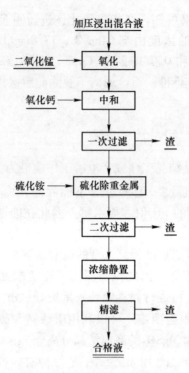

图 7-26 浸出液净化工艺流程图

7.4 硫酸锰溶液的电解

国内金属锰电解均采用不锈钢板或铁板作阴极，选用铅锑锡银四元合金、铅锡银三元合金或铅银合金板为阳极。

电解总反应式为：

$$MnSO_4 + H_2O \longrightarrow Mn + 1/2O_2 + H_2SO_4$$

即在阴极上析出 Mn，在阳极上析出 O_2，同时产出含 H_2SO_4 的废电解液。废电解液返回浸出使用。

电解是在木制假底钢筋水泥 PVC 衬里的电解槽中进行。

锰是高负电性金属，只有采用隔膜才能从中性的 $MnSO_4$-$(NH_4)_2SO_4$-H_2O 溶液中在阴极上析出金属锰。

阴极上产生两个相互竞争的电化学反应：

$$Mn^{2+} + 2e^- \longrightarrow Mn$$

$$\varphi(Mn^{2+}/Mn) = -1.1795 + 0.02951 lg[Mn^{2+}]$$

$$H^{2+} + 2e^- \longrightarrow H_2(g)$$

$$\varphi(H^+/H_2) = 0.0591pH$$

工业生产中控制溶液的 pH 值、温度，溶液的（NH_4）$_2SO_4$ 浓度可以控制氢的析出，提高锰的析出量。

影响电解过程的主要因素有：净化后合格液的组成；电解槽中溶液温度及 pH 值；阴、阳极电流密度以及阴、阳液的成分；同名极距；阴、阳极材质；添加剂的选择等。

净化后合格液的质量是影响电解过程最关键因素，溶液越纯净，电流效率越高，产品质量越好。

7.4.1　电解液成分与电解技术条件

国内企业净化后的合格液的成分控制有如下范围：

Mn^{2+}：25~36g/L；

（NH_4）$_2SO_4$：80~110g/L；

pH：6.8~7.2；

杂质含量：主要杂质（Fe^{3+}、Cu^{2+}、Co^{2+}、Ni^{2+}、Zn^{2+}）≤1~3mg/L。

（1）电解槽中溶液温度及 pH 值。电解过程会放出热量使溶液温度不断升高，电解槽中溶液温度过高或过低均会影响电解过程正常进行，当溶液温度低于 38℃ 或高于 45℃ 电流效率都会降低，温度低主要是影响溶液黏度增大，不利于离子的迁移而降低电流效率，温度高于 45℃ 后，氢的析出量大增，锰的析出量减少，同样影响电流效率。

当前，多数企业的溶液温度控制在 42±2℃。

电解槽溶液温度的控制是采用在槽中两侧或四周安放耐酸不锈钢管或专制的塑料管通水来加以调节。

电解槽中溶液的 pH 主要是指阴极液的 pH 值，正常情况下，阴极槽液 pH 值应控制在 7~7.2，不应低于 6.8 或高于 7.4。

电解进行时，由于隔膜布孔隙大小选择不当，隔膜袋破碎，假底密封不好和合格液补加时流速过慢或过快等因素均会引起溶液 pH 值的变化，pH 值低于 6.5 时，说明槽内发酸而导致阴极锰的反溶，产量降低，电流效率低。当 pH 值大于 7.8 以上时槽液发碱会导致产品发黑。因而，必须定期巡回检测槽液的 pH 值，当发生槽液 pH 值过低时，应采用果断措施排除造成的原因。

（2）电流密度。

1）阴极电流密度：阴极电流密度的控制主要是要兼顾两方面，一是要抑制氢的析出，二是要得到高的产量。2010 年前我国电解锰企业多数控制阴极电流密度 350~400A/m²，但近几年由于国内锰矿含锰品位越来越低，浸出液中锰的浓度只能达到 28~30g/L，研究证实采用高电流密度结果并不理想，采用低电流密度（250~320A/m²）效果反而更好。

阴极板材质主要采用冷轧 304 不锈钢钢板。

2）阳极电流密度：阳极电流密度高，在阳极上析氧量小，阳极渣的量也将减小，但是不能无限提高阳极电流密度，因为阳极板的服务年限也是一个要考虑的重要因素，一般选择阳极电流密度 $700 \sim 900 A/m^2$，国外选择 $1000 \sim 1100 A/m^2$。

阳极的材质主要是铅、锑、锡、银四元素合金，使用寿命 18 个月。

（3）同名极距。同名极距短，溶液的电阻值低，槽压低，电流效率提高。20 世纪国内企业大多选用 100m/m，到 21 世纪后，为了提高电流效率，降低生产成本，极距逐渐缩短，目前已缩短到了 58m/m，但多数企业控制在 $60 \sim 65m/m$。

（4）添加剂。当溶液的 pH>7 后，Mn^{2+} 很容易被氧化成 Mn_2O_3、Mn_3O_4、MnO_2，为了防止 Mn^{2+} 被氧化，需要加入还原剂，使溶液保持还原性，即使生成了少量的锰的氧化物，也能被立即还原。

国外企业采用 SO_2 和（NH_4）$_2SO_3$，国内企业多采用 SeO_2，SeO_2 还原能力比 SO_2 强，因此单板产量高，一般高 10%～15%。

近几年，SeO_2 的价格波动大，价格居高不下，经过反复试验，SeO_2 用量已由每吨锰 2.5kg 降低至每吨锰 1～1.3kg。

7.4.2 电解操作

电解金属锰生产能不能优质高产，除控制液工序必须提供合格的电解液之外，还必须加强槽面管理，严格控制好电解条件，保证电解的正常进行。

（1）调槽。出槽前 1h 左右，取样分析槽液硫酸锰的浓度。根据槽液分析结果，调整各电解槽的补加新液流量，使硫酸锰浓度逐渐升高至出槽时的要求。

出槽前 20～30min 时测定各电解槽中阴极液的 pH 值，慢慢地往槽中加入氨水提高 pH 值，使 pH 值符合出槽时的要求。

当 pH 值和硫酸锰浓度均达到要求时，按出槽要求的量加入二氧化硒水溶液，然后开始出槽装槽。

（2）槽面管理。看槽工应紧跟在组装工后面对新装好的电解槽进行检查：首先，调整阴、阳极的位置，使阴极板处于两个隔膜框之间的正中央位置上；其次，观察阴、阳极板的导电情况，及时发现并处理导电不良的阴、阳极板；再次，用 pH 试纸测阴极液的 pH 值，并根据 pH 值的高低调整氨水流量，使 pH 值保持在工艺要求内；最后，调整补加液流量。待全部电解槽都检查一次以后，再回过头来检查一次，并观察上锰情况。这时，如果发现有"死板"或"起壳"现象，都要取出来，换上合格的新极板或"起步板"。

在整个电解过程中，看槽工要经常检查整流柜上电流表指示的电流大小，并将电流调整到使之符合工艺要求。要经常在电解槽旁进行巡回检查，始终保持阴、阳极板处于良好的导电状态，保持 Mn^{2+} 离子浓度、pH 值等工艺参数在正常的范围内，以保证电解过程的顺利进行。

（3）病槽处理。

1）槽液发酸。在正常情况下，阴极槽液 pH 值应在 7~7.2 之间，一般不应低于 7。pH 值降低（低于 6.5）就是槽液发酸。槽液发酸有可能导致阴极电积锰的反溶。发酸的原因主要有：

①新隔膜袋孔隙大，阳极液中的氢离子容易渗透到阴极区中来，所以 pH 值降低快而导致发酸。这种槽液发酸情况，只需适当加入氨水即可解决。

②隔膜袋已破或假底木框松动，阳极液直接渗透到阴极液中导致发酸。处理这种情况，必须停槽，调换隔膜袋或固定隔膜框、密封假底。

③有时因补加液流速过慢或含锰量太低，也可能产生 pH 值降低现象。这时，对加入的氨水进行调整，同时适当加大补加液流速，即可解决。

2）槽液发碱。当采用 SeO_2 作抗氧化剂时，槽液 pH 值大于 8.0 以上，即认为是槽液发碱。槽液发碱有可能导致电积锰发黑。槽液发碱的主要原因是：

①电解槽工作时间太长，隔膜袋被钙、镁、铵盐结晶阻塞。随着电解的进行，氢分子不断析出，OH^- 离子相应增加，而 OH^- 离子向阳极区的迁移和阳极区 H^+ 离子向阴极区的迁移因隔膜孔被堵塞而受阻。因此，阴极液的 pH 值不断升高而导致发碱。遇到这种情况，可临时采用加入废电解液办法处理，待出槽后，再清理和更换隔膜袋。

②电解液温度过低，Mn^{2+} 离子浓度高时产生 pH 值升高情况。这时可关掉冷却水，并在槽中均匀地加入适量的废电解液，关小补加液流量，即可转入正常状态。

③Mn^{2+} 离子浓度高，温度高，也可能引起槽液发碱。

④阳极板连续工作两星期以上不敲、不换，可导致槽液发碱。

3）电积锰发黑。电积锰发黑影响产品质量和产量。产生原因主要是：

①电解液含重金属杂质超过其最大容许量。

②槽液中 Mn^{2+} 离子浓度过高。

③槽温太低。

④槽液中硫酸浓度过高或过低。

⑤阴、阳极板导电不良引起电积锰发黑。

⑥二氧化硒加入量不够。

⑦阴极槽液 pH 值过高。

4）起壳。装槽电解 1h 左右，极板周围冒较大的气泡，即可断定有起壳现象。起壳严重影响产品的质量和产量。起壳的原因主要是：

①装槽时一些电解工艺参数不符合工艺要求。例如：槽液中 Mn^{2+} 离子浓度太低，槽液 pH 值过低，槽温过高。

②阴极板不干净。

③水玻璃溶液太浓。

④新抛光板未放在废液池中浸泡就装槽。

⑤二氧化硒加入量太少或太多。

⑥槽液中 Mn^{2+} 离子浓度过高则起大个壳。

因此，必须防止没有调整好工艺条件时就装槽，从根本上消除起壳的发生。当然，完全避免起壳的发生是困难的。当出现起壳现象时，应尽快查清原因，重新调槽，取出已起壳的极板，换上合格的极板或"起步板"。

5）电解锰反溶。电解过程中，当极板两端或两边冒白泡严重时，则可能是电解锰反溶。其原因可能是：

①阴极板或阳极板导电不良。

②槽液 pH 值太低。

③槽液中 Co、Ni 等重金属杂质含量超标。

6）电积锰难剥离。若电积锰难剥离，有部分产品敲不下来，造成浪费，同时，增加了工人的劳动强度，还会敲坏阴极板，因此，应当避免出现这种情况。电解锰难剥离的原因主要是：

①玻璃溶液的浓度太低或未沾上水玻璃液。

②槽温太低，电流密度过小，槽液中 Mn^{2+} 离子浓度太低，pH 值太低。

③阴极板严重发毛发白（表面粗糙）。

7.4.3 极板后续处理

极板的后续处理是指电解过程完成后处理阴极板和阴极产品以及清理电解槽和阳极板等步骤，阴极产品的处理包括钝化、水洗、烘干、剥离、包装等步骤，阴极产品的处理对产品质量，特别是硫含量以及色泽有很大影响，要认真按要求做好。阴极板和阳极板的处理对它们返回利用影响很大，也应仔细做好。

（1）钝化。阴极板从电解槽中提出后，其表面的电解锰很易被氧化而变成棕色或黑色。影响产品外观，钝化的目的是减缓金属锰片在空气中的氧化。

我国企业早期多采用含 2%~3% 重铬酸钾溶液钝化，由于 Cr^{6+} 是一类危险品，近年来，一种无铬钝化剂已在工厂中推广使用。

（2）水洗。将钝化处理后的阴极板及金属锰吊起，沥于钝化液后，放入热水槽中浸泡，然后用自来水冲洗干净，最后再放在另一个热水槽中浸泡。水洗的目的是洗去金属锰表面上黏附的电解液、钝化液等溶液。如果不洗干净，产品中硫含量高。因此，必须反复冲洗，直至冲洗干净为止。

（3）烘干。将用水冲洗干净的金属锰必须烘干，烘房温度以不超过110℃为宜。烘烤时间一般为 20~30min。烘干操作应注意必须使产品完全干透，否则，产品容易氧化变质。但是，又要注意不能烘烤过度，否则，产品会发蓝发黑，也影响产品外观质量。

（4）剥落。剥落就是将烘干的金属锰产品与阴极板分离。剥落时应注意：1）先观察产品外观质量，按产品外观质量将产品分组，不同外观质量的产品应在不同的剥落桶中剥落；2）剥落时应尽量避免极板变形和损坏；3）应尽量将金属锰剥落干净。

（5）包装。产品剥落完成后，现场质检员在剥落桶内按规定方法取样送理化分析室分析。生产工人按产品外观质量分别装桶、称重。操作时应注意：1）包装桶和包装内袋是否干净，严禁外来杂质混入产品中影响产品质量；2）称重准确。

（6）阴极板的处理。将剥离产品后的有残留锰的阴极板放入阳极液槽中浸泡，阳极液的硫酸与阴极板上的残锰发生反应，使残锰变成硫酸锰而去掉。将除掉残锰的阴极板和无残锰的阴极板放入洗液（7%HNO_3+3% $K_2Cr_2O_7$ 溶液）中浸泡 1min 左右，取出后用自来水冲洗干净。观察冲洗干净的阴极板的表面状况，将表现光亮平整者存放在指定位置待用；挑出严重发毛发白者送抛光室，进行抛光处理。

抛光是在抛光槽中进行的。以磷酸和硫酸（质量比为 3∶1）为电解液，以葡萄糖（其用量为混合液的 2%）为光亮剂，以待抛光的阴极板为阳极，以同样的不锈钢板为阴极，在直流电的作用下，发生阳极溶解反应。在阳极溶解时，阳极上凸出部分先溶解，从而使已凹凸不平的极板又变为表面平整光亮的极板。将抛光好的极板用水冲洗干净，即可重新使用，抛光操作应注意进入抛光槽的极板必须干净（不带水，无残锰等）。

抛光槽用直流电抛光时，应控制的技术指标如下：

极板电流密度：700~1000A/m^2；

电压：5~7V；

溶液温度：50~70℃；

同名极距：100~120mm；

抛光时间：10~20min。

极板的后续处理近几年来发生了根本性变化，大型企业正在进行技术改造，除了极板外实现了后续处理的全部机械化操作，剥离已不再用人工敲打，而是用剥离机。阴极板从电解槽提出来后就进入了连续化的机械设备中，全部后续工序均在同一设备中完成，大大减轻了工人的劳动强度，更主要的是节省了大量的员工，以往年产一万吨的电解锰企业员工总数达到 160~200 人，现在先进的企业只有 90 人左右，大幅提高了劳动生产率，为产品成本的降低创造了条件。

7.4.4　电解液的冷却方法

由于电解过程中 Mn^{2+} 在阴极析出时的电热效应，不断产生焦耳热，加上部分析出的锰反溶放热，使电解槽内的阴极液温度升高。

为了排除阴极液中的多余热量，控制电解槽的正常作业温度，世界各国电解锰厂几十年来均采用在电解槽内的两侧加设管道（铅管、不锈钢管或塑料波纹管等），在管内通入冷却水，间接地冷却电解槽内的阴极液。这种冷却方法由于冷却管道与阴极液的冷却接触面积小，只能使靠近冷却管的阴极液降温，产热最大的电解槽中心部位得不到冷却，整个电解槽温度不均匀，热交换效率低；阴极液在电解槽内流动速率低。这使得本来热导率不高的冷却管更难发挥冷却作用，$MgSO_4$、$CaSO_4$、$(NH_4)_2SO_4$ 等大量结晶，以致阴极工作室需频繁清理，设备利用率低，劳动强度大；同时由于电解槽内冷却管的存在，还使该方法存在电耗大、材料消耗大、冷却水耗量大的缺陷。

为了改进现有生产金属锰的冷却方法，使其达到不仅能够控制电解槽的正常作业温度、提高热交换效率，而且产品质量好，大大降低生产成本的目的，通过技术开发，2001 年 3 月 29 日梁汝腾、周元敏、梅光贵、刘荣义等人申请了发明专利，名称是：一种锰电解阴极液槽外冷却及镁的回收方法。专利申请号为 01111078.3。

为达到上述目的，此发明采用的技术方案是：取消锰电解槽内传统通入水的冷却管，在保持锰电解阴极液和隔膜中的阳极液液面高差相对稳定的状态下，将部分阴极液引出电解槽外，通过高效防结晶喷嘴，借助鼓风或自然风，进行冷却；随着阴极液的降温，溶剂中的 Mg^{2+}、Ca^{2+} 的溶解度下降，在溜槽或集液池中结晶析出过饱和的钙、镁，定期清出结晶物，从而脱除溶液中部分 $MgSO_4$、$CaSO_4$ 等杂质，并有效回收铵、锰与硫酸铵；经过集液池的冷却阴极液自流或用泵返回到电解槽的阴极室。

此发明与已有技术相比所具有的优点与积极效果是：

（1）阴极液从电解槽内引到电解槽外冷却，实现了对阴极液的流动量与温度的控制。适当加大流动量，电解槽内阴极室溶液流动速率提高，使阴极室内温度与 Mn^{2+} 浓度分布均匀，热交换效果好；大大减少了 $MgSO_4$、$CaSO_4$ 在阴极室内的结晶沉淀现象，减少了阴极室的清理，提高了设备利用率，降低了劳动强度，改善了生产环境。

（2）将阴极液从电解槽内引到电解槽外进行冷却，还实现了镁、锰与硫酸铵的回收。

（3）从电解槽内撤除冷却水管，使电解槽的有效利用率提高 12%，生产能力可提高 10%～12%。

（4）该发明的实施不仅能够控制电解槽的正常作业温度，使热交换效率高，大大降低了生产成本。在生产槽中连续作业 36h，阴极室无任何结晶物沉降产生，阴极室 Mn^{2+} 浓度全槽均匀，不超过 14~18g/L 的范围；阴极室全槽各方位测量 pH 值为 7~7.5。

（5）由于实现槽外循环冷却结晶 $MgSO_4$、$CaSO_4$ 等，使阴极液中难于穿透隔膜的 C、P、SiO_4、S 等不带电性的杂质随同阴极液槽外冷却结晶物带走，不会在阴极室中积累、富集，阴极室中的 C、P、SiO_4、S，只有槽内冷却的 10%~40% 的含量，从而使电解锰产品夹带的这些杂质大大下降，产品质量明显提高。在相同合格液质量的条件下，槽外冷却与槽内冷却电解金属锰产品杂质含量（质量分数）对比如下（%）：

元素	$w(Mn)$	$w(C)$	$w(S)$	$w(P)$	$w(Si)$	$w(Se)$	$w(Fe)$
槽外冷却	99.895	0.011	0.005	0.0010	0.0010	0.080	0.0064
槽内冷却	99.70	0.04	0.05	0.005	0.01	0.080	0.010

槽外冷却所产电解金属锰产品的杂质 C、S、P、Si、Fe 等含量低于电解锰行业标准（YB/T 051—2003）的牌号 DJMnB 指标。

7.5　电解金属锰主要技术指标计算方法

（1）金属锰浸出率。

1）以浸出渣计算：

$$\eta_{Mn} = \left(1 - \frac{干渣重 \times 渣含 Mn 量}{原料重 \times 原料含 Mn 量}\right) \times 100\%$$

$$渣率 = \frac{干渣重}{原料重} \times 100\%$$

$$\eta_{Mn} = \left(1 - \frac{渣率 \times 渣含 Mn 量}{原料含 Mn 量}\right) \times 100\%$$

2）以浸出液计算：

$$\eta_{Mn} = \frac{V_{浸出液} \times 含 Mn 量 + V_{洗液} \times 含 Mn 量 - V_{废液} \times 含 Mn 量}{原料重 \times 含锰量} \times 100\%$$

式中，V 为各种溶液的体积。

（2）除铁率。

$$除铁率 = \left(1 - \frac{除 Fe 后液含 Fe 量}{除 Fe 前液含 Fe 量}\right) \times 100\% （要求除铁前、后液体积相等）$$

（3）净化率。

$$净化率 = \left(1 - \frac{净化后液含 Fe 量}{净化前液含 Fe 量}\right) \times 100\% （要求净化前、后液体积相等）$$

(4) 电流效率[Mn 电化当量 = 1.025g/(A·h),MnO$_2$ 电化当量 = 1.6216g/(A·h)]。

金属 Mn 电效 =

$$\frac{阴极\ Mn\ 质量(kg) \times 1000}{电流(A) \times 电解时间(h) \times Mn\ 电化当量(g/(A·h)) \times 电解槽数(n)} \times 100\%$$

阳极电效 =

$$\frac{阳极\ MnO_2\ 质量(kg) \times 1000}{电流(A) \times 电解时间(h) \times MnO_2\ 电化当量(g/(A·h)) \times 电解槽数(n)} \times 100\%$$

(5) 吨 Mn 电能消耗 (kW·h)。

$$吨\ Mn\ 电能消耗 = \frac{V_{槽压} \times 1000}{Mn\ 电化当量 \times 阴极电效}$$

各金属的电化当量见表 7-26。

表 7-26 各金属的电化当量

元素名称	化合价	相对原子质量	电化当量	
			mg/(A·s)	g/(A·h)
铝 Al	3	26.97	0.0932	0.3356
铋 Bi	3	209.00	0.7219	2.6005
氢 H	1	1.008	0.10446	0.037426
铁 Fe	2	55.85	0.2894	1.0424
铁 Fe	3	55.85	0.1929	0.6949
金 Au	1	197.20	2.0435	7.3610
镉 Cd	2	112.41	0.5824	2.0980
钴 Co	2	58.94	0.3054	1.1000
镁 Mg	2	24.32	0.1260	0.4539
锰 Mn	2	54.93	0.2846	1.0252
砷 As	3	74.9216	0.2588	0.9321
铜 Cu	1	63.57	0.6588	2.3729
铜 Cu	2	63.57	0.3294	1.1864
镍 Ni	2	58.71	0.3041	1.0954
汞 Hg	1	200.59	2.0789	7.4882
铅 Pb	2	207.21	1.0736	3.8673
银 Ag	1	107.88	1.1179	4.0269
锌 Zn	2	65.39	0.3388	1.2202

7.6 电解金属锰产品标准

中国电解锰的质量在不断提高，已经三次修改含硒电解锰质量标准。无硒电解锰质量标准也已正式颁布（见表7-27～表7-29）。

7.6.1 1982年颁布的电解锰国家标准

1982年颁布的电解锰国家标准（GB 3418—82），见表7-27。

表7-27 1982年颁布的电解锰国家标准

牌　号	化学成分（质量分数）/%					杂质总和
	Mn≥	C≤	S≤	P≤	Se+Fe+Si≤	
DJMn99.7	99.7	0.04	0.05	0.005	0.205	0.3
DJMn99.5	99.5	0.08	0.10	0.010	0.310	0.5

7.6.2 1993年颁布的电解金属锰中华人民共和国黑色冶金行业标准（YB/T 051—93）

本标准由中华人民共和国冶金工业部1993年11月10日批准，1994年7月1日实施。

7.6.2.1　主要内容与适用范围

本标准规定了电解金属锰的技术要求、试验方法、检验规则和包装、储运、标志和质量证明书。

本标准适用于冶炼特殊钢及有色合金作为锰元素添加剂等用的电解金属锰。

7.6.2.2　引用标准

GB/T1480——金属粉末粒度组成的测定，干筛分法。

GB 3650——铁合金验收、包装、储运、标志和质量证明书的一般规定。

GB 4010——铁合金化学分析用试样采取法。

GB 8554.1～8654.11——金属锰化学分析方法。

7.6.2.3　品种及技术要求

（1）牌号和化学成分。

1）电解金属锰按锰及杂质含量的不同，分为三个牌号，其化学成分应符合表7-28的规定。

2）需方对化学成分有特殊要求时，可由供需双方另行商定。

（2）物理状态。

1）电解金属锰以片状或粉状供货，其粒度范围及允许偏差应符合表7-29的规定。

表 7-28 1993 年颁布的电解金属锰国家标准

牌号	化学成分（质量分数）/%								
	Mn	C	S	P	Si	Fe		Se
						I	II	
	≥			≤					
DJMn99.8	99.8	0.02	0.03	0.005	0.005	0.01	0.03	0.06
DJMn99.7	99.7	0.04	0.05	0.005	0.010	0.01	0.03	0.10
DJMn99.5	99.5	0.08	0.10	0.010	0.015	0.05		0.15

注：锰含量由减量法减去表中杂质含量之和得到。

表 7-29 金属锰粒度标准

粒度范围	偏差/%	
	筛上物	筛下物
	≤	
2mm×2mm	—	12
40~325 目	1	15
60~325 目	1	15

2）外观质量。电解金属锰允许呈浅棕色，但不允许发黑，产品中不允许有外来夹杂物。

7.6.2.4 试验方法

（1）取样化学分析用试样的采取按 GB 4010 进行。

（2）制样化学分析用试样的制取，按下列规定的方法进行。

电解金属锰制样方法：将 0.5kg 试样全部破碎至 5mm 以下，在不锈钢盘中用四分法缩取 250g，破碎至 1mm 以下，再用四分法缩取 60g，在玛瑙研钵中研磨，使全部通过 0.149mm 筛孔，分作两份，一份供分析用，一份作保管样。

（3）化学分析方法。化学分析方法按 GB8654.1~8654.11 进行。

（4）锰粉粒度测量方法按 CB/T 1480 进行。

7.6.2.5 检验规则

（1）质量检查和验收。产品的质量检查和验收由供方技术监督部门进行，需方有权按规定对产品质量进行验收，如有异议需在到货 45d 内提出。

（2）组批。电解金属锰应成批交货，每批由同一牌号组成，交货批量大小由供需双方协定。

7.6.2.6 包装、储运、标志和质量证明书

（1）产品采用铁桶包装，每桶净重 50kg，100kg 或 200kg，片状电解金属锰采用 PVC 塑料袋包装，粉状电解金属锰采用铝复合膜衬塑料袋真空包装。

（2）储运。

1）电解金属锰入库应分牌号、批号在室内存放，避免与酸、碱等化学物品接触，避免潮湿。

2）电解金属锰发运时应用篷车，如露天存放或敞车发运时、需用苫布盖好，严防渗水。

（3）标志和质量证明书。标志和质量证明一书应符合 GB 3650 的规定。

7.6.3 2003 年颁布的电解锰行业标准（YB/T 051—2003）

2003 年又对 1993 年的冶金行业标准再一次作了修改，每一次标准的修改都标志着中国电解锰的质量又上了一个新的台阶。

7.7 电解金属锰生产展望

中国电解锰企业绝大部分建在中国西南部地区。这是因为中国的锰矿资源大部分在中国西南部广西、湖南、贵州、重庆和云南等省、市、自治区。这些地区还有丰富的电力资源，电价也相对便宜，中国开发西部地区的优惠政策也为电解锰的发展创造了非常有利的条件。因此，中国西部的一些省份电解锰工业得到了迅速的发展。

中国电解锰的发展还与拥有一个全球最大而且还在不断扩大的国内市场紧密相关。

中国拥有一支刻苦钻研技术的工程技术队伍，他们从中国锰矿资源的实际情况出发，自主开发，不断研究和完善生产工艺和改进生产设备，对现有电解锰生产工艺，拥有全部知识产权。

上述分析说明了中国电解锰工业是可持续发展的优势产业。在新的世纪里，中国电解锰工业还会有新的发展。

为了保持中国电解锰工业持续、稳定地发展，谭柱中提议，应该认真做好以下几个方面的工作：

（1）从锰矿石和电力供给能力以及市场需求的实际情况出发，控制和规划好中国电解锰的发展速度和整体规模。中国近几年来，电解锰工业一直在高速发展，生产能力几乎成倍增加，由于电解锰生产需要消耗大量的锰矿石、电力和硫酸。过快的发展已经造成局部地区矿石、电力供应紧张，影响了企业的正常生产。同时还应指出：国际市场对电解锰的需求增长缓慢，尽管国内市场增长迅速，但也不会是无限地增长。因此，必须全面兼顾，因地制宜，应规划好电解锰发展速度和规模，近几年内应将中国电解锰的年生产量控制在 50×10^4 t 以内。

（2）要特别重视环境保护。电解锰生产过程中要产生大量的废渣和废水，废渣和废水中不同程度地含有对人体有害的物质，必须加以处理做到达标排放。

废渣应集中堆放，废水要集中加以处理，不能直接排入江河。

目前，多数企业已开始重视环境保护工作，正在采取各种措施，可以预计在今后几年内环境保护工作将会得到较好的解决。

（3）继续依靠科技创新，实现传统产业高新化，不断改进现有生产工艺和设备，提高资源利用率和产品质量，进一步降低生产成本。

目前仍需要进行设备大型化、生产过程自动化改造，严格控制矿石、电力、硫酸、液氨等消耗，每吨电解锰生产消耗应达到如下技术指标：锰矿石（Mn20%）≤5.8t；硫酸≤1.8t；直流电≤6200kW·h；液氨≤80kg。

（4）加强行业整体规划，形成合理布局。中国电解锰工业发展很快，但过于分散，小型企业居多，能参与国际竞争的大型企业集团少。因此，中国电解锰企业能适应加入WTO后的需求少，必须尽快改变行业中单体企业多、规模小、资金散、竞争力弱的结构状况，有计划、有步骤地在湖南、广西、贵州、重庆等地发展具有综合实力的大型企业集团和专业程度高的骨干企业。形成合理的企业布局，从而更充分发挥中国电解锰的整体优势。

（5）加强行业自律，建立一个相对稳定的电解锰市场。多年来，电解锰市场价格波动起伏不定，严重地影响了电解锰工业的发展，造成这一局面的原因当然是多方面的。曾经研究过多种方案和办法，但都很难付诸实施。如何才能建立一个相对稳定的市场，价格相对稳定，这是我们共同关心的问题。共同维护好市场秩序，促进电解锰工业的发展。

（6）积极参与国际合作，共同促进全球电解锰工业的发展。南非MMC公司是当今全球最大的电解锰公司，有近50年的生产历史，长期的生产实践积累了丰富的经验，中国的一些电解锰厂与南非MMC公司曾多次互访，为了促进全球电解锰工业的发展，今后还应从多方面加强合作，互通信息，为建立一个良好的世界电解锰市场而共同努力。

法国Comilog公司也是中国多年的锰加工合作伙伴，它们在中国已经办了几个锰加工工厂。通过合作与交流必将促进全世界锰工业的发展。

参 考 文 献

[1] 谭柱中. 发展中的中国电解金属锰工业 [J]. 中国锰业，2003, 21 (4)：1~5.

[2] 熊素玉，张在峰. 我国电解金属锰工业存在的问题与对策 [J]. 中国锰业，2005, 23 (1)：10~22.

[3] 靳晓珠，杨仲平，陈祝炳，等. 低品位碳酸锰矿铵盐焙烧富锰工艺研究 [J]. 中国锰业，2006, 24 (1)：33~34.

[4] Petkov I. Extraction of manganese from carbonate ore nithsulfur dioxide [J]. God. Vissh. Khim. Tekhno I. Inst. , 1977, 23 (3)：8~31.

[5] 袁明亮，梅贤功. 湘潭电化厂菱锰矿常温浸出实验研究 [J]. 矿产保护与利用，1997

　　（3）：15～17.

［6］戴恩斌．菱锰矿原地溶浸试验研究［J］．中国锰业，2001，19（2）：9～11.

［7］周罗中．一种菱锰矿溶浸工艺：CN，1618995 A［P］．2005-05-25.

［8］Arsent'ev，V. A. Experimental processing of vorkutinsk manganese ores by hydrometallurgical methods［J］．Obogashch. Rud，1992，6：17～18.

［9］龚美菱．化学物相分析［C］．西安：陕西科学技术出版社，1996：356～363.

［10］李前懋，刘承宪，吕峰松．花垣锰矿北段碳酸锰矿石工艺特性及可选性研究［J］．中国锰业，1990（5）：39.

［11］侯宗林，薛友智主编．中国南方锰矿地质［M］．成都：四川科技出版社，1996.

［12］郝瑞霞，彭省临．桂西南湖润锰矿床锰矿物的相变特性［J］．中国锰业，1999（2）：9～13.

［13］钟竹前，梅光贵．湿法冶金过程［M］．长沙：中南工业出版社，1988.

［14］刘天和，赵梦月译．NRS 化学热力学性质表［M］．北京：中国标准出版社，1998.

［15］丁楷如，余逊贤，等．锰矿开发与加工技术［M］．长沙：湖南科学技术出版社，1992.

［16］吴扬雄．碳酸锰硫酸浸出过程中锰及杂质元素的热力学行为初探［J］．中国锰业，2000，18（2）：40～42.

［17］周永诚．低品位难选锰矿石浸出-净化研究［D］．昆明：昆明理工大学，2010.

［18］宋静静，张萍．低品位氧化锰矿中锰的还原回收［J］．河北化工，2010，33（5）：44～46.

［19］李进中，钟宏．氧化锰矿还原浸出工艺技术研究进展［J］．中国锰业，2011，29（4）：1～6.

［20］李同庆．低品位软锰矿还原工艺技术与研究进展［J］．中国锰业，2008，26（2）：4～26.

［21］贺周初，彭爱国，郑贤福，等．两矿法浸出低品位软锰矿的工艺研究［J］．中国锰业，2004，22（2）：35～37.

［22］田宗平，朱介忠，王雄英，等．两矿加酸法生产硫酸锰的工艺研究与应用［J］．中国锰业，2005，23（4）：4～26.

［23］袁明亮，梅贤功，陈荩，等．两矿法浸出软锰矿的工艺与理论［J］．中南工业大学学报，1997，28（4）：329～332.

［24］袁明亮，梅贤功，邱冠周，等．两矿法浸出软锰矿时元素硫的生成及其对浸出过程的影响［J］．化工冶金，1998，19（19）：161～164.

［25］王长兴．软锰矿直接酸浸法生产硫酸锰的工艺探讨［J］．湖南有色金属，1997，13（1）：45～48.

［26］卢宗柳，都安治．两矿法浸出氧化锰矿的几个工艺问题［J］．中国锰业，2006，24（1）：39～42.

［27］华毅超，陈国松，张红漫，等．工业硫酸锰湿法还原生产工艺［J］．南京工业大学学报，2004，26（5）：50～53.

［28］陈蓉，陈启明，陈金芳，等．低品位锰矿制备硫酸锰的研究［J］．武汉工程大学学报，2008，30（1）：20～22.

[29] 张昭，刘立泉，彭少方. 二氧化硫浸出软锰矿 [J]. 化工冶金，2000，21（1）：103~107.

[30] 欧阳昌伦，谢兰香. 锰矿湿法脱硫过程中影响连二硫酸锰生成的主要因素 [J]. 化工技术与开发，1983，3：60~66.

[31] 刘启达. 高效实用的软锰矿浆脱硫新技术和流程 [J]. 广东化工，1998，（2）：19~20.

[32] 王强，詹海青，何建新，等. 软锰矿浆烟气脱硫技术的研究与应用 [J]. 中国锰业，2007，25（4）：19~23.

[33] 余逊贤. 锰 [M]. 长沙：冶金工业部长沙黑色冶金矿山设计院，1980.

[34] 朱道荣. 软锰矿-硫酸亚铁的酸性浸出 [J]. 中国锰业，1992，10（1）：30~31.

[35] 袁明亮，庄剑鸣，陈荩. 用硫酸亚铁渣直接浸出低品位软锰矿 [J]. 矿产综合利用，1994（6）：6~9.

[36] 王德全，宋庆双. 用硫酸亚铁浸出低品位锰矿 [J]. 东北大学学报（自然科学版），1996，17（6）：606~609.

[37] 彭荣华，李晓湘. 用钛白副产的硫酸亚铁浸锰制备高纯二氧化锰 [J]. 无机盐工业，2006，38（12）：48~50.

[38] 王德全，宋庆双，彭瑞东. 用硫酸亚铁浸出同时沉淀铁矾法处理低品位锰矿 [J]. 东北大学学报（自然科学版），1998，19（2）：168~170.

[39] 张东方，田学达，欧阳国强，等. 银锰矿中锰矿物的铁屑还原浸出工艺研究 [J]. 中国锰业，2007，25（1）：24~26.

[40] 唐尚文. 用闪锌矿（方铅矿）精矿催化还原软锰矿（大洋锰结核矿）制取硫酸锰 [J]. 无机盐工业，2005，37（6）：46~49.

[41] 唐尚文. 氧化锰矿和硫化锌/硫化铅精矿在稀酸中直接，同时浸出的方法：CN，1465723A [P]. 2004-01-07.

[42] 杨幼平，黄可龙. 植物粉料——硫酸法直接浸出软锰矿的实践 [J]. 中国矿业，2001，10（5）：54~56.

[43] 邓益强，乐志文. 软锰矿无煤还原制备硫酸锰新工艺研究 [J]. 广西轻工业，2007（10）：38~40.

[44] 曹柏林，黄斌. 用贫软锰矿制备硫酸锰 [J]. 湖南有色金属，2000，16（3）：18~19.

[45] 张小云，田学达. 纤维素还原低含量软锰矿制备硫酸锰 [J]. 精细化工，2006，23（2）：195~197.

[46] 刘西德，姜立夫，高灿柱，等. 从废锰渣制取硫酸锰的研究 [J]. 山东化工，1994（2）：13~15.

[47] 杨明平，宋和付. 酒糟——硫酸浸取锰矿尾矿中锰制备硫酸锰工艺 [J]. 无机盐工业，2006，38（11）：50~52.

[48] 杨明平，宋和付，李国斌. 米糠—硫酸直接浸锰工艺条件研究 [J]. 无机盐工业，2005，37（2）：30~32.

[49] Hariprasad D, Dash B, Ghosh M K, et al. Leaching of Manganese Ores using Sawdust as a Reductant [J]. Minerals Engineering, 2007, 20（1）：293~295.

[50] 崇涛. 氧化锰矿直接制备硫酸锰的研究 II. 蔗渣法 [J]. 福建师范大学学报（自然科学

版), 1993, 9 (2): 54~58.

[51] McCarroll S J. Treatment of Manganese Ores: US, 3, 085, 875 [P]. 1963.

[52] 粟海锋, 孙英云, 文衍宣, 等. 废糖蜜还原浸出低品位软锰矿 [J]. 过程工程学报, 2007, 7 (6): 89~93.

[53] 李浩然, 冯雅丽. 微生物催化还原浸出氧化锰矿中锰的研究 [J]. 有色金属, 2001, 53 (3): 5~8.

[54] 杜竹玮, 李浩然. 微生物还原浸出法回收废旧电池粉末中的金属锰 [J]. 环境污染治理技术与设备, 2005, (9): 62~64.

[55] 滕英才, 马集成. 两矿加浓硫酸熟化法生产硫酸锰 [J]. 化工技术与开发, 2006, 35 (2): 1~2.

[56] 谢红艳, 王吉坤, 嵇晓沧, 等. 加压浸出低品位锰矿的工艺研究 [J]. 中国有色金属学报, 2013, 23 (6): 1701~1711.

[57] Nayak B B, Mishra K G, Paramguru R K. Kinetics and Mechanism of MnO_2 Dissolution in H_2SO_4 [J]. Journal of Applied Electrochemistry, 1999, 29: 191~200.

[58] Miller J D, Wan R Y. Reaction Kinetics for the leaching of MnO_2 by Sulfur Dioxide [J]. Hydrometallurgy, 1983, 10: 219~242.

[59] Asai S, Negi H, Konishi Y. Reductive Dissolution of Manganese Dioxide in Aqueous Sulfur Dioxide Solutions [J]. The Canadian Journal of Chem. Eng, 1986, 64: 237~241.

[60] Back A E, Ravitz S F, Tame K E. Formation of Dithionate and Sulfate in the Oxidation of Sulfur Dioxide by Manganese Dioxide and Air, U. S. Bureau of Mines, 1952, Report Investigation 4: 931~934.

[61] Asai S. Negi H, Konish Y. Reductive Dissolution of Manganese Dioxide in Aqueous Sulfer Dioxide Solutions [J]. The Canadian J. of Chem. Eng, 64 (4): 237~242.

[62] Ward C. Hydrometallurgical Processing of Manganese Containing Materials: WO, 033738 [P]. 2004.

[63] Ward C. Improved Hydrometallurgical Processing of Manganese Containing Materials: WO, 012582 [P]. 2005.

[64] Ward C, Cheng C Y, Urbani M D. Manganese From Waste to High-tech Material [C]. Green Processing Conference. Fremantle: WA, 2004.

[65] Das S C, Sahoo P K, Rao P K. Extraction of Manganese Ores by $FeSO_4$ Leaching [J]. Hydrometallurgy, 1992, 15: 35~47.

[66] Bafghi A, Zakeri, Z1Ghasemi, et al. Reductive Dissolution of Manganese Ore in Sulfuric Acid in the Presence of Iron Metal [J]. Hydrometallurgy, 2008, 90: 207~212.

[67] Hancock H A, Fray D J. Use of Coal and Lignite to Dissolve Manganese Dioxide in Acidic Solutions [J]. Transaction of Institution of mining and Metallurgy, Section C, 1986, 95: 27~34.

[68] Fray D J, Hancock H A. Obtaining Aqueous Solutions from Insoluble Metal Oxide: GB, 2, 161, 465 [P]. 1986.

[69] Sahoo R N, Naik P K, Das S C. Leaching of Manganese from Low-Grade Manganese Ore using

Oxalic Acid as Reductant in Sulphuric Acid Solution [J]. Hydrometallurgy, 2001, 62: 157~163.

[70] Momade F, Momade Z. Reductive Leaching of Manganese Oxide Ore in Aqueous Methanol-Sulphuric Acid Medium [J]. Hydrometallurgy, 1999, 51: 103~113.

[71] Elsherief A E. A Study of the Electroleaching of Manganese Ore [J]. Hydrometallurgy, 2000, 55: 311~326.

[72] 刘建本，陈上，鲁广. 硫酸锰的生产技术及发展方向 [J]. 无机盐工业，2005, 37 (9): 5~7.

[73] YAHUI ZHANG, QI LIU, CHUANYAO SUN. SULFURIC ACID LEACHING OF OCEAN MANGANESE NODULES USING PHENOLS AS REDUCING AGENTS [J]. Minerals Engineering, 2001, 14 (5): 525~537.

[74] Pagnanelli F, Furlani G, Valentini P, et al. Leaching of low-grade manganese ores by using nitric acid and glucose: optimization of the operating conditions [J]. Hydrometallurgy, 2004, 75: 157~167.

[75] Rajko Z Vracar, Katarina P Cerovic. Manganese leaching in the FeS_2-MnO_2-O_2-H_2O system at high temperature in an autoclave [J]. Hydrometallurgy, 2000, 55: 79~92.

[76] 王强，詹海青，何建新，等. 富锰渣在广西桂林大锰锰业投资有限责任公司电解金属锰工艺中生产实践 [J]. 中国锰业，2008, 26 (1): 48~50.

[77] 张碧泉，卢兆忠，陈安. 以富锰渣为原料制备氯化锰溶液 [J]. 中国锰业，2000, 18 (1): 30~32.

[78] 王瑞京，魏济平，赵守诚，等. 用废锰渣为原料制备硫酸锰的研究 [J]. 无机盐工业，1997 (1): 41~44.

[79] 欧阳玉祝，彭小伟，曹建兵，等. 助剂作用下超声浸取电解锰渣 [J]. 化工环保，2007, 27 (3): 257~259.

[80] 原金海. 富锰渣的综合利用工艺研究 [D]. 重庆：重庆大学，2005.

[81] Fuerstenau D W, Han K N. Extractive of metallurgy, In: Glasby, G. P. (ed.), Marine Manganese Deposits, Elsevier, Amsterdam, 1977, 357~390.

[82] Khalafalla S E, Pahlman J E. Selective extraction of metals from pacific sea nodules with dissolved sulfur dioxide [J]. Journal of Metals, 1981 (8): 37~42.

[83] Kanungo S B, et al. Reduction leaching of manganese nodules of India Ocean origin in dilute hydrochloric acid. Hydrometallurgy, 20, 135~146, 1988.

[84] 尹才桥，蒋训雄，等. 大洋多金属结核活化硫酸浸出 [J]. 有色金属（季刊），1997, 49 (1): 62~69.

[85] Yin Caiqiao, Jiang Xunxiong, et al. Treatment of solution from atmospheric acid leaching of ocean polymetallic nodules [C]. Proceedings of the Third International Conference on Hydrometallurgy, 1998.

[86] Jiang Xunxiong, Yin Caiqiao, et al. Separation of nickel and cobalt from sulfuric acid leaching solution of ocean polymetallic nodules under atmospheric pressure [C]. Proceedings of the Third International Conference on Hydrometallurgy, 1998.

[87] 蒋训雄，尹才桥，汪胜东．酸浸-萃取从富钴结壳中提取镍钴铜锰 [J]．矿冶，2002，11 (1)：67~70.

[88] Han K N, Fuerstenau D W. Acid leaching of ocean manganese nodules at elevated temperature. Int. J. Miner. Process. 1975, 2：163~171.

[89] Agarwal J C, Beecher D S, Hubted V K, et al. Processing of ocean nodules, Atechnical and Economic Review [J]．Journal of Metals, 1976, 28 (4)：24~31.

[90] Kanungo S B, Jena D K. Reduction leaching of manganese nodules of Indian Ocean origin in dilute hydrochloric acid. Hydrometallurgy, 21 (1), 23~29, 1988.

[91] Agarwal J C, et al. The cuprion process for ocean nodules [J]．Chemical Engineering Process, 1979, 75 (1) .59~61.

[92] 蒋训雄，尹才桥，周冰毅，等．大洋多金属结核催化还原氨浸提取镍钴铜 [J]．有色金属 (季刊)，1997, 49 (3)：46~51.

[93] 贺山明．高硅氧化铅锌矿加压酸浸工艺及理论研究 [D]．昆明：昆明理工大学，2012.

[94] 叶大伦．冶金热力学 [M]．长沙：中南工业大学出版社，1987.

[95] 马荣骏．湿法冶金原理 [M]．北京：冶金工业出版社，2007.

[96] 杨显万，邱定蕃．湿法冶金 [M]．北京：冶金工业出版社，2001.

[97] 陈家镛．湿法冶金手册 [M]．北京：冶金工业出版社，2005.

[98] 田彦文，霍秀静，刘奎仁．冶金物理化学简明教程 [M]．北京：化学工业出版社，2007.

[99] 谢高阳，俞练民．无机化学丛书．第九卷：锰分族、铁族、铂系 [M]．北京：科学出版社，1996.

[100] 杨显万．高温水溶液热力学数据计算手册 [M]．北京：冶金工业出版社，1983.

[101] 李洪桂．湿法冶金学 [M]．长沙：中南大学出版社，2005.

[102] 李洪桂．冶金原理 [M]．北京：科学出版社，2005.

[103] 梁英教．物理化学 [M]．北京：冶金工业出版社，1998.

[104] 张文山，梅光贵，刘荣义．利用钛白粉废酸、二氧化锰矿和硫铁矿制取电解金属锰的研究与开发 [J]．中国锰业，2005, 23 (3)：14~17.

[105] 吴惠玲．常压下从含钒石煤中浸取钒的新技术研究 [D]．昆明：昆明理工大学，2008.

[106] 张延军．微细粒氧化锰的回收与利用 [D]．南宁：广西大学，2008.

[107] 石文堂．低品位镍红土矿硫酸浸出及浸出渣综合利用理论及工艺研究 [D]．长沙：中南大学，2011.

[108] 王华．湿法处理银锌精矿工艺研究 [D]．昆明：昆明理工大学，2006.

[109] 李小英．高铁硫化锌精矿氧压酸浸-萃取提铟的工艺研究 [D]．昆明：昆明理工大学，2006.

[110] 钟竹前，梅光贵．电位-pH 图在湿法冶金中的应用 [J]．有色金属 (冶炼部分)，1979 (3)：28~36.

[111] 傅崇说．冶金溶液热力学原理与计算 [M]．北京：冶金工业出版社，1989.

[112] 梅光贵，钟竹前，周元敏，等．硫铁矿 (FeS$_2$) 与 MnO$_2$ 浸出的热力学与动力学分析 [J]．中国锰业，2004, 22 (1)：15~17.

[113] 谭柱中，梅光贵，等．锰冶金学［M］．长沙：中南大学出版社，2004．

[114] 张博亚．铜阳极泥加压酸浸预处理工艺及机理研究［D］．昆明：昆明理工大学，2008．

[115] 丁凯如，余逊贤．锰矿开发与加工技术［M］．长沙：湖南科学技术出版社，1991．

[116] 吴晓春．用软锰矿制取硫酸锰试验［J］．中国锰业，2005，23（2）：32~35．

[117] 滕浩．高砷钴矿提钴新工艺研究［D］．长沙：中南大学，2010．

[118] 崔毅琦．无氨硫代硫酸盐法浸出硫化银矿的工艺和机理研究［D］．昆明：昆明理工大学，2009．

[119] 徐静．低品位软锰矿与冶炼锰烟尘中锰的浸出工艺研究［D］．昆明：昆明理工大学，2010．

[120] 莫鼎成．冶金动力学［M］．长沙：中南工业大学出版社，1987．

[121] Levenspiel 著，林建梁编译．化学反应工程：化工动力学．全册［M］．台南：复文书局，1984．

[122] ［美］耶蒂什．特．夏著．气液固反应器设计［M］．肖明威，单渊复等译．北京：烃加工出版社，1989．

[123] 张家芸，邢献然．冶金物理化学［M］．北京：冶金工业出版社，2004．

[124] 刘纯鹏．有色金属冶金动力学及新工艺［M］．北京：冶金工业出版社，2002．

[125] Smith J M 著．化工动力学［M］．王建华等译．第三版．北京：化学工业出版社，1988．

[126] 华一新．冶金过程动力学导论［M］．北京：冶金工业出版社，2004．

[127] 解立群．铁酸锌的分解及铁资源的综合利用工艺研究［D］．昆明：昆明理工大学，2011．

[128] 徐志峰，邱定蕃，王海北．铁闪锌矿加压浸出动力学［J］．过程工程学报，2008，8（1）：28~34．

[129] 于站良．超冶金级硅的制备研究［D］．昆明：昆明理工大学，2010．

[130] 邱爽．三氧化二钒氧压碱溶动力学研究［D］．昆明：昆明理工大学，2010．

[131] 牟文宁．红土镍矿高附加值绿色化综合利用的理论与工艺研究［D］．沈阳：东北大学，2009．

[132] 褚丽娟．从硫化锌加压酸浸渣中提取硫磺的工艺研究［D］．昆明：昆明理工大学，2011．

[133] 孔繁振．磷矿浮选尾矿煅烧铵盐法综合回收镁、磷试验研究［D］．贵阳：贵州大学，2008．

[134] 金炳界．铅冰铜氧压酸浸-电积提铜工艺及理论研究［D］．昆明：昆明理工大学，2008．

[135] 戴艳萍．氧化铜矿的化学处理研究［D］．赣州：江西理工大学，2009．

[136] 巨佳．锌焙砂的中浸渣氧压酸浸新工艺研究［D］．昆明：昆明理工大学，2010．

[137] 李强．复杂硫化铜矿热活化预处理-加压浸出研究［D］．赣州：江西理工大学，2009．

[138] 廖为新．富锗硫化锌精矿氧压酸浸试验研究［D］．昆明：昆明理工大学，2008．

[139] 徐志峰，严康，李强，等．复杂硫化铜精矿加压浸出动力学［J］．有色金属，2010，

62（4）：76~81.

[140] 贺山明，王吉坤，阎江峰，等. 高硅氧化铅锌矿加压酸浸中锌的浸出动力学［J］. 中国有色冶金，2011（1）：63~66.

[141] Wilaon D E. Surface and complexation effects on the rate of Mn（Ⅱ）oxidation in nature waters［J］. Geochim Cosmochim Acta, 1980, 44: 1311~1317.

[142] 梁铎强. 富锗闪锌矿氧压酸浸过程中锗的行为研究［D］. 昆明：昆明理工大学，2008.

[143] 孟民权，巩淑清，桑兆昌，等. 软锰矿生产硫酸锰除杂质方法的改进［J］. 河北师范大学学报，1996，20（3）：61~62.

[144] 曹柏林，黄斌. 用贫软锰矿制备硫酸锰［J］. 湖南有色金属，2000，16（3）：18~20.

[145] 彭爱国，贺周初，郑贤福，等. 硫酸锰深度除杂研究［J］. 精细化工中间体，2002，32（2）：52~54.

[146] 周登风，李军旗，杨志彬，等. 硫酸锰深度净化的研究［J］. 贵州工业大学学报，2006，35（1）：4~6.

[147] 邹兴，李艳，邓彩勇，等. 硫酸锰溶液除亚铁的研究［J］. 中国锰业，2004，22（2）：22~25.

[148] 钟少林，梅光贵，钟竹前. 金属锰电解的电流效率分析［J］. 中国锰业，1991，9（1）：56~60.

[149] 刘慧纳. 化学选矿［M］. 北京：冶金工业出版社，1995.

[150] 钟竹前，梅光贵. 湿法冶金过程［M］. 长沙：中南工业大学出版社，1988.

[151] 陈家镛，于淑秋，伍志春. 湿法冶金中铁的分离与利用［M］. 北京：冶金工业出版社，1991.

8 锰冶金生产过程的环境保护与资源综合利用

8.1 概述

锰及锰合金是钢铁工业、铝合金工业、磁性材料工业、化学工业等不可缺少的重要原料之一，随着上述工业的发展，锰及锰合金工业也按比例地发展。

锰及锰合金生产过程中排出大量的废水、废渣、废气，造成环境污染。20 世纪 70 年代以来世界各国对环境保护非常重视，环境管理日趋严格，对锰及锰合金生产中排放的污染采取了新的控制治理技术，如日本、美国、前苏联等国到 70 年代末实现了"三无"生产，无大气污染、无污水排放、无废渣（废渣实行综合利用）。我国锰及锰合金的生产发展十分迅速，中、小型设备较多，环境治理相对滞后。近年来国家对环境保护十分重视，管理力度进一步加强，各生产企业加强了对环保的投资，各种新技术、新工艺的采用在"三废"治理、综合利用方面取得了较好效果。

8.2 锰冶炼企业"三废"的产生

锰及锰合金的冶炼方法一般有高炉法（生产高碳锰铁）、电碳热法（生产高碳锰铁）、电硅热法（生产中、低碳锰铁，金属锰）、铝金属热法（生产金属锰）和湿法（生产电解金属锰）等。在生产过程中产生废水、废渣、废气，均应进行治理。

8.2.1 废气的产生及排放[1]

8.2.1.1 高炉煤气

锰及锰合金生产中的废气主要来源于各种炉窑，包括高炉、电炉、焙烧窑炉等。高炉生产产生大量的废气，在锰铁生产中用焦炭作还原剂，由于焦比高，还原强烈，因此产生的高炉煤气 CO 含量高，发热值大，是一种很好的气体燃料，一般成分见表 8-1。

表 8-1 锰铁高炉煤气成分分析

化学成分（质量分数）/%						发热值/kJ·m^{-3}
CO_2	CO	H_2	CH_4	N_2	O_2	
5.9	33.2	1.8	0.1	58.1	0.1	4359~4604

锰铁高炉煤气本身存在一些特点：含尘量多、尘细、温度高、灰尘易于凝结硬化等，使得净化十分困难。因此，一般工厂用净化后的高炉煤气烧热风炉，烧结矿石，发电。少数小型工厂将多余的煤气点燃排空。

8.2.1.2 还原电炉产生的废气

还原电炉是冶炼高碳锰铁的设备，其主要原料为矿石、还原剂，原料入炉后，在熔池高温下呈还原反应，生成 CO、CH_4、H_2 等高温可燃含尘气体，它透过料层进入料的表面，接触空气时燃烧形成高温含尘烟气。因设备不同所产生的炉气的化学成分及含尘量也不相同，见表8-2。

表 8-2 还原电炉炉（煤）气参数

电炉类别	冶炼品种	炉气含尘量（标态）/g·m⁻³	炉气量（标态）/m³·t⁻¹	炉气主要成分/%				炉气温度/℃
				CO	H_2	CH_4	N_2及其他	
全封闭还原电炉	高碳锰铁	50~150	990	72	4.5	6.5	16	500~700
半封闭还原电炉	高碳锰铁	3~4	26000	3	O_2 17~18	H_2O 1~2	75~78	450

全封闭还原电炉的炉（煤）气一般用于矿石烧结和发电，半封闭还原电炉的炉气用烟囱排空。

8.2.1.3 电硅热法电炉产生的废气

电硅热法电炉用来生产中、低碳或微碳锰铁，采用明弧电炉操作，原料在熔池降碳过程中加入石灰造渣产生大量高温烟气，烟气量一般按排烟罩口流速计算得出。

8.2.2 废水排放[1,2]

8.2.2.1 锰铁高炉煤气洗涤废水

高炉煤气在洗涤塔及文氏管洗涤过程中，煤气中的固体颗粒及某些能溶于水的化学物质被水捕集，并被水溶解。水中悬浮物高达 2500~4000mg/L，废水中的碱金属含量多。目前，煤气废水采用过滤法结合生化处理。废水产生量为 10m³/1000m³ 煤气。

8.2.2.2 全封闭电炉煤气洗涤废水排放

全封闭电炉煤气采用湿法洗涤流程时，废水来自洗涤塔文氏管、旋流脱水器等设备。废水排放量为（标态）15~25m³/1000m³ 煤气，废水悬浮物含量为 1960~5465mg/L。废水灰黑色，酚含量为 0.1~0.2mg/L，氰化物含量为 1.29~5.96mg/L。

8.2.2.3 电解金属锰生产时的废水排放

湿法冶炼电解金属锰的生产工艺中，废水来自洗板、冷却、场地清扫。废水

排放量吨产品为 $200m^3$，此种废水主要含锰 250mg/L，铬 1.325mg/L。

8.2.2.4 冲渣废水排放

在高炉、电炉冶炼过程中都将排出液态熔渣，为了利用渣作为生产水泥的原料，一般将液态熔渣用水冲成水渣，冲渣水循环使用、冲渣水量一般按渣水比为 1：(10~50)。悬浮物含量为 36~200mg/L，总硬度小于 15（德国度），氰化物含量小于 0.5mg/L。各种废水的化学成分分析见表 8-3~表 8-5。

表 8-3 锰铁高炉煤气洗涤废水水质分析

成　分	总硬度（CaO）	Ca^{2+}	Mg^{2+}	氟化物	酚类	硫化物	Cl^{-1}	SO_4^{2-}	OH^-（CaO）
含量/mg·L^{-1}	9.9	0.5	0.49	49.5	0.03	1.59	188.6	198.94	39.82
pH 值	10.5								

表 8-4 全封闭电炉煤气净化废水水质分析　　　　　　（mg/L）

pH 值	悬浮物	色度	水色	总固体	Ca^{2+}	Mg^{2+}	硫化物	酚	氰化物	耗氧量	总硬度
9~10	1960~5465	40	黑色、灰色	2572	17.2	4.6	3.87	0.1~0.21	1.29~5.96	9.52	4.84

表 8-5 电解金属锰废水水质分析　　　　　　（mg/L）

pH 值	悬浮物	耗氧量	Se^{2+}	Ca^{2+}	Mn^{2+}	硫化物	Cr^{6+}
6.8~7.0	926	678.9	9.2	0.04	250	0.16	1.325

8.2.3 固体废物的排放

锰及锰合金火法冶炼，炉料加热熔融后经还原反应，其中氧化物杂质与铁合金分离形成炉渣。

采用湿法冶金生产时，原料经化学处理提取有用金属后产生浸出渣。

此外，从火法冶炼过程发生的烟气中净化回收的烟尘也属于固体废物。

8.3 锰冶金废气治理

《中华人民共和国环境保护法》明确要求对工矿企业的废气、废水、废渣、粉尘等有害物质要积极防治，一切排烟装置、工业窑炉都要采取有效的消烟除尘措施，散发的有害气体、粉尘、排放污水必须符合国家规定标准。下面摘录部分有关标准。

8.3.1 部分国外标准

8.3.1.1 大气排放标准

（1）美国对铁合金生产的排放标准（1976年实行）。还原电炉烟尘：锰合金 0.23kg/（1000kW·h）。

（2）日本铁合金厂烟尘排放标准。

一般排放标准（g/m³，标态）		特殊排放标准（g/m³，标态）	
大型炉	小型炉	大型炉	小型炉
0.2	0.4	0.1	0.2

（3）西班牙1977年铁合金厂烟尘排放标准（kg/t）。

	现有厂	新建厂	1980年以后
硅锰合金	0.5	0.5	0.3

8.3.1.2 大气质量标准

日本对大气飘尘的规定：

1小时的平均值： 0.1mg/m³ 以下；

1小时的值： 0.2mg/m³ 以下。

美国对大气飘尘的规定：

工业区： 0.1mg/m³ 以下；

郊 区： 0.05mg/m³ 以下。

8.3.2 中国大气环境质量标准（GB 3095—1996）

一级标准：为保护自然生态和人群健康，在长期接触情况下，不发生任何危害影响的空气质量要求。

二级标准：为保护人群健康和城市、乡村、动植物在长期和短期接触下，不发生伤害的空气质量要求。

三级标准：为保护人群不发生急、慢性中毒和城市一般动植物（敏感者除外）正常生长的空气质量要求。

各项污染物三级标准浓度限值列于表8-6。居住区大气中有害物质的最高容许浓度见表8-7。地面水中有害物质的最高容许浓度见表8-8。农田灌溉用水水质标准见表8-9。

工业废水最高容许排放浓度：工业废水中有害物质最高容许排放浓度分为两类，一类是指能在环境或动植物体内蓄积，对人体健康产生长远影响的有害物质。含此类有害物质的废水，在车间或车间处理设备排出口，应符合表8-10规定的标准，但不得用稀释方法代替必要的处理。另一类指其长远影响小于第一类的有害物质，在工厂排出口的水质应符合表8-11的规定。

表 8-6　各项污染物浓度极限值

污染物名称	取值时间	浓度限值			浓度单位
		一级标准	二级标准	三级标准	
二氧化硫	年平均	0.02	0.06	0.10	mg/m³ （标态）
	日平均	0.05	0.15	0.25	
	1 小时平均	0.15	0.50	0.70	
总悬浮物颗粒	年平均	0.08	0.20	0.30	
	日平均	0.12	0.30	0.50	
可吸入物颗粒	年平均	0.04	0.10	0.15	
	日平均	0.05	0.15	0.25	
氮氧化物	年平均	0.05	0.05	0.10	
	日平均	0.10	0.10	0.15	
	1 小时平均	0.15	0.15	0.30	
一氧化碳	日平均	4.00	4.00	6.00	
	1 小时平均	10.00	10.00	20.00	
臭氧	1 小时平均	0.12	0.16	0.20	
铅	季平均	1.50			μg/m³ （标态）
	年平均	1.00			
苯并芘	日平均	0.01			
氟化物	日平均	7[①]			
	1 小时平均	20[①]			
	月平均	1.8[②]		3.0[②]	μg/(dm²·d)
	植物生长季平均	1.2[②]		2.0[②]	

①适用于城市地区；②适用于以牧业为主的农牧区。

表 8-7　居住区大气中有害物质的最高允许浓度

编号	物质名称	最高容许浓度/mg·m⁻³	
		一次	日平均
1	一氧化碳	3.00	1.00
2	二氧化碳	0.50	0.15
3	氯（Cl_2）	0.10	0.03
4	铬（六价）	0.0015	
5	锰及其氧化物		0.01
6	氟化物（换算成 F）	0.02	0.007
7	硫化氢	0.01	
8	氧化氮（NO_2）	0.15	
9	飘尘	0.50	0.15

注：本表摘自《工业企业设计卫生标准》（TJ 36—1979）。

表8-8 地面水中有害物质的最高允许浓度

编号	物质名称	最高容许浓度/mg·L^{-1}	编号	物质名称	最高容许浓度/mg·L^{-1}
1	氯化物	1.0	8	铬（三价）	0.5
2	活性氯	不得检出	9	六价铬	0.05
3	挥发酚类	0.01	10	硫化物	不得检出
4	钒	0.1	11	氰化物	0.05
5	铟	0.5	12	镍	0.5
6	铅	0.1	13	镉	0.01
7	铜	0.1	14	锌	1.0

表8-9 农田灌溉用水水质标准

编号	项　目	标　准
1	水温	不超过35℃
2	pH 值	5.5~8.5
3	全盐量	非盐碱土农田不超过1500mg/L
4	氯化物（按 Cl 计）	非盐碱土农田不超过300mg/L
5	硫化物（按 S 计）	不超过1mg/L
6	汞及其化合物（按 Hg 计）	不超过0.001mg/L
7	镉及其化合物（按 Cd 计）	不超过0.005mg/L
8	砷及其化合物（按 As 计）	不超过0.05mg/L
9	铬六价化合物（按 Cr^{6+} 计）	不超过0.1mg/L
10	铅及其化合物（按 Pb 计）	不超过0.1mg/L
11	铜及其化合物（按 Cu 计）	不超过1.0mg/L
12	锌及其化合物（按 Zn 计）	不超过3.0mg/L
13	硒及其化合物（按 Se 计）	不超过0.001 mg/L
14	氟化物（按 F 计）	不超过3mg/L
15	氰化物（按游离氰根计）	不超过0.5mg/L
16	石油类	不超过10mg/L
17	挥发性酚	不超过1mg/L
18	苯	不超过2.5mg/L

注：本表摘自《农田灌溉水质标准（试行）》（TJ 24—79）。

表 8-10　工业废水最高允许排放浓度（第一类）

序号	有害物质或项目名称	最高容许排放浓度/mg·L^{-1}
1	汞及其无机化合物	0.05（按 Hg 计）
2	镉及其无机化合物	0.1（按 Cd 计）
3	六价铬化合物	0.5（按 Cr^{6+}计）
4	砷及其无机化合物	0.5（按 As 计）
5	铅及其无机化合物	1.0（按 Pb 计）

表 8-11　工业废水最高允许排放浓度（第二类）

序号	有害物质或项目名称	最高容许排放浓度/mg·L^{-1}
1	pH 值	6~9
2	悬浮物（水力排灰，洗煤水，水力冲渣，尾矿水）	500mg/L
3	生化需氧量（5~20℃）	60mg/L
4	化学需氧量（重铬酸钾法）	100mg/L
5	硫化物	1mg/L
6	挥发性酚	0.5mg/L
7	氰化物（以游离氰根计）	0.5mg/L
8	有机磷	0.5mg/L
9	石油类	10mg/L
10	铜及其化合物（按 Cu 计）	1mg/L
11	锌及其化合物（按 Zn 计）	5mg/L
12	氟化物（按 F 计）	10mg/L
13	硝基苯类	5mg/L
14	苯胺类	3mg/L

注：以上两表摘自《工业"三废"排放试行标准》（GB J4—73）。

　　工业企业厂区内各类地点的噪声 A 声级，按照地点类别的不同，不得超过表 8-12 所列的噪声限制值。

表 8-12　工业企业厂区内各类地点噪声标准

序号	地点类别		噪声限制值/dB
1	生产车间及作业场所（工人每天连续接触噪声 8h）		90
2	高噪声车间设置的值班室、观察室、休息室（室内背景噪声级）	无电话通信要求时	75
		有电话通信要求时	70
3	精密装配线、精密加工车间的工作地点、计算机房（正常工作状态）		70
4	车间所属办公室、实验室、设计室（室内背景噪声级）		70

续表 8-12

序号	地点类别	噪声限制值/dB
5	主控制室、集中控制室、通信室、电话总机室、消防值班室（室内背景噪声级）	60
6	厂部所属办公室、会议室、设计室、中心实验室（包括试验、化验、计量室）（室内背景噪声级）	60
7	医务室、教育、哺乳室、托儿所、工人值班宿舍（室内背景噪声级）	55

注：1. 本表所列的噪声级，均应按现行的国家标准测量确定；

2. 对于工人每天接触噪声不足 8h 的场合，可根据实际接触噪声的时间，按接触时间减半噪声限制值增加 3dB 的原则，确定其噪声限制值；

3. 本表所列的室内背景噪声级，系在室内无声源发声的条件下，从室外经由墙、门、窗（门窗启闭状况为常规状况）传入室内平均噪声级。

工业企业由厂内卢源辐射至厂界的噪声 A 声级，按照毗邻区域类别的不同以及昼夜时间的不同，不得超过表 8-13 所列的噪声限制值。

表 8-13 厂界噪声限制值　　　　　　　　　　（dB）

厂界毗邻区域的环境类别	昼间	夜间
特殊住宅区	45	35
居民、文教区	50	40
一类混合区	55	45
商业中心区、二类混合区	60	50
工业集中区	65	55
交通干线道路两侧	70	55

注：1. 本表所列的厂界噪声级，应按现行的国家标准测量确定；

2. 当工业企业厂外受该厂辐射噪声危害区域同厂界间存在缓冲地域时（如街道、农田、水面、林带等），表中所列厂界噪声限制值可作为缓冲地域外缘的噪声限制值处理，凡拟作缓冲地域处理时，应充分考虑该地域未来变化。

8.4 锰冶金固体废弃物的处理

8.4.1 锰铁高炉煤气净化

因锰铁高炉冶炼具有矿渣多、煤气量大、炉顶温度高、粉尘粒度细且黏性强等特征，因此煤气净化大多数采用湿法。

湿法煤气净化流程比较典型的有文氏管与湿式电除尘两种，如图 8-1 和图 8-2 所示。

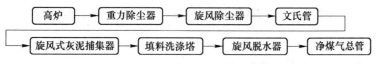

图 8-1 文氏管净化流程图

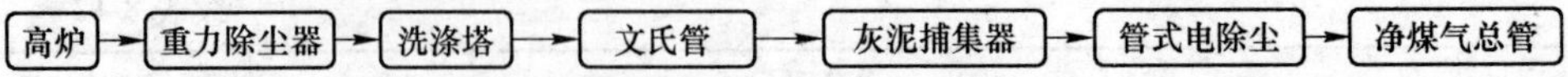

高炉 → 重力除尘器 → 洗涤塔 → 文氏管 → 灰泥捕集器 → 管式电除尘 → 净煤气总管

图 8-2 湿式电除尘净化流程图

湿法煤气净化流程主要设备有下列几种：（1）重力除尘器；（2）干式旋风除尘器；（3）填料式洗涤塔；（4）文丘里洗涤器；（5）湿式管式电除尘器；（6）挡板式灰泥捕集器。

采用上述流程净化后的煤气含尘量可控制在 10~20mg/L（标态）。

8.4.2 全封闭还原电炉烟气净化

全封闭还原电炉主要用来冶炼不需炉口料面操作的铁合金品种。还原冶炼过程中产生含 CO70% 以上的炉气，经净化回收综合利用。

全封闭电炉在工艺操作顺行的条件下，应严格控制炉盖内的压力为微正压状态及防止空气渗入炉内。炉气净化后应设气体自动分析仪检测 O_2、H_2 含量，炉气净化流程有干法、湿法两种。

8.4.2.1 湿法炉气净化回收工艺

20 世纪 60 年代以来，还原电炉煤气净化工艺一直沿用湿法。它的主要特点是快速洗涤、易于熄火，很短时间使高温煤气降到饱和温度，消除爆炸因素、可实现安全操作。常用的洗涤设备有高能洗涤器、蒂森布发罗洗涤机、文丘里洗涤器等。净化后的煤气含尘量低于 $20mg/m^3$（标态），符合工业煤气要求。

（1）"双塔一文"流程。该流程是我国 20 世纪 60 年代试验成功并用于铁合金生产。流程图如图 8-3 所示。

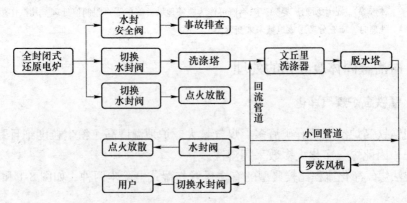

图 8-3 全封闭还原电炉"双塔一文"湿法净化流程图

其主要设备如下：

1）洗涤塔：双层喷嘴复喷型；

2）文丘里形式：可调喉口喷嘴供水型；

3）脱水塔形式：多层分离夹板型空心塔；

4）主引风机形式：罗茨鼓风机。

（2）埃肯"双塔一文"流程。该流程为埃肯集团多年实践成果流程，如图 8-4 所示。

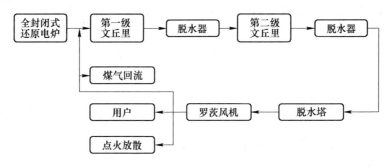

图 8-4 全封闭还原电炉埃肯"双塔一文"湿法净化流程图

（3）洗涤机湿法净化流程。该流程为德国德马克公司设计，遵义铁合金厂引进该技术，其流程如图 8-5 所示。

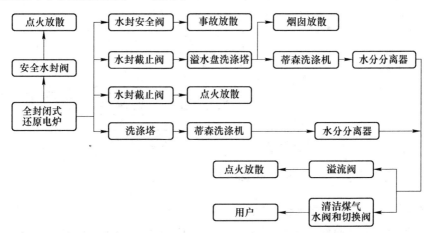

图 8-5 全封闭还原电炉洗涤机湿法净化流程图

8.4.2.2 干法炉气净化回收工艺

为免除二次污染及污水处理的麻烦，从 20 世纪 70 年代开始工业发达国家（如日本、挪威、德国）对全封闭式电炉高温炉气干法净化进行了研究。1978年，我国在一台 9000kV·A 锰硅合金电炉上进行了煤气干法净化工业试验研究，于 1984 年热负荷运转效果良好，后又对试运行中出现的问题进一步处理完善，该工艺流程如图 8-6 所示。

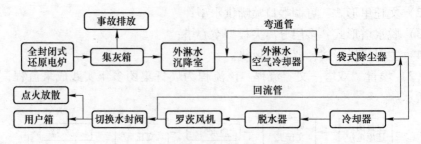

图 8-6　全封闭还原电炉干法净化流程图

8.4.3　半封闭还原电炉烟气净化

半封闭电炉主要用于冶炼需要作炉口料面操作的铁合金品种，我国锰冶金的中、小型电炉大多采用半封闭式。冶炼过程中产生的烟气其主要参数有烟气量、温度、含尘量、化学成分等。

8.4.3.1　热能回收型干法净化

半封闭还原电炉烟气量 26000m³/t（产品），其中可燃物 CO 含量 3% 左右，只能利用其显热给锅炉，废气进入袋式除尘器净化后排入大气，废气净化后的含尘浓度低于 50mg/L（标态），其净化流程如图 8-7 所示。

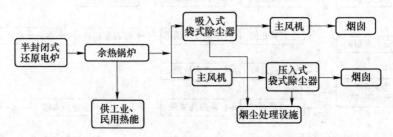

图 8-7　热能回收型干法净化流程图

8.4.3.2　非热能回收型干法净化流程

由于原料、还原剂、冶炼操作、生产管理等多方面原因，限制了热能回收型净化流程的难度，因此国内半封闭还原电炉烟气绝大多数采用非热能回收型干法净化，根据选用吸入型或压入型滤袋除尘器的形式则相应分为负压干法净化系统和正压干法净化系统。

8.5　焙烧窑（炉）烟气净化

锰及锰合金生产过程中有的使用烧结球团矿或还原焙烧矿，需使用烧结机和还原焙烧窑，因此会产生烧结烟气及还原焙烧烟气，烟气的主要成分是 CO_2 和粉尘，常用的烟气净化流程（其粉尘为细颗粒矿粉及熔剂等有回收利用价值）如

图 8-8 所示。

图 8-8 焙烧回转窑废气治理工艺流程图

8.6 锰合金工业煤气的回收利用

锰合金工业生产回收的煤气主要有全封闭电炉煤气和锰铁高炉煤气。这些煤气主要用作燃料，如：用作烧热风炉、矿石焙烧与烧结和锅炉的燃料。剩余煤气大量排放，不仅浪费了能源，还严重地污染了环境，随着煤气净化技术的进步，煤气回收利用技术取得了突破性进展。

8.6.1 煤气回收利用概况

全封闭还原电炉煤气的回收利用，目前主要用作燃料，如用作锅炉、焙烧窑、干燥窑及烘炉等的燃料。这种煤气的突出特点是 CO 含量高，热值（标态）也高（ $4000 \sim 5000 J/m^3$ ）。

锰铁高炉煤气，除高炉生产的煤气供热风炉外，尚有一半多煤气剩余，近几年来实施回收利用煤气发电工程，既回收了二次能源又改善了环境，取得了良好的效果，全国生产高炉锰铁的大厂，湘潭、桂林、"八一"、新余等厂均上了煤气发电工程。

8.6.2 高炉煤气发电工程

目前国内回收利用锰铁高炉煤气发电的厂家，根据各厂煤气平衡计算后多余的煤气数量相应建设了 1500kW，300kW，6000kW 的发电机组，先后投入运行，取得了良好效果。

某厂锰铁高炉煤气发电工程举例：

（1）回收利用高炉煤气工程工艺流程。某厂 $4 \times 100 m^3$ 锰铁高炉煤气采用溢流文氏管系统净化后，进入净煤气管，净煤气管分为两支，一支去热风炉、一支去净煤气总管。设煤气管理调度站统一管理煤气的调度平衡，站内设有流量、压力、温度、成分等分析记录仪器进行监测。

（2）电站规模及主要设备选型。为确保煤气发电厂建成后能满负荷运行、高炉剩余煤气能充分利用，首先应进行煤气产需量的平衡，某厂 $4 \times 100 m^3$ 高炉煤气产量及利用量见表 8-14。

表 8-14　某厂 4×100m³ 高炉煤气产量及利用情况

项　目	1号炉	2号炉	3号炉	4号炉	合　计
平均每天入炉焦炭量（干）/t·d⁻¹	89	95	115	109	
计算发生煤气量（标态）/m³·h⁻¹	15300	16300	17800	18000	67400
热风炉自用煤气量（标态）/m³·h⁻¹	7300	7300	7800	8000	30400
可利用煤气量（标态）/m³·h⁻¹	8000	9000	10000	10000	37000
计算入炉风量（标态）/m³·h⁻¹	190	200	208	222	

由上表可知高炉煤气发生量除热风炉自用约 1/2 外，剩余煤气可供 2 台 20t 锅炉发电，其主要设备设施如下：

1）N1.5~24 型冷凝式汽轮机 1500kW（实用功率 1000kW）4 台（其中一台备用），同时拖动 400m³/min 高炉鼓风机 3 台。

2）WG20/25-5 型主烧煤气锅炉 3 台（其中一台备用）及附属系统。

3）软水站一座，处理能力为 30t/a。

4）500m² 双曲线喷水冷却塔一座。

5）150m 砖烟囱一座及水平烟道 62m。

6）10kV 变配电站一座。

7）锅炉房一座（总建筑面积 1760m³，主跨度过 15m）。

8）汽轮鼓风机站一座（总建筑面积 1760m²，主跨度 12m）。

（3）系统煤气运行。锅炉汽包压力标定在 2.4MPa 时，两台锅炉共产汽 18~23t/h，其中包括 0.7MPa 低压蒸汽供生产及生活用。锅炉产汽量及利用情况见表 8-15。

表 8-15　锅炉产汽量与煤气耗量关系表

产汽量/t·h⁻¹	10	11	12	13	14	15	16	17	18	19	20
折合煤气总量（标态）/m³·h⁻¹	8350	9100	9840	10590	11330	12070	12820	13560	14305	15050	15790

由上表可见锅炉达到设计能力时第十台锅炉的煤气用量约 16000m³/h（标态），两台锅炉为 32000m³/h（标态），可利用煤气为 37000m³/h（标态），因此可利用煤气作烧结机点火及喷煤干燥外，完全可满足 2 台 20t 锅炉的煤气用量。

（4）节能效果。

1）某厂生产运行情况表明，每年可回收利用高炉煤气约 $2×10^8 m^3$，相当于标煤 25000t。

2）根据上述 2 炉 3 机运行水平，每年企业可节电 2000×10⁴kW·h。

某厂高炉煤气发电运行举例：

（1）主要设备：SHF20-25/400 型粉煤锅炉一台，M3-24 型 3000kW 组合快装式汽轮机一台及 QFK-3-2 型发电机一台。

（2）锅炉实际运行热力参数见表 8-16 和表 8-17。

表 8-16 锅炉全烧煤气运行参数

发电负荷/kW	煤 气			蒸 汽			烟气温度	
	数量(标态)/m³·h⁻¹	单耗/m³·kW·h	压力/kPa	数量/t·h⁻¹	压力/MPa	温度/℃	炉膛出口/℃	烟道/℃
2400	7756	3.25	720.3	12.1	2.37	381	818	220

表 8-17 运行主要参数与设计参数

序 号	指标名称	数 量	
		设 计	实 际
1	蒸发量/t·h⁻¹	18	17
2	饱和蒸汽压力/MPa	2.7	2.6
3	过热蒸汽压力/MPa	2.5	2.3~2.4
4	过热蒸汽温度/℃	400	390
5	炉膛温度/℃	1406	1250~1350
6	凝渣管进口温度/℃	861	700~900
7	排烟温度/℃	189	150~225

（3）主要技术经济指标。100m³ 高炉配一台 3000kW 发电机运行，主要经济指标见表 8-18。

表 8-18 主要技术经济指标

序 号	指标名称	数 量	
		设 计	实 际
1	发电容量/kW	3000	3000
2	年运行时间/h	6500	7155
3	年发电量/kW·h	1858	1700
4	电站用电/%	9.11	8.3
5	发电成本/元·(kW·h)⁻¹	0.0254	0.020
6	电价/元·(kW·h)⁻¹	0.15	0.15
7	利润/万元·年⁻¹	210	204
8	煤气耗量/m³·(kW·h)⁻¹	4.12	3.72

8.7 锰合金工艺废水治理技术

锰及锰合金企业生产产生的废水有以下几种：（1）冷却水；（2）含氰、酚的煤气洗涤水；（3）冲渣废水；（4）电解洗板废水。

对生产中的废水治理，总的原则要求是实行水的封闭循环利用，尽量减少排污量，所排废水要达到国家规定的排放标准。根据此原则，对废水温度高的要降温，悬浮物高的要澄清，存在有毒害物质的要除去有毒有害物质。对废水治理，应根据废水的数量和废水中有毒有害物质性质，采取相应的治理办法，如中和法、氧化法、还原法、吸附法、沉滤法、过滤法等。生产中的废水经过处理后可以再利用，毒物也不会富集，有的还可以从废水中同回收有用物质。采用循环冷却水可以节省水源供水量等[1~6]。

8.7.1 炉气洗涤水的治理

全封闭式还原电炉及锰铁高炉生产的回收净化煤气，目前国内多采用湿法除尘，由此而产生的废水需要处理才能循环使用和排放。电炉煤气洗涤水水质分析见表 8-19 和表 8-20 。

表 8-19 电炉煤气洗涤水水质分析

项目	指标	项目	指标	项目	指标	项目	指标
水温	43~50℃	酚	0.05~0.229mg/L	Pb	0.105~0.887mg/L	F	1.7~28mg/L
pH 值	8.6~10.7	CN^-	50~90mg/L	Cd	0.018~1.73mg/L	Ca	7.59~17.4mg/L
悬浮物	871~7420g/L	S^{2-}	0.8~10mg/L	Fe	0.6~1.0mg/L	Mg	9.14~10.9mg/L
COD	26~251	As	0.018~0.056mg/L	Mn	0.16~2.0 mg/L		

表 8-20 全封闭电炉煤气洗涤水水质分析

项 目	指 标	项 目	指 标	项 目	指 标
水色	黑色或灰色	Ca^{2+}	17.2mg/L	五日生化需氧量	3.04mg/L
色度	40°	Mg^{2+}	4~6mg/L	总硬度	4.84mg/L
pH 值	9~10	硫化氢及硫化物	3.87mg/L	总碱度	4.89mg/L
水温	夏 40~50℃；冬 16~26℃	酚化物	0.1~0.2mg/L	总铬量	4.8mg/L
悬浮物	1960~5465mg/L	氰化物	1.29~5.96mg/L		
总固体	2572mg/L	耗氧量	9.52mg/L		

对于煤气洗涤水主要是治理水中的悬浮物及水中的氰化物。

8.7.1.1 煤气洗涤水中悬浮物的治理

目前，对于煤气洗涤水中悬浮物的治理主要有两种方法：一种是沉淀法，另一种是过滤法。煤气洗涤废水经加药间加入硫酸亚铁后，再经水沟自流入有五格的平流式沉淀池沉淀。五格沉淀池沉淀、清泥，循环进行：污泥由移动式泵车排送到尾矿坝堆积，清水用泵送至喷水冷却池冷却，再用泵送至煤气洗涤设施用于净化煤气。经处理的煤气洗涤水，悬浮物由处理前的 1000~3000mg/L 降至 40~

200mg/L，氰化物经处理后可降至20mg/L。

过滤法是煤气洗涤水经加药间加硫酸亚铁后，再用机械搅拌均匀，进入直径18辐式沉淀池。沉淀后的污泥送尾砂坝堆积，上清液流入高炉水渣过滤池过滤，300m³高炉水冲渣经冲渣沟自流入水渣过滤池中。水渣过滤池设四格，一格冲渣、一格过滤、一格清渣、一格备用。滤渣用抓斗抓入贮渣池后外运。经水渣滤池过滤的水，一部分流入640m³高炉冲渣水循环池，用泵送至高炉冲渣沟冲渣，一部分流入260m³煤气洗涤热水池，再用泵送至冷却塔冷却后，流入煤气洗涤水冷水池，用泵送至煤气洗涤设施作洗涤用水。经处理后的煤气洗涤水悬浮物由1500~3000mg/L降为40~200mg/L。

8.7.1.2 煤气洗涤水中氰化物治理

煤气洗涤水经过絮凝沉降过程，进行循环使用，其中氰化物如不治理会不断富集造成危害。

高炉煤气洗涤水中氰化物的来源，主要是冶炼锰铁产品时，原料中含有水分，在高温下与焦炭或高炉内产生的CO反应生成氧气，而氢气在500℃左右与鼓风机吹来的大量氮气反应生成氨，氨与红热的焦炭接触即生成氢氰酸，氢氰酸在水洗涤煤气时与碱性溶液中的碱金属相结合而稳定在水中，其主要反应式如下：

$$H_2O + CO \longrightarrow H_2 + CO_2$$
$$H_2O + C \longrightarrow H_2 + CO$$
$$3H_2 + N_2 \longrightarrow 2NH_3$$
$$NH_3 + C \longrightarrow HCN + H_2$$

高炉中HCN的产生部位，从反应原理可以推知，在红热的焦炭层以上。

氰化物的处理方法有多种，如投加漂白粉、液氯、次氯酸等氧化剂处理，加硫酸亚铁生成铁氰铬合物沉淀，利用微生物分解等。

某厂煤气洗涤水循环量每天为35000m³。处理含氰废水的办法是投加硫酸亚铁和充分利用氰化物的自净能力。煤气洗涤水进入沉淀池之前加入$FeSO_4$，一是起絮凝作用，二是使Fe^{2+}与CN^-生成铁氰配合物沉淀，从而除去水中的CN^-。

$$Fe^{2+} + 6CN^- \longrightarrow [Fe(CN)_6]^{4-}$$

煤气洗涤水中氰化物去除量的多少随$FeSO_4$加入量的多少而波动。某厂$1m^3$煤气洗涤废水加入0.13~0.7g $FeSO_4$，一般可去除CN^- 20mg/L左右。使循环洗涤水含水CN^-在40mg/L左右而不再富集。

塔式生物滤池原理：采用嗜氧菌，借助于良好的自然通风条件，供给细菌氧气，使嗜氧菌繁殖生产，嗜氧菌通过它的生命活力分解氰。

8.7.2 电解金属锰生产的废水治理

目前，我国电解金属锰生产能力达到30万吨/年，每吨电解金属锰生产耗用新水近200t，一年将产生废水6000万吨，因电解金属锰生产厂主要集中在湖南湘西自治州、怀化市、湘潭市，重庆市秀山县、西阳县，四川省都江堰市、阿坝藏族自治州；贵州省松桃、玉屏、凯里、镇远、岑巩等地县，因而其废水的90%进入长江水系。电解废水中主要是悬浮物锰离子，六价铬严重超过国家规定的排放标准，不采取措施不允许排放。

8.7.2.1　实行清浊分流、冷却水循环使用，减少废水量

电解金属锰生产用水中90%是冷却用水，使用后和污水混排，使得污水量很大。

我国贵州大龙锰业率先实施清浊分流、冷却水循环使用，减少了总用水量和总排放量，获得了较好效果。

8.7.2.2　改进工艺降低重铬酸钾（$K_2Cr_2O_7$）的用量

在电解工艺中，为了防止产品氧化以利贮存和运输，采取钝化工艺，钝化剂多数是采用重铬酸钾。原工艺为：极板出槽—钝化漂洗，因极板出槽时极板上附着有 $MnSO_4$、$(NH_4)_2SO_4$ 溶液，带入钝化槽中使钝化液污染、发黑，影响钝化效果，缩短钝化液使用寿命，从而使 $K_2Cr_2O_7$ 用量增大，吨产品用量约为 1.5~1.6kg。

新工艺为极板出槽→水浸→钝化→水浸→漂洗，这样可不使 $MnSO_4$、$(NH_4)_2SO_4$ 随极板带入钝化桶，不使钝化液发黑而降低使用寿命，可缩短钝化时间（5~6s）。$K_2Cr_2O_7$ 使用量吨产品可降低至 1.2~1.4kg。

8.7.2.3　回收利用废水中的有用物质

（1）$MnSO_4$、$(NH_4)_2SO_4$ 的回收利用。固液分离设备压滤机设置洗渣装置，回收渣中 $MnSO_4$ 与 $(NH_4)_2SO_4$，因1号清水池中的水主要含有 $MnSO_4$、$(NH_4)_2SO_4$、SeO_2，用1号清水槽的水洗渣提高浓度后进入化合制液（因不加温浸出生产工艺中，每生产1t电解金属锰制液需补充 1~1.2m^3 新水），这样废水中的有效成分均加以利用。

（2）含铬废水的治理与利用。2号钝化槽重铬酸钾溶液（配制浓度为3%~5%）使用一段时间需要清理，含铬废水就要排放，3号清水槽工作一段时间 Cr^{6+} 升高到一定浓度也得更换排放，这部分废水必须进行处理。

1）处理方法一：在酸性条件下用硫代硫酸钠把六价铬还原为三价铬，$Na_2S_2O_3$ 加入量为六价铬的4.5倍，然后用 NaOH 中和，使三价铬生成氢氧化物沉淀，过滤回收铬渣。反应方程式如下：

$$K_2Cr_2O_7 + 6FeSO_4 + 7H_2SO_4 = 3Na_2SO_4 + 4Cr_2(SO_4)_3 + 4K_2SO_4 + 13H_2O$$
$$Cr_2(SO_4)_3 + 3Ca(OH)_2 = 2Cr(OH)_3 \downarrow + 3CaSO_4$$

某电解锰厂采取以上工艺自1989年投入使用效果显著，处理前废水含六价铬 2~90mg/L，处理后六价铬小于 0.5mg/L，在国家最高允许排放浓度以下。

2）处理方法二：硫酸亚铁法。

基本原理：用硫酸亚铁还原废水中的六价铬，并用石灰中和，形成难溶于水的氢氧化铬沉淀，化学反应方程式为

$$K_2Cr_2O_7 + 6FeSO_4 + 7H_2SO_4 =\!=\!= Cr_2(SO_4)_3 + 3Fe_2(SO_4)_3 + K_2SO_4 + 7H_2O$$

$$Cr_2(SO_4)_3 + 3Ca(OH)_2 =\!=\!= 2Cr(OH)_3 + 3CaSO_4$$

硫酸亚铁法处理含铬废水工艺流程图如图8-9所示。

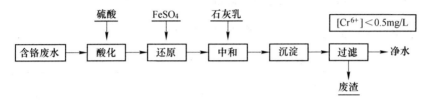

图8-9 硫酸亚铁法处理含铬废水工艺流程图

工艺条件如下：

溶液pH：3~4；

六价铬与硫酸亚铁质量比（Cr^{6+} 与 $FeSO_4 \cdot 7H_2O$ 质量比）为 1:(20~23)；石灰乳中和pH值为7~8；

六价铬与石灰乳质量比（Cr^{6+} 与 $Ca(OH)_2$）为 1:(8~15)，一般为 1:10。

贵州某万吨级电解锰厂采用硫酸亚铁法处理含铬废水，六价铬浓度小于0.5mg/L，达排放标准。

处理含铬废水使用硫酸亚铁法效果稳定可靠，适应各种不同浓度的含铬废水，工艺简单，对水质无特殊要求，不需预处理，采用空气搅拌可使沉淀转变为铁氧体结构，易于过滤，已被多数厂家采用。

3）处理方法三：活性炭处理法。

活性炭是一种多孔结构物质，具有良好的吸附性，耐酸、耐碱，化学性能稳定，比表面积大，可达 $800~1600m^2/g$。活性炭对六价铬的作用可视为吸附作用，也可视为还原作用，这两种作用随废水pH值的变化而转移。在pH值为4~6.5时六价铬以 $HCrO_4^-$ 及 CrO_4^{2-} 离子形态被活性炭吸附；在酸性条件下 Cr^{6+} 被活性炭还原为 Cr^{3+}，Cr^{3+} 几乎不被活性炭吸附。

某厂1981年做过用活性炭处理含铬废水试验。根据实验结果，建设了含铬废水处理工程（活性炭法），处理效果较好，但由于活性炭、酸、碱耗量大，处理费用高又改用硫酸亚铁法。

现在电解金属锰的技术咨询研究机构已研究出电解金属锰含铬废水不须处理直接利用的方法，此方法既解决了含铬废水的问题又大大节约了建设资金及处理成本。

8.8　锰冶金工业固体废物处理技术

锰冶金过程中产生大量废渣，不仅占用大面积场地，而且污染大气、地下水和土壤，因此合理地处理和利用这些废渣不仅保护了环境而且可以回收一些资源，带来效益。

8.8.1　锰及锰合金废渣化学成分及物理性质

锰及锰合金废渣的主要物理化学性能见表 8-21 和表 8-22[7~10]。

表 8-21　锰合金炉渣密度、堆密度

序号	名　称	密度/t·m⁻³		堆密度/t·m⁻³	备　注
		熔体	固体		
1	锰硅合金渣		3.2	1.4~1.5	块度 20~30mm 金属粒
2	锰硅合金渣	2.9		1.8	抗压强度 119~196MPa
3	锰硅合金水渣			0.8~1.1	经水淬
4	高碳锰铁渣	3.2		1.6~1.8	
5	再制锰渣		3.8	2.15	含 Mn40%~43%，块度 10~100mm
6	富锰渣			1.7~2.0	含 Mn38%~39%，块度<80mm
7	中碳锰铁渣	2.2		1.5	含 Mn<25%，块度 30~200mm
8	再制锰渣	3.2		1.7~1.85	含 Mn40%~43%，块度 100~300mm
9	金属锰渣	3.4		1.4	块度 40~300mm
10	电解锰浸出渣			1.3~1.4	含水 40%

表 8-22　锰合金炉渣化学成分及渣铁比

序号	炉渣名称	化学成分/%									渣铁质量比/%	备注
		MnO	SiO₂	Cr₂O₃	CaO	MgO	Al₂O₃	FeO	V₂O₅	Cr₂O₃		
1	高炉锰铁渣	2~8	25~30		33~37	2~7	14~19				2.6~3.0	
2	高碳锰铁渣	8~15	25~30		30~42	4~6	7~10				1.6~2.5	
3	锰硅合金渣	5~10	35~40		20~25	1.5~6	10~20				1.2~1.8	
4	中低碳锰铁渣	15~20	25~30		30~36	1.4~7	~1.5				1.7~3.5	电硅热法
5	中低碳锰铁渣	49~65	17~23		11~20	4~5						转炉法
6	金属锰渣	8~12	22~25		45~50	1~3	6~9		0.2~0.3		3~3.5	
7	电解锰浸出渣	MnSO₄ 12	32~40		CaSO₄ 3~4	MgSO₄ 3~4	13	Fe(OH)₃ 20		(NH₄)₂SO₄ 2~3		

8.8.2 炉渣治理方法

目前锰及锰合金炉渣大部分采用水淬的方法冲成水渣，用作水泥的熟料。目前，高炉锰铁渣、锰硅合金渣、高碳锰铁渣都采用水淬方法处理，水淬方法包括：

（1）炉前水淬法，即采用压力水喷嘴喷出的高速水束，将熔融状渣流冲碎，冷却成粒状；

（2）倒罐水淬法，即用渣罐将熔渣运至水池旁，缓慢倾倒入中间包，用压力水将熔渣冲碎，冷却成粒状。

冲渣水固液分离，分离后的冲渣水循环使用，渣外运出厂用作水泥熟料。

高炉锰铁冲渣水也有采用侧滤法，原理相同不再评述。某厂$300m^3$高炉冲渣水处理前后成分见表8-23。

表 8-23 冲渣水进出口成分分析

设施名称	位置	pH 值	悬浮物/mg·L^{-1}	[CN$^-$]/mg·L^{-1}	[S^{2-}]/mg·L^{-1}
$300m^3$高炉	进口	9.5	9727	0.96	1.36
冲渣水处理	出口	9.3	148	1.25	<0.02
1、2 号$100m^3$高炉	进口	10	7233	0.0023	3.2
冲渣水处理	出口	10	56	<0.004	1.36

从表中数据可见，冲渣水 pH 值在 9~10 范围内波动，处理后水中悬浮物不高对冲渣无影响，可循环利用，水中 CN$^-$、S^{2-}，由于有挥发性，时高时低，最高值也在 5mg/L 内，没有富集趋势。

锰硅合金炉渣、高碳锰铁炉渣水淬处理，基本上和高炉锰铁炉渣处理类似。

8.8.3 锰冶金炉渣的综合利用

8.8.3.1 锰冶金炉渣综合利用情况

锰冶金炉渣综合利用情况见表8-24。

表 8-24 锰冶金炉渣的综合利用

渣 名	工厂返回使用	水泥掺和料	制砖	铸石	肥料	其他
高炉锰铁渣		○	○	○		○
高碳锰铁渣	○	○				
锰硅合金渣		○	○	○	○	○
中低碳锰铁渣	○				○	
金属锰渣	○					
电解金属锰渣		○	○		○	

8.8.3.2　锰冶金炉渣直接回收利用

电炉高碳锰铁渣可以用于冶炼锰硅合金。当采用熔剂法生产高碳锰铁时，其渣中含锰量约为15%，采用无熔剂法生产高碳锰铁，其渣中含锰25%～40%。为提高锰和硅的回收率，这些锰铁渣通常用作生产锰硅合金的原料。

利用锰硅合金渣可以冶炼复合铁合金。某厂用锰硅合金和中碳锰铁渣作含锰原料，配入铬矿冶炼含 Cr50%～55%，Mn13%～18%，Si5%～10%的锰硅铬型复合铁合金。

利用金属锰渣可以生产复合铁合金，某厂使用金属锰渣以 Si-Cr 合金还原锰制取 Si-Mn-Cr 型合金。将金属锰渣沿流槽注入炉中，通电加热，然后将破碎的硅铬合金加入炉内，炼制成合金，成分为：Mn22%～35%，Cr22%～27%，Si25%～40%，P 0.02%～0.03%，C 0.03%～0.08%，S 0.005%。锰硅铬型复合合金用于冶炼不锈钢时预脱氧，可替代 Mn-Si 和 Cr-Si 合金。

8.8.3.3　锰合金炉渣做铸石

我国某厂用熔融锰硅合金渣直接生产铸石制品，获得成功。和普通辉绿岩铸石生产相比，不仅性能好而且节省了能源消耗。

表 8-25 列出了锰硅合金渣铸石和辉绿岩铸石物理性能。

表 8-25　锰硅合金渣铸石和辉绿岩铸石物理性能

名　称	密度/g·cm⁻³	硬度（莫氏）	热稳定性	
			300℃入水	200℃入水
锰硅合金渣铸石	2.8～3.0	7～8	3～4 次	
辉绿岩铸石	2.8～3.0	7～8		1～2 次

8.8.3.4　锰合金炉渣作矿渣棉（保温材料）

高炉锰铁渣、锰硅合金渣、高碳电炉锰铁渣均可在熔融状态下吹制成矿渣棉，用矿渣棉制成保温毡、板、管等耐热保温材料，已得到广泛利用。

8.8.3.5　锰合金炉渣做建筑材料

锰系铁合金炉渣水淬后可以作为水泥的掺和料（熟料）生产矿渣水泥。水淬渣中含有较高的 CaO，因此是水泥的理想材料。

锰系铁合金的水淬渣加上其他的材料经压制养护后可制成免烧砖，用作建筑材料。

电解金属锰的浸出渣，在制作黏土砖时可加入 15%～20% 作为掺和料，烧制成的红砖外形美观，强度提高一个等级，湖南怀化某厂的电解金属锰浸出渣卖给红砖厂制砖。

电解金属锰浸出渣因含有 10% 的 $CaSO_4$ 可以用作水泥的掺和料取代部分石膏，陕西某厂的电解浸出渣已用于生产水泥。

8.8.3.6　锰合金炉渣做农田肥料

利用锰硅合金渣做稻田肥料，实践证明锰硅合金渣有一定的可溶性硅、锰、钙、镁等植物生长营养元素，对水稻生长有良好的作用。电解锰浸出渣含有 $(NH_4)_2SO_4$，可溶性锰、硅、钙、镁、微量的硒，可作为种子肥、叶面肥，可用作蔬菜、果树、谷物的肥料。

参 考 文 献

[1] 马荣骏. 工业废水的治理 [M]. 长沙：中南工业大学出版社，1991.

[2] 胡名操. 环境保护实用数据手册 [M]. 北京：机械工业出版社，1990.

[3] 陈佛顺. 有色冶金环境保护 [M]. 北京：冶金工业出版社，1984.

[4] 姚俊，田宗平，等. 电解金属锰废水处理的研究 [J]. 中国锰业，2000 (3)：25～27.

[5] 顾夏声，等. 水处理工程 [M]. 北京：清华大学出版社，1985.

[6] 涂锦葆. 电镀废水治理手册 [M]. 北京：机械工业出版社，1989.

[7] 丁楷如，等. 锰矿开发与加工技术 [M]. 长沙：湖南科学技术出版社，1992.

[8] 刘胜利. 电解金属锰废渣的综合利用 [J]. 中国锰业，1998 (4)：34～36.

[9] 李国鼎，金子奇，等. 固体废物处理与资源化 [M]. 北京：清华大学出版社，1990.

[10] 关振英. 电解锰生产废渣用作水泥生产缓凝剂的研究 [J]. 中国锰业，2000 (2)：36～37.